A la mémoire d'**Arutana**,
Hawalo mahadu ixãdinodu,
chef traditionnel de Sta Isabel do Morro,
décédé de tuberculose le 26 juillet 1991

Maquette de couverture: Christiane Chauviat - IRD-Orléans
Réalisation technique des cartes et figures: Christiane Chauviat - IRD-Orléans
Photographie de couverture: Esprits Ijasó prêts pour la danse (cliché: N. Pétesch)

LA PIROGUE DE SABLE

Collection «LANGUES ET SOCIÉTÉS D'AMÉRIQUE TRADITIONNELLE»

Sous la direction de Françoise Grenand

On pourrait croire les sociétés d'Amérique traditionnelle, comme de nombreuses autres sur terre, au cœur d'un dilemme pitoyable : se raccrocher à un passé oublié et donc sublimé ; ou bien se mouler dans un modernisme davantage subi que voulu. Les choses ne sont heureusement pas si simples. Chacune de ces sociétés, au gré des tâtonnements, d'erreurs, d'enthousiasmes, de coups de folie ou encore de lancinants arrêts sur image, essaie de composer, conjuguant les événements avec les tempéraments. Elles n'y parviennent pas toujours. Mais ce qu'il convient de retenir, c'est que, contrairement à l'une des idées reçues les plus répandues en cette fin de millénaire, elles ne restent pas passives et ne s'éteignent plus. Derrière un modernisme de façade, elles cherchent à préserver l'essentiel : ce pourra être un rituel, un cycle mythique, une règle de mariage, une langue, un territoire, des savoir-faire.

La collection « Langues et Sociétés d'Amérique Traditionnelle », ouverte à tous les domaines de la recherche, s'est donné pour but de faire connaître ces mouvements composites de résistance et de recréation permanente. Elle accueille aussi bien des études linguistiques que des travaux en ethnohistoire, en tradition orale ou en ethnographie. Elle publie des textes en français et en anglais, à l'occasion en espagnol.

Titres parus :

1. F. GRENAND, 1989, *Dictionnaire wayãpi-français, lexique français-wayãpi (Guyane française)*, 538 p., 2 cartes, fig.
2. A.H. KUIPERS, 1989, *A Report on Shuswap with a Squamish Lexicon Appendix*, 250 p.
3. P. MARTIN, 1991, *Le montagnais. Langue algonquienne du Québec*, XIII + 162 p.
4. F. GRENAND & V. RANDA (eds.), 1995, *Transitions plurielles. Exemples dans quelques sociétés des Amériques*, 242 p., cartes, fig.
5. Ph. ERIKSON, 1996, *La Griffe des aïeux. Marquage du corps et démarquages ethniques chez les Matis d'Amazonie*, 370 p., cartes dessins, photos, figures.
6. F. QUEIXALÓS, 1998, *Nom, verbe et prédicat en sikuani (Colombie)*, XIV + 422 p.
7 F. QUEIXALÓS, 2000, *Syntaxe sikuani (Colombie)*, XIV + 447 p., carte.

LANGUES ET SOCIÉTES D'AMÉRIQUE TRADITIONNELLE

8

Nathalie PÉTESCH

LA PIROGUE DE SABLE

Pérennité cosmique et mutation sociale chez les Karajá du Brésil central

Publié avec le concours du
Centre National de la Recherche Scientifique
(EREA - UPR 324)

Selaf
n° 386

PEETERS
PARIS
2000

D. 2000/0602/87

ISBN 90-429-0882-3 (Peeters Leuven)
ISBN 2-87723-505-X (Peeters France)

Dépôt légal: décembre 2000

RÉSUMÉS

Nathalie Pétesch – ***La Pirogue de Sable. Pérennité cosmique et mutation sociale chez les Karajá du Brésil central***, Peeters/Selaf (Langues et Sociétés d'Amérique Traditionnelle 8), 2000.

Occupant la plus grande île fluviale du monde à la lisière de l'Amazonie brésilienne, les Karajá ont basé leur économie traditionnelle sur la pêche, alors que les groupes voisins vivent de la chasse. Bien que linguistiquement rattachés au tronc macro-gê, ils se prêtent difficilement à une affectation précise dans l'une des grandes familles culturelles des basses terres d'Amérique du Sud. Aujourd'hui réduits à 2500 personnes, ces Indiens du fleuve continuent à affirmer leur différence et à intriguer.
Cette étude est une tentative de formalisation du système cognitif et socio-cérémoniel de ce groupe indigène, visant à mieux préciser sa spécificité et à favoriser sa comparaison avec d'autres modèles amérindiens proches ou lointains.

Nathalie Pétesch – ***A Canoa de Areia. Perenidade cósmica e mutação social entre os Karajá do Brasil central***, Peeters/Selaf (Langues et Sociétés d'Amérique Traditionnelle 8), 2000.

Ocupando a maior ilha fluvial do mundo na beira da Amazônia brasileira, os Karajá tem a economia tradicional baseada na pesca, quando os grupos vizinhos vivem da caça. Embora lingüísticamente ligados ao tronco macro-gê, deixam-se dificilmente filiar-se a uma das grandes familias socio-culturais das terras baixas da América do Sul. Hoje reduzidos a 2500 pessoas, estes Indios do rio continuam afirmando sua diferença e intrigando.
Este estudo é uma tentativa de formalização do sistema cognitivo e socio-ceremonial deste grupo indígena, a fim de definir com mais precisão sua especificidade e favorecer sua comparação com outros modelos amerindios próximos ou longínquos.

Nathalie Pétesch – ***La Canoa de Arena – Perenidad cósmica y mutación social entre los Karajá del Brasil central***, Peeters/Selaf (Langues et Sociétés d'Amérique Traditionnelle 8), 2000.

Ocupando la mayor isla fluvial del mundo en la orilla de la Amazonia brasileña, los Karajá tienen la economia tradicional basada en la pesca, mientras los grupos vecinos están viviendo de la caza. Aunque lingüísticamente ligados al tronco macro-gê, dejanse dificilmente afiliarse a una de las grandes familias culturales de las tierras bajas de la América del Sur. Hoy reducidos a 2.500 personas, estes Indios del rio continuan afirmando su diferencia y intrigando.
Este estudo es una tentativa de formalización del sistema cognitivo y socio-ceremonial deste grupo indígena, a fin de definir mejor su especificidad y favorecer su comparación con otros modelos amerindios, próximos o lejanos.

Nathalie Pétesch – ***The Sand Canoe. Cosmic continuity and social change within the Karajá of the Central Brazil***, Peeters/Selaf (Langues et Sociétés d'Amérique Traditionnelle 8), 2000.

Living in the world largest fluvial island at the edge of the Brazilian Amazon basin, the Karajá based their traditional economy on fishing, when neighbouring groups are subsisting on hunting. Although linguistically connected to the macro-gê trunk, they can hardly be affiliated to one of the South America lowlands great cultural families. Today reduced to 2.500 people, these river Indians are still showing their difference and puzzling.
This study is an attempt to formalize the cognitive and socio-ceremonial system of this native group, so as to better define their specificity and to facilitate the comparison with other amerindian models, close or remote ones.

REMERCIEMENTS

Cet ouvrage est la version remaniée d'une thèse de doctorat d'ethnologie soutenue en décembre 1992 à l'Université de Paris X.

Je renouvelle ici mes remerciements à tous ceux qui en France et au Brésil m'ont permis de mener à terme cette longue entreprise qui va de l'enquête ethnographique à l'élaboration de la thèse. Ce sont, en particulier, P. Menget, J. Galinier, E. Viveiros de Castro, L. Gonçalvez Furtado, P. Léna, D. Buchillet, B. Chaumeil, M. Moreira et J. Générali. Je suis également reconnaissante à F.M. Casevitz, J.P. Chaumeil, P. Erikson et F. Grenand pour la relecture de la nouvelle version avant publication.

Enfin et surtout, cet ouvrage n'existerait pas sans la patiente collaboration et l'amical soutien des Indiens Karajá des villages de Sta Isabel do Morro, Fontoura et Macauba.

CONVENTIONS PHONÉTIQUES

La langue karajá a principalement été étudiée par David et Gretchen Fortune, du Summer Institute of Linguistics (SIL). En vue de faciliter l'enseignement bilingue dans les écoles indigènes, le SIL a établi une orthographe karajá simplifiée, visant à s'harmoniser avec celle de la langue portugaise. Cette orthographe, utilisée dans cette étude, est convertible en transcription phonétique selon les correspondances suivantes:

- Consonnes: b, d, t ([t^]), k, tx ([tš]), j, s, ([s~θ]), x ([š]), l, r, h, w;
- Voyelles: i, y ([ï]), u, E ([e]), o, à ([∂]), e ([ε~æ]), a, ò ([э]);
- Voyelles nasales: ĩ, õ, ã

Précisons que le /t/ est implosif, que le /j/ et le /tx/ sont des consonnes fricatives (sonore et sourde) et que le /r/ est un "flap".

Par ailleurs, il existe dans la langue karajá un parler masculin et un parler féminin. Dans cet ouvrage, je privilégie plutôt le premier. Près d'un mot sur deux d'une séquence verbale identifie le locuteur comme étant un homme ou une femme. La principale différence réside dans l'utilisation, très fréquente dans le parler féminin et relativement rare dans celui de l'homme, du phonème /k/. De même, le /č/ du parler féminin disparaît souvent dans son homologue masculin, ou se transforme en /j/. Enfin, le /n/, séparant les nasales ã et õ dans la bouche de la femme, disparaît dans celle de l'homme.

INTRODUCTION

Lorsque j'entrepris la relecture de ma thèse de doctorat, quelques années après sa soutenance et en vue de sa publication, je fus très étonnée de sa nature plutôt abstraite, désincarnée, qui contrastait fortement avec l'intensité émotionnelle et affective qui avait accompagné ma première expérience de terrain en Amazonie brésilienne. Ce texte parlait peu des hommes et des femmes dont pendant plusieurs mois j'avais partagé la vie, les activités de subsistance, les moments sacrés du rituel, les joies et les peines, la nourriture et les bains quotidiens dans le fleuve. Ces Indiens à qui j'avais demandé de m'accepter, de me faire partager leurs savoirs, de tout me révéler de leurs croyances et de leurs pratiques, pourquoi donc étaient-ils absents de l'ouvrage qui leur était consacré?

Je pris alors conscience du décalage qui pouvait exister entre ce que l'apprenti ethnologue se doit de rapporter de son premier terrain pour obtenir le titre de Docteur et assurer sa carrière professionnelle, et l'expérience personnelle, intime, humaine dont il s'enrichit et qu'il doit finalement occulter. Il pénètre pour la première fois sur ce qui deviendra «son terrain», non pas pour y rencontrer des hommes, mais pour y trouver un «cas ethnologique intéressant». Il vit des émotions intenses, assiste à des drames, participe à des luttes pour la survie, mais doit rendre compte, en priorité, de systèmes, de modèles, d'organisations.

Tout droit sorti de ses livres, l'ethnologue en herbe est d'ailleurs peu préparé à affronter la réalité sociale et politique de ces minorités ethniques condamnées à travers le monde au même destin inexorable de l'intégration nationale. Il est alors rapidement partagé entre l'action indigéniste et la recherche scientifique. Il balance entre l'ambition de devenir La référence ethnologique d'un groupe ethnique ou le grand défenseur de l'indigène contre les appétits économiques du monde moderne. Puis, au contact de la réalité, il est ramené peu à peu à des prétentions beaucoup plus modestes.

Le choix du bon terrain ethnologique est donc un enjeu important pour le doctorant qui doit élaborer sa problématique de recherche avant de connaître personnellement son «objet d'étude». A défaut de pouvoir opter pour un groupe indigène non encore étudié — il en existait encore quelques-uns en Amazonie brésilienne, il y a une dizaine d'années —, mon choix se porta sur ce que l'on pouvait appeler à l'époque (et sans doute encore aujourd'hui) un paradoxe socio-culturel. Paradoxale, la société karajá l'est à plus d'un titre.

Sa première et principale singularité réside tout simplement dans le fait de continuer à exister, de constituer encore aujourd'hui une communauté linguistique et culturelle vivante au terme de trois siècles de contacts intermittents avec divers fronts de colonisation, puis de cohabitation permanente avec la société brésilienne environnante.

Le second paradoxe figure dans le décalage existant entre la «notoriété publique» dont fait l'objet ce groupe indigène, principalement depuis les années 60, tant au Brésil qu'à l'étranger, tant chez les profanes que dans les milieux ethnologiques, et la relative méconnaissance qui persiste encore à son sujet. Depuis la fin du 19e siècle, ces Indiens ont été si régulièrement observés, visités, décrits, photographiés, filmés — si banalisés en quelque sorte — qu'ils ont fini par ne plus être considérés comme une entité ethnique particulière et que leurs traits culturels les plus connus (danse de masques, figurines de terre cuite, mythes), semblent avoir été incorporés dans le folklore amazonien ou, tout au moins, du centre-ouest brésilien. En d'autres termes, les Karajá présentent le curieux paradoxe d'être à la fois familiers et encore mystérieux.

Enfin, une certaine ambiguïté est également attachée à ce groupe indigène en ce qui concerne son origine et plus précisément son appartenance à l'une des grandes familles linguistiques et culturelles des basses terres d'Amérique du Sud. Alors que d'aucuns considèrent encore ces Indiens, linguistiquement parlant, comme un groupe isolé, il leur est prêté par ailleurs des traits communs avec des ensembles socio-culturels aussi disparates que les groupes du Chaco bolivien, ceux du fleuve Xingu et du tronc linguistique macro-gê (Brésil central).

C'est dans les récits de voyages à travers les régions centrales de l'Amérique du Sud, réalisés par des explorateurs français dans la seconde moitié du 19e siècle, que l'on trouve les premières descriptions encore succinctes sur les Indiens Karajá; ce sont celles en particulier de Francis de Castelnau (1850), Henri Coudreau (1897) et un peu plus tard Jehan Albert Vellard (1935). Les premières ethnographies ont toutefois été réalisées par des chercheurs allemands, tels que Paul Ehrenreich (1891) et Fritz Krause (1910). Ces études, qui portent essentiellement sur la culture matérielle karajá, furent complétées à la même époque par quelques travaux, notamment linguistiques, effectués par des pères dominicains, Luis Palha en particulier.

William Lipkind fut le premier à réaliser de 1938 à 1939 une étude ethnographique approfondie, mais ne publia malheureusement qu'une petite partie de ses données, dispersées sur plusieurs centaines de pages de carnets de notes. C'est à Hans Dietschy que l'on doit la littérature ethnologique la plus abondante et la plus complète sur les Karajá, qu'il étudia dans les années 50. D'autres études ont suivi, portant le plus souvent sur la culture matérielle de ce groupe indigène (céramique et vannerie) et signées entre autres par Maria Heloisa Fenelon Costa (1978), Vilma Chiara (1970) et Edna Luisa de Melo Taveira (1982). Enfin, des contributions ethnologiques intéressantes ont été signées par George Rodney Donahue (1982) et plus récemment par André Amaral de Toral (1992) et Manuel Ferreira Lima Filho (1994).

A la vue de l'abondante littérature ethnographique existant sur les Karajá et dont il n'a été cité ici que les auteurs les plus représentatifs, on pouvait supposer que tout avait été dit ou presque sur ce groupe indigène. Et pourtant, sa lecture laissait un indéfinissable sentiment d'insatisfaction, excitant la curiosité et incitant finalement à tenter soi-même de mieux comprendre, de lever le voile sur certains aspects socio-culturels encore occultés. Toujours cette volonté du chercheur de «percer le mystère» et d'en tirer, le premier, la reconnaissance méritée.

L'intérêt que l'on peut porter à la compréhension de cette société est en outre accentué par les formes d'organisation duelles qu'elle présente, constatées initialement par Lipkind, puis interprétées par Dietschy, et qui lui confèrent une parenté avec l'ensemble linguistique et culturel du Brésil central formé par les sociétés gê et bororo. Par le formalisme bipolaire de leurs modes de représentation et d'organisation et les caractères crow-omaha de leurs systèmes de parenté, les sociétés gê et bororo sont apparues à travers les études menées dans les années 60 par les membres du Harvard-Central Brazil Project, dirigé par David Maybury-Lewis, comme un ensemble isolé dans le paysage des basses terres d'Amérique du Sud, difficilement comparable en particulier aux systèmes sociaux proprement amazoniens.

L'atypisme karajá, qui semble précisément fait d'un composé de traits socio-culturels propres aux sociétés amazoniennes et à celles du Brésil central, laisse supposer que ce groupe ethnique est susceptible de «jeter un pont» entre ces deux ensembles distincts, permettant de progresser dans une meilleure compréhension générale des sociétés des basses terres d'Amérique du Sud. A terme, l'ambitieuse problématique de ma recherche chez les Karajá était donc celle-là.

Afin de parvenir ultérieurement à la vérification d'une telle hypothèse, il me paraissait essentiel dans un premier temps de viser à une meilleure caractérisation de la société karajá. Mon intention n'était pas de fournir une contribution ethnographique supplémentaire et personnelle sur ces Indiens du fleuve, mais d'établir sur la base des données déjà existantes, revues ou complétées par une enquête sur le terrain, une vision plus claire et plus structurée de cette société indigène. Je souhaitais pouvoir définir un modèle cognitif et social apte à être utilisé ultérieurement dans une étude comparative et susceptible en premier lieu de mieux situer le groupe karajá au sein de son aire d'origine, soit le tronc macro-gê selon les affirmations des linguistes.

Forte de mes connaissances et du sérieux de mon étude, je partais optimiste, convaincue de pouvoir rapidement percer le mystère d'une des dernières sociétés indigènes du Brésil central à opposer encore quelque résistance à l'analyse ethnologique. J'avais établi dans le détail le planning de mon enquête et envisageais de travailler au double niveau des représentations conceptuelles de ce groupe indigène et de son organisation sociale, avec toutefois une préférence marquée pour le domaine social où j'espérais découvrir un système de moitiés comparable à celui des sociétés gê-bororo.

Mon enthousiasme de novice fut d'emblée refroidi à la constatation qu'il ne suffisait pas de pénétrer sur la grande place rituelle d'un village karajá, de se placer au cœur du théatre socio-cérémoniel de cette communauté indigène pour en appréhender d'un coup d'œil le modèle structurel, traditionnellement inscrit dans ces sociétés du Brésil central dans le schéma spatial. Linéaire, au lieu de circulaire, l'espace domestique karajá ne circonscrivait pas un champ clos, réflexif, au sein duquel chaque élément se serait défini à travers un rapport d'opposition, mais s'étirait à perte de vue, semblant laisser échapper par cette large béance toute possibilité de constructions binaires, de formes dualistes s'entrecroisant à l'envi.

En outre, comble de l'hérésie pour l'observateur que j'étais, gorgé de modèles gê-bororo, l'espace masculin constitué de la place rituelle et de la maison des hommes apparut dans la plupart des villages karajá visités comme un lieu déserté, abandonné, envahi par la végétation et traversé par les hommes uniquement pour accéder aux lieux d'aisance ou aux jardins.

Le dépit s'épaissit, laissant progressivement place au doute, puis à l'inquiétude, lorsqu'au fil de l'enquête il me fut impossible d'observer, voire même de mettre au jour à travers le discours indigène l'existence de formations sociales, dualistes ou non, autres que les unités domestiques. A travers l'étude du système de parenté, d'identification sociale, de transmision des noms, des charges et autres biens symboliques, l'affectation à des unités sociales, qu'elles soient de type clanique, à l'instar des Bororo ou des Gê centraux, ou de type *«corporate groups»*, à l'image des Gê septentrionaux, n'était pas spontanément faite par les informateurs. A la question de savoir ce qu'évoquaient pour eux les noms de groupes sociaux cités dans les précédentes études effectuées chez les Karajá, les réponses évasives ou contradictoires s'accordaient généralement sur le renvoi au rituel et sur l'assurance, qui se voulait rassurante devant le désarroi de l'ethnologue, que «je verrais tout ça» en assistant au **heto hykã**, ou rite d'initiation masculine, lequel, malheureusement, n'était plus organisé depuis plusieurs années...

Je doute très fortement qu'il ait pu exister dans toute l'histoire de l'ethnologie amazonienne un chercheur plus désespérément anxieux d'assister à un rituel que je le fus pendant près de six longs mois. Je garde aussi la «modeste» certitude que, dans la décision des Karajá de Sta Isabel do Morro d'organiser un **heto hykã** en mars 1986, entra pour une large part l'épuisement des leaders traditionnels de cette communauté, sous le poids de mes harcèlements répétés.

Ce fut lors de mon second séjour que je pus assister au rituel d'initiation masculine et à celui des masques **Ijasò**. Ce fut pour moi une telle joie et un tel émerveillement de voir enfin s'animer le «terrain vague» que constituait la place rituelle, retrouver son tracé, les chemins qui la reliaient aux unités domestiques, voir reconstruire ou rénover la maison des hommes prête à accueillir les entités surnaturelles, voir s'ériger d'autres constructions cérémonielles structurant l'espace, lui redonnant ses dimensions cosmiques, voir se regrouper puis s'opposer les participants aux rituels, voir s'installer enfin ordre et harmonie au sein d'un lieu qui m'avait semblé éclaté, d'un corps social qui m'était apparu disloqué. Des groupes sociaux apparurent furtivement, le temps d'une nuit, parfois uniquement de façon vestigielle dans le discours du leader cérémoniel.

Tout ethnologue connaît ces moments d'accélération et d'intensification du social qui rompent brusquement avec la monotonie du quotidien, laquelle jour après jour a le très grand mérite de lui enseigner la patience, la modestie et le respect de son objet d'étude.

J'ai effectué plusieurs séjours chez les Karajá entre 1985 et 1998, totalisant environ une douzaine de mois d'étude. Pour diverses raisons, je n'ai pu demeurer que chez un seul sous-groupe de cette ethnie indigène:

les Karajá proprement dits, se distinguant des Javaé et des Xambioá, comme il sera précisé par la suite. J'ai principalement travaillé dans les trois communautés de Sta Isabel do Morro, Fontoura et Macauba, situées dans l'Île du Bananal et regroupant respectivement et approximativement 500, 400 et 300 habitants.

Mes informateurs ont été pour la plupart des personnes âgées (50 ans et plus), bilingues. Avec les hommes, j'ai principalement étudié la cosmologie et les rituels, avec les femmes, la parenté, les généalogies et la langue karajá. Des jeunes hommes, entre 20 et 30 ans, m'ont aidé dans l'enregistrement de chants rituels, dans la transcription et la traduction de mythes et de chants.

J'ai eu la chance et le bonheur de pouvoir compter parmi mes principaux informateurs trois hommes aux statuts éminents, issus de lignées de chefs traditionnels et remplissant depuis quelques années des responsabilités essentiellement cérémonielles. Dans le village de Sta Isabel do Morro ce fut tout d'abord **Arutana**, leader cérémoniel chez qui je fus logée de nombreux mois et qui a fait preuve à mon égard d'une patience et d'une sollicitude paternelles. Atteint de tuberculose et probablement aussi de la maladie de Chagas, il décéda en juillet 1991. Ce fut également dans la même communauté, **Maluaré**, prêtre **mahadu**, qui souffre encore aujourd'hui des séquelles d'une hémiplégie qui le frappa en 1987. Ce fut enfin **Wajurema**, chef cérémoniel du village de Fontoura.

Bien qu'encore respectés pour leur savoir et sollicités pour la réalisation des rituels, ces anciens chefs traditionnels sont aujourd'hui tenus à l'écart de la direction des affaires politiques et économiques de leur communauté, responsabilités désormais assumées par de jeunes chefs de villages qui ont reçu une instruction scolaire bilingue. Ces derniers sont fonctionnarisés par la FUNAI, agence gouvernementale de tutelle indigène, en tant que chefs de villages, ou chefs de postes administratifs dans les communautés karajá les plus importantes.

Afin de pouvoir compléter mes données ethnographiques, principalement dans le domaine socio-cérémoniel — la pratique ou l'institution ayant disparue —, j'ai travaillé sur la mémoire de ces vieux leaders indigènes. Nostalgiques du passé, critiques sur l'évolution de leur communauté, ils m'ont peu à peu enfermée dans leurs souvenirs en cherchant souvent à «rétablir la vérité», à me fournir une autre vision de la réalité karajá: «jadis, ce n'était pas comme ça, tu sais,...». Il me fut difficile par la suite dans l'exposé et l'analyse de mes données de dissocier le fruit de mes observations des témoignages de mes vieux informateurs, le fait social actuel de sa version ancienne, au risque de nuire à la compréhension d'un système de représentation et d'organisation qui s'était progressivement révélé au fil des conversations. Il s'agissait pour moi d'appréhender la logique structurelle de cette société, en recherchant dans le discours de mes informateurs ce qu'il ne m'était plus possible d'observer.

La première partie de cet ouvrage est ainsi consacrée à la présentation de l'ethnie karajá: ses rapports avec son environnement écologique et social, son histoire et sa situation actuelle. L'étude de la cosmogonie et des rituels occupe la deuxième et la troisième parties. Ce n'est qu'en dernière partie qu'est abordée l'organisation sociale, car sa description et son analyse relèvent pour partie d'un processus déductif opéré à partir de l'étude approfondie du complexe cérémoniel. Le plan de cet ouvrage peut dérouter certains lecteurs. Il se justifie par le fait d'épouser la démarche ethnographique et analytique et de témoigner de la réalité sociale actuelle de certaines ethnies amazoniennes, en contact avec le monde des Blancs depuis plusieurs siècles.

Enfin, désireuse de comprendre le fonctionnement de cette société indigène et des principes structurels qui la régissent, il m'était difficile de ne pas m'interroger sur le «modèle dualiste» de la société karajá et de ne pas le comparer à ses homologues gê et bororo. Cela me semblait nécessaire pour mieux situer les Indiens de l'Araguaia au sein du complexe socio-culturel macro-gê. J'ai évidemment fait en sorte que la perspective dualiste donnée à cette étude n'ait pas d'effets trop réducteurs sur le plan sociologique, comme il a pu être reproché dans le passé à Maybury-Lewis et son équipe du Harvard-Central Brazil Project (*cf. Dialectical Societies: the Gê and Bororo of Central Brazil*, 1979). Outre la cosmologie, divers éléments fondamentaux de l'organisation sociale karajá sont ainsi décrits et analysés: complexe cérémoniel, chefferie politique et cérémonielle, système de possession des biens symboliques, institution de l'enfant-maître cloîtré, système de parenté et d'alliance.

Face aux transformations importantes subies par les groupes indigènes en contact avec le monde moderne, l'ethnologue, mi-archéologue, mi-ethnohistorien, cherche dans un premier temps, avec l'aide de ses informateurs, à «reconstituer» la version dite «traditionnelle» de la société qu'il voit évoluer lui-même rapidement en quelques années. La construction intellectuelle peut paraître, pour certains, quelque peu osée. Elle ne poursuit toutefois qu'un but fondamentalement ethnologique: tenter de décoller de l'enquête ethnographique en vue d'accéder à un niveau d'analyse comparative. Au lecteur de juger!

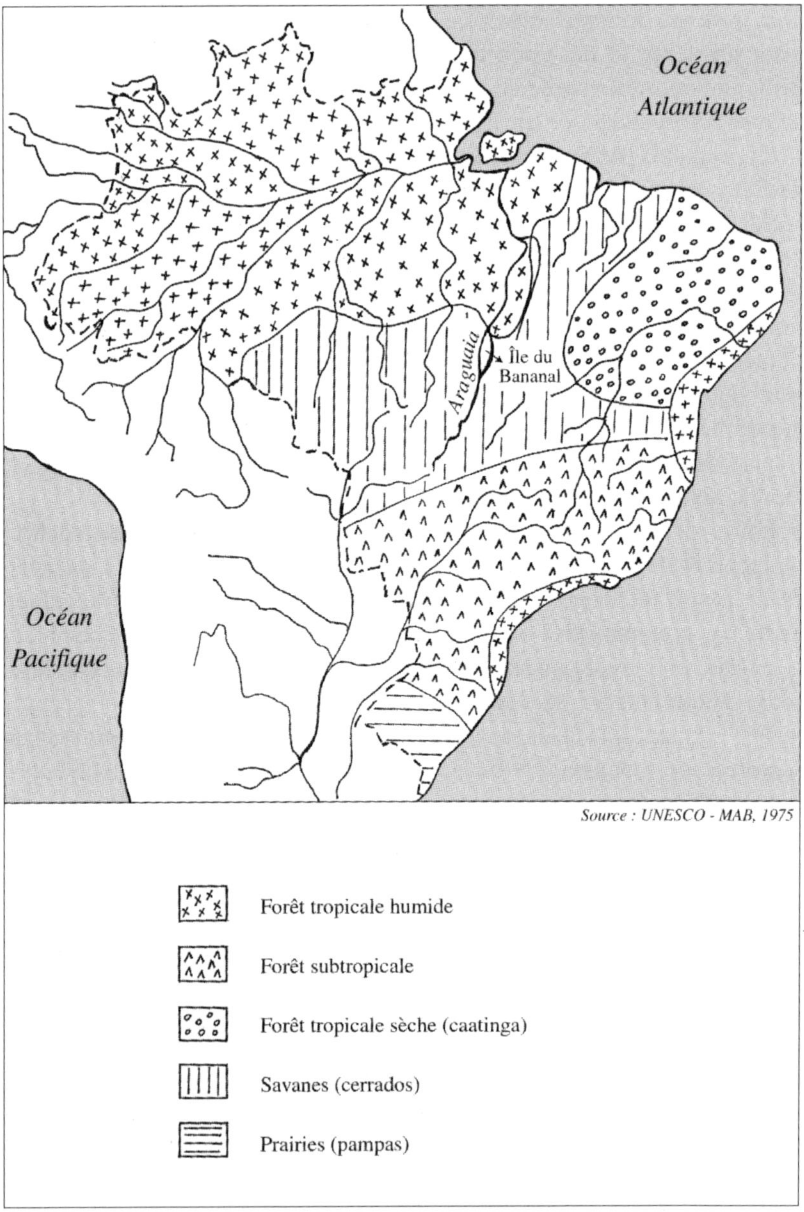

Carte 1 – Principales zones bio-géographiques du Brésil

Chapitre I

ENTRE TERRE ET EAU

La vallée de l'Araguaia, berceau et habitat des Indiens Karajá, est sans nul doute le paysage du Brésil central qui a suscité le plus d'admiration depuis deux siècles, des premiers explorateurs naturalistes ou missionnaires aux touristes actuels, et inspiré à lui seul la littérature la plus abondante en prose et même en vers, détournant souvent l'intérêt que l'on aurait pu porter à sa population indigène. La réelle beauté et originalité de cette vallée fluviale est due à divers facteurs géomorphologiques et écologiques.

L'Araguaia, qui prend sa source dans la *Serra do Caiapo* (Etat du Mato Grosso) et se jette au terme d'un peu plus de 2000 km dans le fleuve Tocantins (lui-même affluent méridional de l'Amazone), traverse du sud au nord et dans sa partie centrale le *planalto*, socle pré-cambrien du territoire brésilien. Ce *planalto* est constitué de vastes plateaux granitiques peu élevés (entre 200 et 500 m), entrecoupés de *serras*, petites chaînes de montagnes culminant entre 800 et 1500 m, et de dépressions fluviales. Celle de l'Araguaia se présente comme une vaste plaine sédimentaire, dont les dépôts alluvionnaires sont régulièrement reconstitués sous l'action des crues importantes auxquelles est soumis ce fleuve. Barré de quelques chutes et rapides dans ses parties supérieure et inférieure, l'Araguaia est dans le reste de son cours un fleuve lent, majestueux, à faible densité de drainage et à pente douce, sinuant entre de nombreuses formations lacustres, des îles et des bancs de sable de vaste étendue, particulièrement visibles en saison sèche.

Bien que partie intégrante du bassin de l'Amazone, la vallée de l'Araguaia ne se situe pas dans l'aire amazonienne proprement dite, mais constitue une des aires de transition entre les deux grandes zones biogéographiques de la savane tropicale brésilienne ou *cerrado*, et de la forêt tropicale humide, côté amazonien (*cf.* carte 1). Aussi présente-t-elle une grande diversité écologique, évoluant de la forêt ombrophile sur son versant nord-ouest aux prairies herbeuses dans sa partie méridionale, entremêlant ailleurs en formations diverses un biotope forestier et un biotope de *cerrados* (forêt-galerie le long des cours d'eau, forêt de terre ferme de type *mata seca* ou semi-décidual, savane arborée, savane-parc, graminées, etc.).

Le climat de cette région du Brésil central est caractérisé par deux saisons distinctes; une saison humide d'octobre à mars avec un maximum de précipitations autour de 1500 à 2000 mm par an, et une saison sèche de durée équivalente avec à peine 180 mm d'eau tombant durant la période la plus chaude, de juin à août. La vallée de l'Araguaia est ainsi soumise à des variations de régime importantes de son réseau hydrographique (de 8 à 12 m selon les endroits), qui modifient entièrement la configuration de ses paysages fluvio-lacustres.

D'une saison à l'autre, un monde terrestre alterne avec un monde aquatique. Les terres basses sédimentaires, sous forme de vastes plages et formations insulaires, émergent progressivement de l'élément liquide, alors que tarissent des dizaines de lacs et de petits cours d'eau et que s'étale toute la diversité phyto-écologique de cette aire de transition forêt-savane. Puis l'Araguaia rétablit insensiblement son hégémonie sur la plaine homonyme, l'uniformisant en immenses *várzeas* (terres inondées) de forêts et de *cerrados*, en un monde aquatique où les lacs se confondent aux fleuves, la terre à l'eau, et d'où n'émergent que quelques îlots de terres hautes servant de refuge à la population indigène et aux espèces animales.

C'est dans le moyen cours de l'Araguaia, là où la plaine s'évase et où le réseau fluvio-lacustre s'intensifie, que ces relations d'interpénétration, d'équilibre instable entre la terre et l'eau sont les plus actives. C'est également là, au cœur de ce bassin fluvial que se situe l'Île du Bananal, la plus grande île fluviale sédimentaire du monde, formée par la division de l'Araguaia en deux bras qui se séparent progressivement jusqu'à 60 km de distance et finissent par se rejoindre au bout de 350 km. Cette vaste terre plate de 20000 km^2, truffée de chapelets de lacs et de cours d'eau, perd son caractère insulaire à la saison sèche par l'assèchement du bras oriental de l'Araguaia, ou Javaé, et se transforme à la période des crues (janvier à mars) en un paysage presque entièrement aquatique, où les poissons se substituent aux mammifères terrestres et où l'on se déplace en pirogue.

Il est important de prendre en compte cette spécificité écologique de la vallée de l'Araguaia et notamment de sa partie centrale, qui constitue l'habitat des Karajá, afin de pouvoir comprendre les modes d'organisation et d'occupation du territoire de ce peuple indigène. Par ailleurs, l'importance de l'élément aquatique dans cet environnement, ce balancement constant entre la terre et l'eau, cette imbrication, cette superposition de deux éléments de nature antinomique, ces frontières continuellement modifiées, ces paysages constamment remodelés, cette variabilité et cette impermanence d'un monde naturel, tout cela ne peut manquer de trouver écho dans le système conceptuel et les modes de représentation de l'univers de ces Indiens du Brésil central.

AU RYTHME DU FLEUVE

Les Karajá ont édifié un système socio-économique centré sur cet axe nord-sud que constitue le fleuve Araguaia et adapté à la fluidité et à la variabilité de leur environnement aquatique.

Le territoire karajá a dû jadis s'étendre sur environ 1000 km de fleuve, compris approximativement entre la confluence du fleuve Vermelho en amont et celle du fleuve Lontra en aval (*cf.* carte 2). Sur cette longue portion de l'Araguaia, les points de confluence avec les principaux affluents — à savoir, du nord au sud, Tapirapé, Rio das Mortes, Cristalino, Crixas, Rio do Peixe, Rio Vermelho — ont constitué des lieux d'occupation permanente permettant de contrôler l'accès aux ressources dispensées par ces différents cours d'eau. La mythologie rend compte de ce mode d'occupation du territoire par les premiers groupes constitutifs du peuple karajá et des conflits occasionnés pour la possession de ces lieux stratégiques, tel ce court récit qui met en scène un guerrier légendaire:

> Il y a longtemps vivait au village de Barra do Tapirapé (confluence Araguaia-Tapirapé) un guerrier karajá très grand et très fort nommé **Teribre**. Il se baignait en un endroit du fleuve barré par des rochers. Tous les hommes de sa famille avaient été tués par d'autres groupes karajá et il se préparait à leur faire la guerre. Il remonta l'Araguaia avec ses guerriers et il attaqua le village des **Were** dirigé par **Worke**. **Teribre** était si grand et si fort que les flèches ne le blessaient pas et qu'il pouvait tuer un homme en lui marchant dessus. Alors **Worke** demanda à **Teribre** d'arrêter de se battre et il accepta de lui donner la partie de l'Araguaia que son groupe possédait. Il lui donna aussi une natte à motifs et un ara rouge. **Teribre** redescendit alors le fleuve jusqu'à chez lui. Il ordonna de fabriquer d'autres flèches et repartit se battre avec ses guerriers. Il arriva au village karajá à la confluence du Rio das Mortes dirigé par **Andedura**. Connaissant la force de **Teribre**, **Andedura** ne voulut pas se battre et lui donna son fleuve très riche, ainsi qu'une pirogue. La même chose arriva avec les Karajá du fleuve Cristalino. Alors **Teribre** répartit le territoire entre ses compagnons et installa ainsi les différents villages karajá.

Si les Karajá se contentaient généralement d'incursions prédatrices à l'intérieur de ces affluents (pêche, chasse, produits végétaux), quelques villages permanents avaient été établis sur le bas Rio das Mortes, puis désertés sous la pression des Indiens Xavante. Les entrées de grands lacs, ou de chapelets de lacs, étaient également des lieux d'occupation privilégiés, plus ou moins permanents, sur les berges de l'Araguaia, autorisant à la fois une exploitation plus large des ressources fluvio-lacustres et une pénétration plus aisée à l'intérieur des terres.

Pour compenser les difficultés d'expansion territoriale et d'exploitation optimum des ressources naturelles à partir des rives de l'Araguaia (présence de groupes belliqueux et expansionnistes, tels que les Kayapó et les Akwe-Xavante; alternance d'une longue période d'inondation et d'une période de sécheresse), les Karajá ont implanté une gestion étagée de leur milieu naturel, totalement accordée à la respiration de leur fleuve. Sont ainsi distingués quatre «temps» principaux dans le cycle de reproduction naturelle et d'activités socio-économiques: **beora, bebo, beetxi et wyra**.

Au **beora** (tête d'eau, nouvelle eau), temps des premières pluies et de la montée des eaux (octobre à décembre), débute pour les Karajá la période d'occupation et d'exploitation des terres hautes, ainsi que de regroupement social. Les villages de la saison des pluies sont installés au bord du fleuve, sur une berge haute, de préférence à la confluence d'un lac ou d'un cours d'eau (ou à proximité). Ils sont totalement ouverts sur le fleuve, sous forme d'un ou plusieurs alignements de maisons parallèles à l'axe fluvial, et faisant face à la maison des hommes placée vers l'intérieur des terres.

Les abattis de terre ferme (**hawa bediu oworu**, hauteur-forêt-jardin) sont ouverts dans les environs, pas nécessairement aux abords des villages qui pourraient être atteints par les eaux, mais à une distance raisonnable en pirogue. Ces plantations d'hiver comportent différents cultigènes: maniocs doux et amer, patates douces et autres tubercules, maïs, pastèques, bananes, arachides, coton, roucou et sont placées sous les auspices des êtres célestes par le biais d'un rituel approprié (*cf.* rites agraires, chapitre III).

Le **beora** est aussi le temps privilégié de la collecte des produits de la forêt et de la savane, des différents types de miel par les hommes et des fruits sauvages par les femmes [1]. La collecte des produits sauvages

[1] Ce sont surtout des petits fruits de savane au goût aigrelet, tels que: *oiti (Moquila tomentosa), caju (Anacardium sp.), curiola (Pouteria ramiflora), murici (Byrsonima sp.), piqui (Caryocar brasiliense), mutamba (Guazuma ulmifolia), mangaba (Hancornia speciosa), pitomba (Talisia esculenta), caja (Trichilia roraimama), miringuiba (Terminalia brasiliense), xixa (Sterculia striata), inga (Inga spp.), Jatoba (Hymenaea courbaril),*

complète les dernières récoltes tirées des jardins de terres basses avant leur inondation.

La pêche, activité annuelle, se concentre à cette époque sur les berges des fleuves et des lacs, où les poissons viennent se nourrir de fruits. Elle est traditionnellement faite à bord d'une petite pirogue monoxyle par deux hommes, un pagayeur et un pêcheur à l'arc et à la flèche. Dès le début de la remontée du fleuve par les espèces migratrices pour le frai, c'est du haut des arbres des berges fluviales que l'homme flèche ses proies ou referme derrière leur passage un piège en forme d'enclos de pieux de bois, à l'intérieur duquel une embarcation recueille les captifs qui sautent.

Au **bebo** (fleuve plein), temps des crues de janvier à mars, l'activité halieutique est rendue difficile par les eaux profondes et troubles. Le pêcheur karajá recherche alors les terres basses inondées, *várzeas* de savanes et de forêts, parcourues par différentes espèces de poissons. Mais c'est surtout l'époque traditionnelle de la chasse, qui prend dans cet environnement aquatique un caractère tout à fait particulier. Regroupés dans les îles de terre ferme (**bediu bute**, forêt-île), les animaux terrestres sont plus facilement accessibles. Oiseaux, singes, et petits mammifères vivant dans les arbres comme le coati (*Nasua nasua*) peuvent alors être fléchés directement de la pirogue.

La chasse des gros mammifères — cervidés, pécaris, plus rarement tapir —, telle qu'elle est réalisée à la saison des pluies, est à mettre en parallèle avec la pêche traditionnelle des gros poissons — essentiellement le pirarucu (*Arapaima gigas*) — effectuée à la saison sèche[2]. Dans les deux cas, il s'agit d'une activité masculine collective hautement valorisée, avec l'utilisation de techniques comparables. Dans les deux cas, les animaux sont «piégés» dans des lieux presque clos (lac fermé par un large filet[3] ou île de forêt entourée d'eau) et sont poussés par des

genipapo (genipa americana). Les fruits sont ajoutés à l'**iweru** (boisson de manioc) ou à l'eau de cuisson du poisson. Les fruits de palmiers consommés ou utilisés pour leur huile sont principalement; *macauba (Acrocomia sclerocarpa), bacaba (Oenocarpus distichus), babão (Syagrus flexuosa), gariboba (Syagrus comosa), babaçu (Orbignya sp.), tucumã (Astrocaryum sp.).*

[2] Le pirarucu est l'un des plus gros poissons d'eau douce du monde et le plus gros existant au Brésil. Il mesure en moyenne 2 m de long pour un poids d'environ 100 kg (des spécimens de près de 4 m et 200 kg ont déjà été pêchés). La totalité de l'animal est utilisée par les Karajá; la chair savoureuse est consommée fraîche ou salée (après salaison, elle est toutefois généralement commercialisée); les tripes et les œufs sont aussi consommés; enfin la langue séchée et les grosse écailles sont utilisées comme râpe ou lime.

[3] Les Karajá fabriquaient jadis de grands filets avec les fibres du liber de l'arbre *imbauba (Cecropia sp.)*. Ces filets n'étaient utilisés que pour fermer les lacs en saison

rabatteurs à pied ou en pirogue vers des chasseurs-pêcheurs qui, soit les poursuivent, les flèchent, voire les étouffent en leur maintenant la tête dans l'eau (mammifères terrestres), soit les épuisent en les maintenant hors de l'eau (pirarucus), avant de les achever à coups de massue.

Au **beetxi** (sans eau, fin des pluies), la décrue du fleuve d'avril à juin découvre progressivement les rives fertilisées, *várzeas* de forêt-galerie et plages limoneuses, où vont être cultivées des plantes à cycle court (certaines variétés de maïs, arachides, courges, pastèques). Des semences de tabac et des boutures de manioc sont également conservées dans ces terres limoneuses pour être ensuite replantées dans les abattis de terre ferme. Travaillant dans son **otira bediu oworu** (berge inondée-forêt-jardin) ou dans son **ãnyra oworu** (plage-jardin), le Karajá vit des produits récoltés dans son abattis de terre ferme, dont les premières récoltes font l'objet d'offrandes aux esprits célestes (*cf.* rites agraires, chapitre III)[4].

Par ailleurs, la décrue relance l'activité halieutique qui porte essentiellement sur les poissons à écailles et sur deux espèces de tortues, la *tracajá* (*Podocnemis unifilis*) et la *tartaruga-da-Amazônia* (*Podocnemis expansa*)[5]. Les techniques employées sont diverses en fonction du lieu (lac, fleuve, berge haute, plage), de la hauteur des eaux et de l'espèce animale: filet, arc et flèches, nasse, nivrée, «pirogue de sable»[6], harpon, ligne et hameçons, les deux dernières ayant été acquises auprès des Blancs. Certains poissons sont attrapés à la main, soit parce qu'ils nichent dans des cavités aménagées dans les berges hautes, soit parce

sèche et pêcher le pirarucu. Aujourd'hui, les filets de pêche sont confectionnés avec du fil de nylon ou de coton et sont employés pour attraper tous types de poissons. Pour pêcher le pirarucu, la préférence et maintenant donnée au harpon.

[4] Les abattis de terre ferme sont communautaires, divisés entre les unités domestiques; les jardins de *várzea* sont individuels.

[5] La *tracajá*, de petite taille, mesure environ 40 cm et pond en moyenne une vingtaine d'œufs entre août et septembre, isolément sur les berges sableuses de l'Araguaia. La *tartaruga da Amazonia*, plus grande (jusqu'à 80 cm), pond en moyenne une centaine d'œufs en juin-juillet sur les mêmes plages, après avoir effectué une migration collective. La *tracajá* à la chair assez grasse est moins appréciée par les Karajá. Les tortues sont consommées grillés dans leur carapace. Les œufs peuvent être conservés quelque temps, après avoir été séchés au soleil. La corne des carapaces était autrefois employée pour fabriquer des cuillers et la fusaïole des fuseaux à coton. La tortue est le seul animal avec lequel les Karajá pratiquaient jadis une semi-domestication à fin alimentaire. Attrapés en grande quantité en période d'étiage, conservés dans des enclos inondés et nourris de fruits, de manioc et de poisson, les chéloniens (uniquement la *Podocnemis expansa*) pouvaient ainsi être consommés jusqu'en période de crue.

[6] Technique halieutique de saison sèche: fermer de petites criques descendant en pente douce à l'aide de digues de sable creusées en leur milieu. Les poissons y restent prisonniers; ceux qui tentent de s'échapper en sautant retombent dans la «pirogue de sable».

que, tels les locaridés, ils ont la faculté de rester assez longtemps hors de l'eau et que, prisonniers dans des lacs asséchés, ils entreprennent de véritables expéditions terrestres pour rejoindre un autre cours d'eau.

Dès le début de la période sèche, **wyra**, qui va de juillet à septembre, les Karajá sont déjà installés sur les longues plages de sable fin découvertes par l'étiage. Ce transfert est communautaire et effectué sous la direction du chef du village. Le plan du village est reconstitué et les habitations, quoique de facture moins solide et plus aérée, sont disposées de la même façon en rangées parallèles au fleuve, face à la maison des hommes installée vers l'intérieur des terres. Castelnau (1852), Ehrenreich (1891) et Krause (1911) témoignent ainsi d'avoir aperçu ou visité des villages de plusieurs dizaines de maisons alignées sur les plages.

A partir de ces camps de base, les Karajá se dispersent en formations domestiques ou masculines durant plusieurs semaines, afin d'exploiter le milieu fluvio-lacustre (collecte des œufs de tortues, pêche du pirarucu ou à la nivrée dans les lacs, etc.). Des campements provisoires sont alors aménagés sur les plages, sous forme d'abris faits de nattes tendues sur des armatures en bois.

Ces déplacements verticaux — de la berge haute à la berge basse et de l'amont à l'aval du bassin fluvial — s'effectent à l'intérieur de zones territoriales délimitées, correspondant à différents niveaux de différenciation et d'organisation de ce groupe ethnique que l'on étudiera plus avant. On constatera également que ce mode d'adaptation à un milieu fluvio-lacustre s'est progressivement modifié au rythme des transformations subies par cet environnement sur plusieurs siècles.

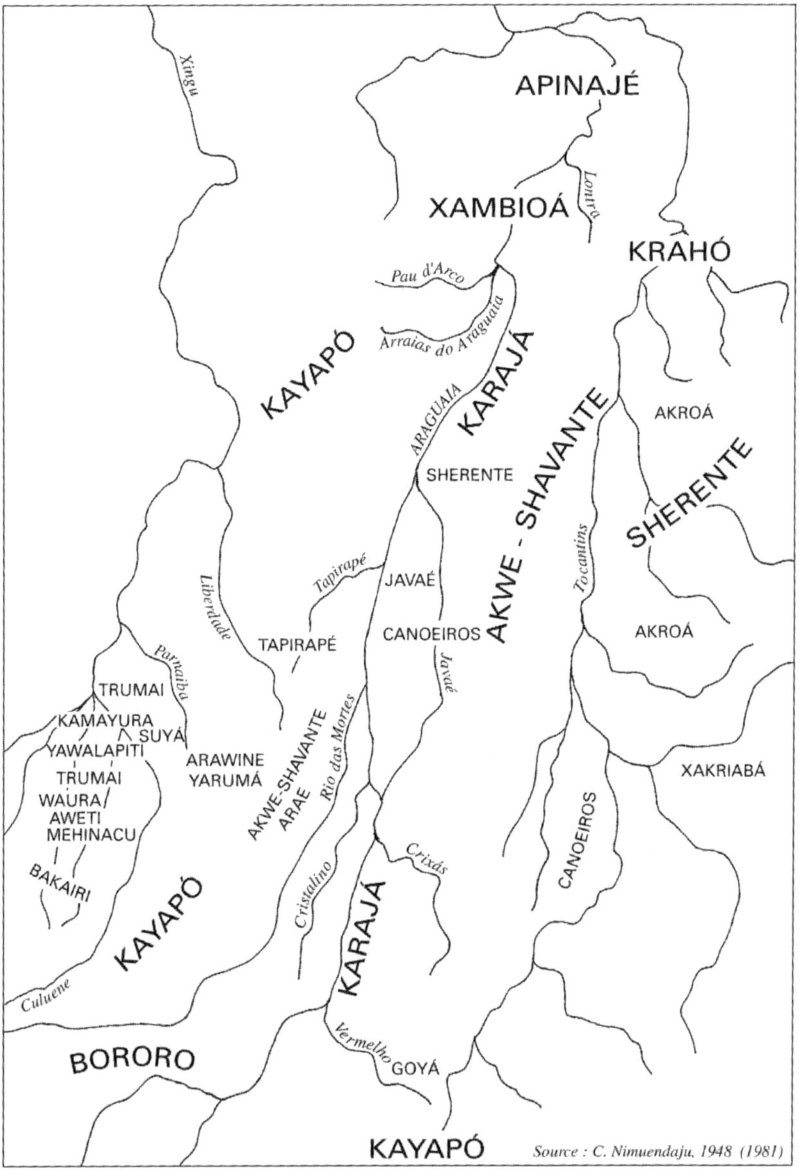

Carte 2 – Répartition des groupes ethniques dans la vallée de l'Araguaia et ses environs du 17e au 19e siècle

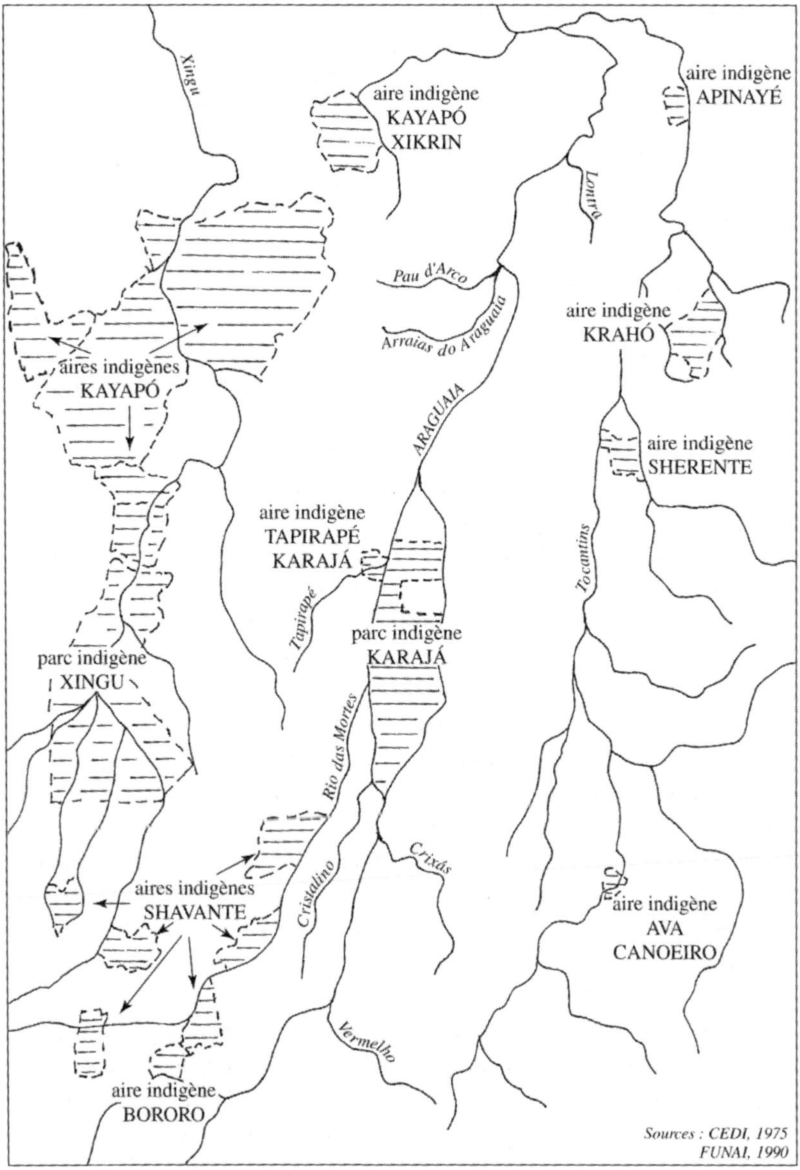

Carte 3 – Répartition actuelle des groupes ethniques en parcs et aires indigènes dans la vallée de l'Araguaia et ses environs

UN PEUPLE, UNE HISTOIRE

Plusieurs groupes du Brésil central ont dû opérer d'importantes migrations d'est en ouest du 16e au 19e siècle, face à l'avance des fronts de colonisation. Les Xavante sont passés du Tocantins au sud du Mato Grosso, les Tapirapé et les Ava-Canoeiro sont des groupes tupi plus orientaux, probablement venus de São Paulo en ce qui concerne les seconds. Les Karajá en revanche, occupent encore aujourd'hui la même région qu'avant l'arrivée des Européens sur le continent sud-américain.

A quand remonte alors l'installation de ce groupe indigène dans la vallée de l'Araguaia? L'archéologie du bassin de l'Araguaia n'en est encore qu'à ses prémices. Les premières recherches effectuées dans le haut Araguaia, notamment sur les rives du Rio Vermelho et dans la région d'Aruana, ont néanmoins permis d'établir de nombreuses analogies entre la céramique traditionnelle karajá et les vestiges trouvés dans les sites des premiers horticulteurs céramistes du sud de l'Etat de Goiás et du Mato Grosso (tradition Uru, 9e siècle). Cela semble indiquer que l'origine des Karajá, ou de leurs ancêtres, dans cette région est fort ancienne (Wüst, 1975, 1989; Schmitz et al., 1984).

La poursuite des recherches archéologiques dans la vallée de l'Araguaia permettra également de préciser l'extension territoriale des Karajá, ainsi qu'éventuellement l'évolution de leurs modes d'exploitation et d'implantation dans ce bassin fluvial. Si l'on en croit les premiers observateurs, principalement Krause (1911), l'implantation des Karajá en amont de l'Île du Bananal est un processus colonial, plusieurs groupes ayant été attirés par les centres de peuplement blancs installés à partir de la seconde moitié du 19e siècle.

Par ailleurs, il serait intéressant de savoir si les Karajá ont toujours été riverains, ou s'ils ont également connu une phase interfluviale, parallèle ou plus ancienne, dans des zones de la vallée de l'Araguaia moins soumises aux inondations, avant d'être éventuellement repoussés vers les rives par d'autres groupes indigènes. Il est troublant de constater à ce propos que dans les sites archéologiques de la tradition Uru, on trouve simultanément des plans de village circulaires dans l'interfluve et linéaires au bord des lacs et des cours d'eau (Wüst, 1975:161, 1996). Le modèle spatial karajá ne serait donc que la variante riveraine du modèle circulaire gê-bororo; nous y reviendrons.

Sur le plan linguistique, la parenté gê-karajá semble être aujourd'hui admise. Les Karajá ont longtemps été considérés comme un groupe linguistique isolé. Ce n'est qu'en 1956 que J. Greenberg inclut cette langue dans un tronc macro-gê. Par la suite, I. Davis (1968) confirma cette affiliation par la comparaison effectuée entre une langue proto-gê reconstituée et le karajá. Selon lui, le tronc macro-gê se compose de trois familles linguistiques:

— la famille gê, réunissant les sous-familles:
  . kaingang (dialectes kaingang et xogleng);
  . gê central (dialectes xavante, xerente, et ceux des Akroá et Xakriaba aujourd'hui disparus);
  . gê septentrional (Timbira orientaux: Canela, Krĩkati, Gavião, Krahó et Krenjê; Apinayé et Kayapó du nord; Suya);
— la famille maxakali, regroupant divers dialectes maxakali, le pataxó et le malali;
— la famille karajá, composée des dialectes karajá, javaé et xambioá appartenant aux trois sous-groupes éponymes. Il est à noter que ces trois dialectes sont mutuellement intelligibles et que deux d'entre eux, le karajá et le xambioá, distinguent un parler féminin et un parler masculin.

D'autres langues, supposées macro-gê et pour la plupart disparues, ne sont pas encore classifiées (kayapó du sud, jeiko, ofayé, kamakan, kutaxo, masakara, puri, coroado, koropo, botocudo). Enfin le groupe macro-gê est rattaché au même phylum que la langue bororo.

Selon D. Fortune (communication personnelle à Tavener, 1973:458), l'analyse glotto-chronologique fait remonter la séparation gê-karajá à environ un millier d'années.

Pour les Karajá eux-mêmes, il ne fait aucun doute que la vallée de l'Araguaia est leur lieu d'origine, puisque leur mythologie, ainsi que nous l'examinerons dans le chapitre suivant, établit qu'ils sont sortis du fond de ce fleuve et que ce lieu d'émergence est situé un peu en amont de la confluence avec le Tapirapé. Alors que le mythe ne donne pas d'explication pour la formation des trois sous-groupes ethniques, il laisse entendre qu'un ou deux petits groupes karajá aient pu émigrer vers l'ouest à la suite de conflits intercommunautaires. Cela pourrait sans doute expliquer en partie les affinités culturelles existant entre les Karajá et les groupes du haut Xingu, sur un plan cérémoniel notamment.

Les groupes ethniques occupant la vallée de l'Araguaia et faisant partie du système d'identification et d'échanges des Karajá sont les Kayapó (**Aralahu**), les Xavante (**Yrysa**), les Xerente (**Wabinole**), les Tapirapé (**Wou**) et les Ava-Canoeiro (**Ijebese** ou **Itya Yrysa**, Xavante du milieu) (*cf.* cartes 2 et 3). Avant l'arrivée des Xavante qui les ont expulsés du Rio das Mortes, les Karajá ont très certainement entretenu des contacts réguliers avec les Bororo, ainsi que semblent l'indiquer les nombreuses affinités socio-culturelles entre ces deux groupes. Par ailleurs, des liens d'échanges culturels ont sans doute été établis entre les bassins de l'Araguaia et du Xingu, par l'intermédiaire de groupes tels que les Arawine et les Yaruma (Baldus 1938; Krause, 1911) (*cf.* carte 2).

Les premières incursions dans la vallée de l'Araguaia datent du début du 17e siècle. Venant de Belém, les Jésuites ont été les premiers à remonter le Tocantins puis l'Araguaia, à la recherche de nouvelles tribus indigènes destinées à grossir leurs missions du Pará, avant de s'implanter un siècle plus tard dans le nord-est du Goiás. Mais c'est surtout à partir des Capitaineries du sud (São Paulo, en particulier) que sont venues les expéditions d'exploration, ou *bandeiras*[7], qui après le Minais Gerais et le sud du Mato Grosso ont pénétré dans le *sertão* du Goiás à la recherche de mines d'or et d'argent et d'esclaves indigènes.

Bien que plusieurs de ces expéditions aient traversé le territoire des Karajá, il n'est fait mention de ce groupe ethnique que vers 1683, à l'occasion du passage du *bandeirante* Antonio Pires de Campos, dont la cruauté resta gravée dans la mémoire des Karajá qui en témoignèrent près de cent ans plus tard auprès du sous-lieutenant des Dragons, José Pinto da Fonseca:

> «Antonio Pires de Campos arriva à Nova Beira et traita les Karajá avec paix et amitié. Mais quelques jours après, il en tua plusieurs, en fit prisonniers beaucoup et les emmena enchaînés. Sur le chemin du retour, ils les échangea contre du bétail auprès des colons. Les Karajá qui réussirent à s'échapper retournèrent dans leurs villages et y propagèrent la tyrannie des Blancs.» (Chaim Matos, 1974:123-124)[8]

Avec l'exploitation des mines d'or, les noyaux de peuplement (*arraiais*) se multiplièrent tout au long du 18e siècle. Il en existait une quarantaine en 1804, situés dans le haut Tocantins et sur les rives des affluents du haut Araguaia (Palacin, 1976:37-38). Pour assurer leur développement, les gouverneurs successifs de la Capitainerie de Goiás entreprirent avec l'aide des *bandeiras* la pacification des Indiens,

[7] Ces expéditions armées étaient chargées d'explorer l'intérieur du territoire pour le compte de la Couronne du Portugal dont elles portaient les drapeaux (*bandeiras*).

[8] Les citations d'auteurs portugais et anglais ont été traduites par mes soins.

laquelle oscilla, suivant l'hostilité des groupes indigènes, entre l'extermination et le regroupement dans des colonies. De véritables guerres furent menées en particulier contre les Kayapó qui occupaient les régions aurifères du sud de Goiás.

En 1775, les Karajá de l'Île du Bananal «jurèrent fidélité» au roi du Portugal et la colonie de Nova Beira fut installée dans ce territoire insulaire, protégée par un poste militaire.

Une dizaine de colonies indigènes furent implantées dans la Capitainerie de Goiás entre 1751 et 1788 (*cf.* localisation des principales sur la carte 4). Elles regroupèrent des membres des ethnies Akroá, Xacriaba, Xavante, Kayapó, Canoeiro et Karajá. La plus grande, celle de São José de Mossâmedes, située près de la capitale Vila Boa, réunit plus de 8000 Indiens dont environ 800 Karajá transférés de Nova Beira en 1780. Les deux premières colonies, celles de São Francisco Xavier do Duro et de São José do Duro, situées au nord-est de Goiás furent dirigées par les Jésuites.

Après l'expulsion de la Compagnie de Jésus en 1759, les colonies indigènes passèrent sous une direction civile et militaire, assistée par des représentants du clergé séculier. Le but poursuivi était de «christianiser et civiliser les Indiens, afin de les rendre utiles à eux-mêmes, aux habitants de la région et à l'Etat, et de les faire participer à l'immense tâche de peuplement des terres portugaises» (Chaim, 1974:137-138). Ces Indiens pacifiés devaient être employés, soit à des tâches agricoles en tant que salariés, soit à la défense des populations contre d'autres groupes indigènes hostiles.

Décimés par les épidémies, maltraités, réduits en esclavage, les Indiens désertèrent progressivement ces établissements qui n'existaient plus au début du 19e siècle. Dans le même temps, les mines d'or s'épuisaient et de nombreux *arraiais* furent abandonnés, notamment dans le centre de Goiás. Avec la désertification du *sertão*, les groupes indigènes se regroupèrent sur leurs terres et se firent plus hostiles à la présence des Blancs. C'est ainsi qu'en 1813, une coalition d'Indiens Karajá, Kayapó et Xavante attaqua et détruisit le poste militaire de Santa Maria do Araguaia, en aval de l'Île du Bananal (Alencastre, 1979:331-336).

Le répit laissé par la colonisation ne fut que de courte durée, puisque dès le milieu du 19e siècle une nouvelle infrastructure était établie le long du Tocantins et de l'Araguaia, pour faire de ces fleuves une voie de communication régulière entre la province du Pará et celles du sud, et réaliser le désir ancien de relier le bassin de l'Amazone à celui du Parana. A l'initiative de J. Vieira Couto de Magalhães, alors Président de la Province de Goiás, fut inaugurée en 1868 la ligne de navigation à vapeur de l'Araguaia, reliant sur 900 km, en six voyages par an, la ville de Leopoldina en amont à celle de Santa Maria do Araguaia en aval. Cette ligne de navigation fluviale se poursuivait sur le Tocantins jusqu'à Belém, alors que la liaison de Leopoldina, actuelle Aruana, à la capitale de l'Etat de Goiás se faisait à dos d'ânes. De petits noyaux de colonisation agro-pastorale s'implantèrent en amont et en aval de l'Île du Bananal, protégés par des garnisons militaires.

Le projet d'évangélisation des groupes indigènes fut repris, assumé par des missionnaires capucins, puis dominicains. En la personne des frères Sigismundo et Rafael de Tagia, Francisco de Monsanvito et Sabino de Rimini, l'ordre des capucins collabora avec l'Empire brésilien dans l'implantation et la direction de nouvelles colonies indigènes sur les rives de l'Araguaia et du Tocantins, dans la seconde moitié du 19e siècle (*cf.* carte 4). Des Indiens Karajá, Kayapó, Xavante, Xerente et Krahó y cohabitèrent avec des colons, pour partie d'anciens prisonniers de droit commun placés sous la surveillance de militaires. Cette population devait participer à l'exploitation agro-pastorale de la région et fournir différents services à la compagnie de navigation fluviale (nourriture, bois de chauffage, main-d'œuvre).

La fermeture de ces colonies indigènes fut décidée à la fin du 19e siècle par la toute nouvelle République brésilienne. Les missions et collèges dominicains solidement implantés dans l'Etat de Goiás (notamment dans la capitale Goiáz, actuelle Goiania, à Porto Nacional, Conceção do Araguaia et Leopoldina, actuelle Aruana; *cf.* carte 5) prirent le relais jusque vers 1930. Ainsi que le résume le père Estevão Gallais, la stratégie visait alors essentiellement les jeunes enfants indigènes que l'on regroupait dans les collèges, afin de leur inculquer une éducation chrétienne:

> «Le plan des missionnaires est de soustraire très tôt les enfants des deux sexes à l'influence du milieu où ils naissent, les empêcher de contracter les habitudes de la vie sauvage et leur inculquer au contraire ceux de la vie chrétienne, leur donner avec l'instruction religieuse l'enseignement élémentaire dispensé dans les écoles primaires, de manière à ce que, en âge de se marier, ils puissent former des familles chrétiennes qui se fondent dans la masse de la population déjà civilisée. De cette façon, l'élément indigène s'éteindra de lui-même et en deux ou trois générations la tribu sera incorporée, à la fois dans la société et dans l'Eglise.» (1954:35)

C'est à cette époque de la navigation fluviale que débutèrent les relations d'échange des Karajá avec la société néo-brésilienne, l'acquisition des produits manufacturés et l'implantation de petits groupes à proximité des noyaux de peuplement. Toutefois, passée sous la direction d'une compagnie nord-américaine, *The Para Transportation and Trading Company*, l'entreprise de navigation à vapeur de l'Araguaia fit faillite en 1900 et les Karajá redevinrent maîtres de leur fleuve.

A l'aube du 20e siècle, ce second répit accordé aux Indiens de l'Araguaia devait être le dernier. Dès le début des années 30, le front agro-pastoral atteignit le cours moyen du fleuve et plusieurs familles de colons s'installèrent sur la rive gauche (Etat du Mato Grosso) face à l'Île du Bananal, occupant d'anciens emplacements de villages karajá, pour donner plus tard naissance aux petites agglomérations de São Félix do Araguaia, Luciara et Sta Terezinha (cette dernière fut construite à l'initiative des dominicains) (*cf.* carte 5). De l'autre côté du fleuve, dans l'Île du Bananal, les communautés karajá sont regroupées et sédentarisées autour de deux institutions, l'une religieuse, l'autre gouvernementale.

L'école protestante américaine des Adventistes du Septième Jour installa trois postes de part et d'autre de l'île, à Fontoura, Macauba et Canõana, où durant près de 35 ans, pasteurs et infirmières ont évangélisé, soigné et développé des activités artisanales (céramique et vannerie) à des fins commerciales. Plusieurs pasteurs karajá ont ainsi été formés et l'influence de l'enseignement protestant sur les pratiques traditionnelles (alimentation, représentations cosmologiques, rituels) persiste encore aujourd'hui, d'autant plus aisément que ces Eglises protestantes sont bien implantées dans la société brésilienne environnante et que, contournant l'interdiction gouvernementale de s'installer dans les communautés indigènes, leurs représentants se déplacent régulièrement en bateau de village en village pour poursuivre leur tâche religieuse et médicale.

L'agence gouvernementale S.P.I. (Service de Protection des Indiens) créée en 1910, n'installa ses premiers postes dans l'Île du Bananal que 20 ans plus tard; ils reçurent les noms de Gétulio Vargas (actuel village de Sta Isabel do Morro), Heloisa Torres (village à la confluence du Tapirapé) et Damiana da Cunha (village javaé de Barreira branca) (Gama Malcher, 1964).

La préoccupation gouvernementale pour les groupes indigènes du Brésil central alla en s'accroissant des années 40 à 60, avec la priorité nationale donnée par les Présidents de la République Getulio Vargas et Juscelino Kubitschek à l'occupation et au développement économique des régions du centre-ouest brésilien (Fondation Brésil Central en 1943, inauguration de Brasilia en 1960).

Les Karajá furent ainsi parmi les premiers à être utilisés comme vitrine de la politique paternaliste du gouvernement brésilien à l'égard de la population indigène, laquelle se manifesta, sous les feux des projecteurs, par des visites présidentielles dans l'Île du Bananal, des invitations officielles des leaders karajá à Rio de Janeiro puis à Brasilia, l'implantation d'infrastructures diverses dans les villages (écoles, hôpital, pistes d'atterrissage, etc.) et le «déversement» de cargaisons entières de produits manufacturés. L'engouement de Juscelino Kubitschek pour l'Île du Bananal fut tel qu'il se fit construire à proximité du village de Sta Isabel un hôtel de luxe à air conditionné et vaisselle fine, où il venait régulièrement avec sa nombreuse suite pour goûter aux plaisirs de la chasse et de la pêche...

Cette «période présidentielle» dans l'histoire des Karajá toucha plus fortement le sous-groupe de l'amont, les Karajá proprement dits, accélérant dramatiquement leur processus de dépendance vis-à-vis de la société brésilienne et de l'entité de tutelle.

La construction d'une infrastructure de transport sur la rive gauche de l'Araguaia (routes, ligne aérienne Belém-Brasilia desservant plusieurs agglomérations de la vallée) a par la suite favorisé le développement agro-pastoral et touristique de la région. Alors que des entreprises nationales et internationales investirent dans l'élevage de bovins ou la monoculture de riz, des colons sans terre, *posseiros*, s'installèrent progressivement dans l'Île du Bananal.

Décrétée Parc National en 1959 sous la direction de l'IBDF (Institut Brésilien du Développement Forestier), ce n'est qu'en 1971 que l'Île du Bananal fut partiellement reconnue comme territoire karajá, par sa division en Parc Indigène (partie méridionale, 16500 km^2) et Parc National (partie septentrionale, 3500 km^2). En dehors de l'île, il ne subsistera du territoire karajá que quelques poches le long du fleuve, délimitées dans les années 80 pour les Xambioá au nord, les Karajá près de Santana do Araguaia, ceux du Tapirapé à la confluence du fleuve homonyme, ainsi que ceux de São Domingos près du bourg de Luciara (*cf.* carte nº 5).

Dès le milieu du 20e siècle, le moyen Araguaia, qui avait été jusqu'alors relativement préservé de la colonisation, est jalonné sur ses deux rives de nombreux points de contact avec la société brésilienne — postes du SPI, missions protestantes, petites agglomérations, exploitations agro-pastorales — que les Karajá ne sont plus en condition de rejeter, d'une part par manque d'espace (la plupart des berges hautes sont désormais occupées), d'autre part par le caractère paternaliste de l'attraction dont ils ont fait l'objet, accentué par la rivalité existant entre les deux types d'assistance, gouvernementale et missionnaire. A peine pouvaient-ils encore à cette époque «choisir» la forme de contact, ainsi que l'avait observé C. J. Tavener de 1966 à 1969:

«Une analyse des déplacements résidentiels a montré que la plupart des Karajá préfèrent les missions et les postes du S.P.I. aux fermes d'élevage et aux bourgs, mais lorsqu'ils peuvent choisir entre la mission ou le poste, ils sont plus nombreux à opter pour la première.» (1973:443).

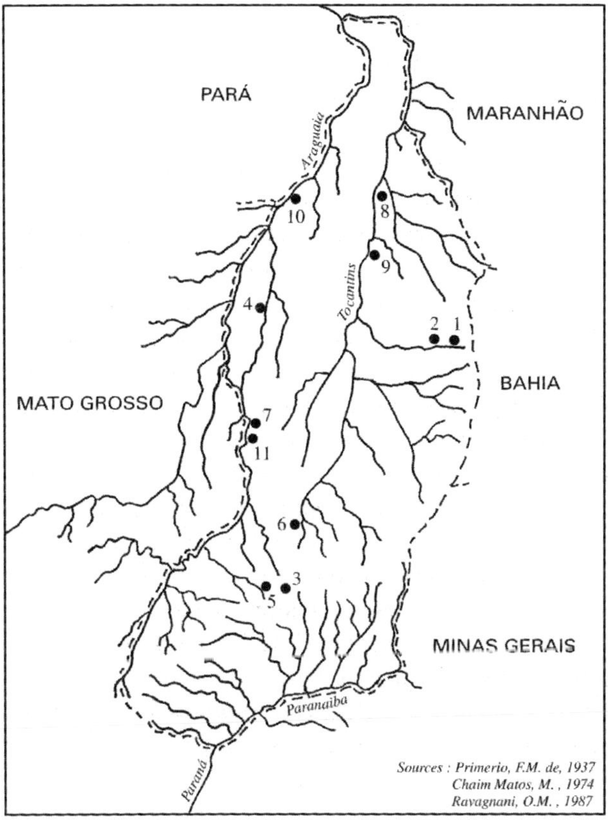

1 - São Francisco Xavier do Duro	(1751)	7 - São Joaquim do Jamimbu	(1845)
2 - São José do Duro	(1755)	8 - Pedro Afonso	(1849)
3 - São José de Mossâmedes	(1755)	9 - Teresa Cristina	(1851)
4 - Nova Beira	(1775)	10 - Santa Maria	(1862)
5 - Maria I	(1780)	11 - São José do Araguaia	(1863)
6 - Carretão	(1788)		

Carte 4 – Colonies indigènes du Goiás aux 18e et 19e siècles

Abandonnant progressivement l'agriculture traditionnelle et se désintéressant de l'élevage de bovins que le S.P.I. cherche à leur imposer, les Karajá font de la commercialisation du poisson (frais et salé) et de leur artisanat (céramique et vannerie) leur principale activité économique et source de revenus.

ENTRE TRADITION ET MODERNITÉ

L'ethnie karajá totalise en 1998 environ 2500 personnes, dont plus de la moitié appartient au sous-groupe de l'amont, les Karajá proprement dits. Cette population indigène est répartie en une vingtaine de villages et quelques familles isolées, entre Aruana en amont et Xambioá en aval de l'Araguaia (*cf.* liste et carte en fin de chapitre). La plupart des villages, regroupant chacun de 40 à 500 habitants, sont situés dans l'Île du Bananal ou à hauteur de celle-ci sur la rive gauche du fleuve.

Ces villages sont généralement installés sur une berge haute et ont conservé le schéma spatial traditionnel (*cf.* figure 1), notamment en ce qui concerne la partie domestique ouverte sur le fleuve en un ou deux alignements parallèles, suivant l'importance de la population. Les maisons (**heto**) ne sont plus de facture traditionnelle (toiture à deux pans allant jusqu'au sol soutenue par une armature de bois en arceaux), mais ont adopté l'architecture des habitations rurales néo-brésiliennes. La paille est toutefois encore préférée à la brique de terre séchée pour la confection des parois (*cf.* photos 16 et 17). Jadis ouvertes uniquement vers le fleuve, les maisons karajá comportent souvent aujourd'hui une seconde porte (**ijo**), pas nécessairement du côté opposé à la première.

Vers l'intérieur des terres, face à la ligne domestique en sa partie médiane, est située la place rituelle occupée par la maison des hommes (**ijoi heto**) ou maison des esprits **ijasò** (**ijasò heto**). Cette partie masculine du village traditionnel karajá n'est plus visible que dans les communautés les plus importantes, qui maintiennent une activité cérémonielle. Même dans ces villages cependant, la maison des hommes n'est pratiquement plus un lieu de réunions et d'activités masculines, encore moins d'hébergement des jeunes célibataires; elle n'est alors réactivée que pour la réalisation du rituel **ijasò**.

La partie domestique est reliée à la place rituelle par différents chemins (**ube**). Contrairement aux villages gê et bororo, il n'existe pas aujourd'hui un chemin par maison; cela est sans doute le fait de l'éclatement des grandes unités matrilocales traditionnelles, souvent éparpillées à travers le village. Seuls les hommes ont droit d'emprunter ces chemins d'accès à la place rituelle, les femmes devant contourner cette place pour se rendre aux lieux d'aisance ou aux abattis.

Tout au long de la rive, des lieux d'accès au fleuve (**beà**) sont aménagés. Il existait probablement jadis un **beà** par unité domestique. Dans les villages actuels, installés de façon permanente sur une berge haute, ce **beà** est amélioré par un passage en escalier creusé dans la roche pour permettre d'atteindre aisément le fleuve, notamment en période d'étiage. Le **beà** est le lieu d'accostage et d'amarrage de la pirogue, l'endroit du bain familial et du nettoyage des vêtements et des ustensiles domestiques par les femmes. Jadis, en saison sèche sur les plages, c'était là, à fleur d'eau, que les tubercules de manioc amer étaient enterrés pour fermenter quelques jours et que les œufs de tortues, par centaines, séchaient au fond des pirogues. L'accès principal, où sont accueillis les visiteurs, est situé au centre de l'alignement des **beà**, dans l'axe de la place rituelle et de la maison des hommes.

Sous la direction d'un chef politique, ces communautés villageoises sont des unités sociales et territoriales autonomes à forte tendance endogame. Les relations inter-communautaires opèrent principalement dans un cadre cérémoniel, à l'occasion de la tenue de grands rituels, tel le rituel d'initiation masculine. Du village à l'ethnie, un idéal de cognation généralisée gère les relations entre les Karajá. Conçue comme une vaste communauté de parents plus ou moins éloignés, dispersés tout au long de la vallée fluviale, cette société indigène emprunte au fleuve sa division amont / aval pour se structurer (gens de l'amont / gens de l'aval; moitié amont / moitié aval). Pratiquant l'uxorilocalité et privilégiant le mariage avec une sœur classificatoire éloignée, les Karajá reconnaissent deux lignes de filiation qu'ils affectent à la transmission de deux patrimoines distincts constitutifs de cette identité spécifique de «gens du grand fleuve».

Brossées à grands traits en guise de présentation, ces différentes caractéristiques de la société karajá feront l'objet de diverses analyses dans le cours de cet ouvrage.

Comme la plupart des groupes indigènes du Brésil, les Karajá ont subi un énorme déclin démographique dans les premiers temps de leurs contacts avec les Blancs, notamment tout au long du 18e siècle, par suite des massacres et surtout des épidémies, mais ils enregistrent depuis quelques dizaines d'années une hausse sensible de leur population. Les estimations démographiques émaillant la littérature ethno-historique sont souvent contradictoires et rarement fiables. A cela, deux raisons principales; d'une part, aucun observateur n'a eu la possibilité de visiter l'ensemble du groupe ethnique, d'autre part, les visites étaient surtout effectuées en saison sèche, période de dispersion maximale des Karajá sur leur territoire.

Retenons les chiffres les plus vraisemblables, la plupart également cités par Donahue dans sa thèse (1982:68-69):

— 25000, avant le contact (Hemming, 1978);
— 9000 en 1775 (Karajá et Javaé vivant dans l'Île du Bananal et contactés par Pinto da Fonseca);
— 7000 à 8000 en 1856, selon le général Couto de Magalhães;
— 4000 en 1888, selon l'estimation d'Ehrenreich;
— 1400 en 1939, d'après Lipkind;
— 1500 en 1977, selon Donahue;
— 1466 en 1980, selon Amaral de Toral.

Les missions protestantes ayant été expulsées par la FUNAI (Fondation Nationale de l'Indien), l'agence gouvernementale remplaçant le S.P.I depuis 1967, les Karajá n'ont plus aujourd'hui le choix de leur tutelle. L'administration de la FUNAI s'effectue à travers plusieurs postes indigènes dépendant de trois administrations régionales différentes: Araguaïna (Etat du Pará) pour le sous-groupe des Xambioá, Formoso do Araguaia (Etat du Tocantins) pour le sous-groupe des Javaé, et São Felix do Araguaia (Etat du Mato Grosso) pour le sous-groupe des Karajá proprement dits. Toutes trois sont rattachées à la superintendance régionale de la FUNAI installée à Goiania (Etat de Goiás).

Cette dispersion administrative entre quatre Etats brésiliens, qui possèdent chacun des législations différentes, nuit considérablement à la cohérence et à l'efficacité de l'action de la FUNAI auprès des Karajá. Au sein même de l'Île du Bananal, divisée en Parc Indigène et Parc National (ce dernier étant géré par l'IBAMA, Institut Brésilien de l'Environnement), les droits du peuple karajá sur des terres ancestrales sont devenus difficilement défendables, face à une conception étroite de la préservation du milieu écologique.

La même carence administrative décrite par Tavener (1973) au sujet du S.P.I. s'est poursuivie et amplifiée avec la FUNAI, entraînant progressivement une dégradation de la situation économique et sanitaire des Karajá. Par manque de personnel qualifié et motivé, de ressources matérielles, mais aussi de moyens judiciaires et répressifs suffisants pour assurer localement le respect des droits constitutionnels de ce peuple indigène, la FUNAI a échoué dans ses principaux objectifs concernant le maintien de l'intégrité territoriale, la prestation d'une assistance médicale adaptée au niveau de contact et la garantie d'une économie communautaire auto-suffisante.

La protection du territoire karajá est d'autant plus nécessaire que la vallée de l'Araguaia et le sud du Pará sont tristement connus pour la violence des conflits pour la terre opposant les *fazendeiros* (grands exploitants agro-pastoraux) et les *posseiros* (petits colons sans titre de propriété). Dans leur lutte aux côtés des colons, les membres des commissions pastorales de la terre — dominées par la figure charismatique de l'évêque de São Félix do Araguaia, Dom Pedro Casaldaliga, un des principaux praticiens de la théologie de la libération au Brésil — ont déjà payé un lourd tribut sous les balles des *pistoleiros*, hommes de main des grands propriétaires.

Incapable d'empêcher l'invasion du Parc Indigène de l'Île du Bananal par les *posseiros* et par les troupeaux de bovins des *fazendeiros* à la saison sèche, l'administration locale de la FUNAI a entériné pendant des années ces occupations illégales, à caractère permanent ou saisonnier, en instaurant des taxes trop peu élevées pour être dissuasives, par mètre carré de superficie couverte, par mètre linéaire de clôture et par tête de bétail. Le nombre de familles de colons s'élevait officiellement en 1990 à environ 1500, celui des têtes de bovins impossible à recenser à la saison sèche, compte tenu du manque de contrôle et de la facilité à pénétrer dans l'Île du Bananal à cette époque du côté du fleuve Javaé en grande partie asséché, était de l'ordre de plusieurs dizaines de milliers. Si l'on ajoute à cela le bétail géré par la FUNAI elle-même pour le compte des communautés karajá (environ 8000 têtes en 1986) et pour celui de plusieurs de ses fonctionnaires, on peut imaginer les dégradations causées au milieu naturel de ce territoire insulaire et à sa faune terrestre, notamment les gros mammifères victimes de maladies transmises par cette population bovine qui se déplace librement à travers le Parc Indigène.

Sous la pression des Karajá, la FUNAI a entrepris depuis deux ans l'expulsion des colons du territoire indigène. Selon les Indiens eux-mêmes, il ne restait plus dans l'île que quelques exploitations de *fazendeiros* en 1998.

L'absence de contrôle et de répression touche également le milieu aquatique. Dans les Etats du Mato Grosso, Goiás et Tocantins, la pêche commerciale n'est autorisée que pour la population indigène. Mais l'autorisation est levée pour la pêche touristique à la saison sèche, qui s'effectue sans aucune surveillance de la part des administrations de ces trois Etats. Les lacs de l'Île du Bananal riches en faune aquatique sont les lieux de pêche les plus convoités, où se rendent de véritables expéditions halieutiques équipées de camions frigorifiques. Ce sont les Karajá eux-mêmes qui sont amenés à assurer la protection de leurs ressources naturelles, ce qui entraîne régulièrement des heurts plus ou moins violents avec les pêcheurs et dégrade les relations de la communauté indigène avec la population blanche locale, qui tire de gros profits de l'exploitation touristique des berges de l'Araguaia.

L'intégrité du territoire karajá est également sérieusement compromise par l'ouverture récente de deux routes traversant l'Île du Bananal dans sa partie septentrionale et méridionale. Ces routes qui permettent de faire la jonction entre le réseau routier du nord du Mato Grosso et l'axe nord-sud de la BR 158 Belém-Brasilia (*cf.* carte 5) constituent un enjeu économique important pour les petites agglomérations et les exploitations agro-pastorales situées sur la rive occidentale du moyen Araguaia. Pendant près de vingt ans, les communautés karajá concernées par ce projet avaient réussi à en bloquer la réalisation, mais les fortes pressions régulièrement exercées par la société environnante ont fini par l'emporter. Ces routes ne sont pas encore asphaltées et difficilement praticables lors de la saison des pluies. Relayées par des bacs pour la traversée de l'Araguaia, elles sont de plus en plus fréquentées à la saison sèche par la population régionale et touristique; une ligne d'autocars a débuté son exploitation en 1998 entre Formoso et São Felix do Araguaia.

L'encerclement de l'île karajá au cœur du Brésil central se poursuit inexorablement et le coup de grâce sera sans doute donné par la réalisation, jugée prioritaire par le gouvernement brésilien, d'un nouveau projet de mise en navigation du bassin Tocantins-Araguaia. Les importants travaux d'aménagement des fleuves (rectification des courbes, dragage des lits, construction de barrages et de ports), ainsi que la circulation des gros bateaux destinés au transport des produits agricoles, détruiront rapidement l'équilibre écologique de cet environnement fluvio-lacustre.

Dans ces conditions de pression économique et sociale, il n'est pas étonnant de constater que la majeure partie des Karajá dépendent aujourd'hui pour leur survie de la FUNAI et des petits centres urbains qui jalonnent les rives du moyen Araguaia. Une relative auto-suffisance est encore observable du côté des Javaé, dont les villages sont plus éloignés des agglomérations brésiliennes et des représentations régionales de l'administration de tutelle.

Du fait d'une sédentarisation prolongée et définitive (la plupart des villages de l'Île du Bananal n'ont pas changé d'emplacement depuis leur installation par le S.P.I. et les missions protestantes il y a un demi-siècle), il est devenu impossible sur un territoire surexploité, réduit par des contraintes naturelles (crues saisonnières) et socio-économiques (multiplication des implantations agropastorales, développement urbain), de continuer à pratiquer une agriculture traditionnelle. Une activité agricole mécanisée à base d'engrais, se prêtant mieux à la monoculture de riz qu'à la polyculture, est ainsi passée sous la direction de la FUNAI. Dans chaque village, la continuité de cette agriculture et son succès auprès des Karajá dépendent essentiellement du dynamisme du chef de poste et de ses possibilités d'obtention des moyens matériels nécessaires à l'entretien du matériel lourd (camions, tracteurs, charrues, etc) et des fournitures diverses (semences, engrais, clôture, outillage divers).

Cette collectivisation des tâches agricoles, qui fait l'impasse sur la division traditionnelle des terrains défrichés entre les groupes domestiques et qui garantit la répartition des produits entre toutes les familles, quel que soit leur degré de participation, a non seulement contribué à détruire le réseau traditionnel des relations socio-économiques, mais est souvent source de récriminations et de conflits au sein des communautés. D'une façon générale, les vieilles générations préfèrent, si elles en ont encore les moyens, continuer à travailler dans leurs propres abattis, alors que les jeunes gens, de plus en plus scolarisés (dans les écoles indigènes, puis dans les collèges des petites villes avoisinantes), recherchent des emplois salariés.

Par ailleurs, l'élevage de bovins imposé aux communautés karajá dès le début du S.P.I. est plus une source de problèmes que de bénéfices. Pour des raisons culturelles, les Karajá ne se sont jamais intéressés à ce type d'activité et la plupart des bovins distribués entre les principaux villages sont rapidement vendus, généralement au profit des jeunes leaders indigènes, ce qui constitue une cause supplémentaire de conflits. Nocif pour le milieu naturel et pour les cultures que l'on doit obligatoirement clôturer, ce bétail ne représente en outre qu'un faible apport alimentaire, ne fournissant pas de lait et très peu de viande (principalement lors des grands rituels).

L'échec des projets économiques communautaires (essentiellement agro-pastoraux) a incité la FUNAI à opter pour la fonctionnarisation et, plus récemment, pour la distribution d'allocations aux personnes âgées. Tout d'abord embauchés comme conducteurs de camions ou de tracteurs, pilotes de bateaux ou de canots à moteur, les Karajá ont ensuite occupé des fonctions d'infirmiers et de moniteurs d'enseignement bilingue dans les écoles indigènes, puis accédé à des emplois administratifs dans les sièges régionaux de la FUNAI, notamment à São Félix do Araguaia.

Cette fonctionnarisation, qui répond à l'attente des jeunes générations, a des conséquences délétères sur le tissu socio-économique karajá. Elle crée tout d'abord des jalousies et des antagonismes entre les villages; les plus proches des sièges administratifs sont plus favorisés que les autres. Elle entraîne ensuite une démobilisation économique, principalement masculine, et détruit peu à peu la capacité productive. On vit à plusieurs sur le salaire ou l'allocation d'un membre de la famille et il n'est pas rare de voir des unités domestiques se reconstituer et se gonfler autour de ces maigres rémunérations. Enfin, elle détermine une dépendance croissante de la population indigène envers les produits des Blancs, surtout alimentaires, et installent les Karajá dans une situation d'endettement permanent vis-à-vis de certains commerçants locaux (la plupart des salaires versés aux comptes des Karajá à l'unique banque de São Felix do Araguaia sont immédiatement transférés sur les comptes de leurs créanciers).

Si cette fonctionnarisation est recherchée par la plupart des jeunes Karajá, elle est reprochée au chef de village, considéré comme étant ainsi «à la solde» de l'administration de tutelle. En collaboration ou non avec un chef de poste, le jeune leader indigène est responsable de la gestion économique et financière de sa communauté et systématiquement accusé de s'enrichir sur le dos des siens, à l'égal des fonctionnaires de la FUNAI. Cette nouvelle autorité politique qui sert de courroie de transmission entre l'administration de tutelle et les villages karajá rompt avec la chefferie traditionnelle, suscitant plus de jalousie et de rivalité entre les familles aspirant à y installer un des leurs, que de respect et de cohésion communautaire.

Le respect est toutefois maintenu pour les derniers vieux chefs traditionnels qui ont conservé leur statut héréditaire de représentants de leur communauté sur un plan moral et culturel; leur autorité est incontestée lors de la tenue des rituels.

La pêche commerciale reste encore une activité importante, sinon dominante, dans les villages les plus éloignés des administrations régionales de la FUNAI, mais relativement proches des petits centres urbains. Il est important de souligner que l'on pêche beaucoup plus pour vendre que pour consommer et il n'est pas rare que le pêcheur sacrifie la totalité de sa pêche, notamment à la saison des pluies, pour acheter du riz ou de la farine de manioc. La consommation de sardines en boîte est un des tristes paradoxes facilement observables aujourd'hui chez ces Indiens du fleuve.

Le but essentiellement commercial de leur activité halieutique pousse malheureusement les Karajá à une exploitation beaucoup trop intensive de leur milieu aquatique. Tortues et pirarucus sont les espèces les plus touchées à la saison sèche, les seconds étant vendus frais ou salés principalement à des commerçants itinérants ou aux restaurateurs locaux accueillant à cette période une clientèle touristique importante.

Comme source de revenus, il ne faut pas oublier la production exclusivement féminine de céramique et de vannerie. Les femmes karajá sont réputées pour leurs figurines en terre cuite, dont le style varie selon les céramistes et a fortement évolué pour satisfaire la clientèle touristique (*cf.* Fénelon Costa, 1978). Les plus belles pièces sont écoulées à travers le réseau commercial de la FUNAI, le reste est échangé auprès d'intermédiaires locaux contre des produits de première nécessité, ou vendu aux touristes sur les plages ou dans les petits aéroports (*cf.* photos 10 à 15).

Comme dans la plupart des minorités ethniques en contact de plus en plus étroit avec la société nationale, c'est la jeunesse indigène qui paye le plus lourd tribut aux changements économiques et sociaux. Forcés de trouver de nouvelles solutions pour assurer leur survie dans un territoire de plus en plus réduit et appauvri, au sein d'un environnement social partagé entre des dissensions internes et un ostracisme externe, les adolescents (jeunes hommes essentiellement) sont fréquemment atteints de troubles psychologiques se traduisant par des comportements destructeurs pour eux-mêmes (alcoolisme, suicide) ou leur entourage (pyromanie, agression physique).

Quelque temps avant mon séjour en 1998, une «crise de folie» avait touché plusieurs adolescents dans trois villages de l'Île du Bananal. Elle reçut deux interprétations de la part des Karajá: sorcellerie envoyée par les Javaé (traditionnellement considérés comme les détenteurs de la pratique chamanique la plus redoutable); «empoisonnement» par les Blancs à travers l'alcool de canne à sucre dont les adolescents sont de plus en plus demandeurs.

La situation sanitaire des Karajá semble s'être améliorée depuis que la responsabilité de l'assistance médicale aux communautés indigènes est passée de la FUNAI au Ministère de la Santé. Des puits artésiens ont été aménagés dans chaque village pour éviter la consommation de l'eau du fleuve, ce qui a fortement diminué les parasitoses intestinales et conséquemment la mortalité infantile.

Comme dans la plupart des groupes amazoniens, les deux principales endémies difficilement traitables sont la tuberculose et le paludisme. Ce sont les tranches d'âge les plus en contact avec les Néo-Brésiliens qui présentent les plus forts taux d'infection à la tuberculose. Qu'ils soient hommes ou femmes, les adultes de 30 à 50 ans sont pratiquement tous porteurs du bacille de Koch. Infectés dans les villes, ils développent la maladie par réinfection endogène, lorsqu'apparaît un quelconque facteur immuno-dépresseur. On estime entre 10 et 15 % le pourcentage de l'ensemble de la population karajá ayant été victime de tuberculose active ces dernières années. Le paludisme est une maladie saisonnière et affecte de façon inégale les différentes communautés karajá le long de l'Araguaia. Les zones les plus marécageuses à la décrue du fleuve, favorisant le développement des larves d'anophèles, sont les plus infectées. Dans certains villages de l'aval, 80 % des habitants ont déja été atteints par le paludisme.

Les maladies parasitaires (giardiase, scabiose, trypanosomiase ou maladie de Chagas) se sont développées avec la sédentarisation et l'accumulation de déchets issus des produits des Blancs, favorisant la prolifération des parasites sur des lieux d'habitation non régulièrement assainis. La multiplication des chiens dans les villages participe à la contamination; ces animaux mal nourris, éboueurs et coprophages, mangent dans les mêmes plats et dorment sur les mêmes nattes que leurs maîtres. D'autres pathologies respiratoires (asthme, grippe), des maladies infantiles et des affections sexuellement transmissibles, sévissent couramment dans ce groupe indigène.

Si progressivement les Karajá sont parvenus à renforcer leur système immunitaire contre les maladies des Blancs avec lesquelles ils sont en contact depuis trois siècles, la modification et surtout l'appauvrissement de leur régime alimentaire, causant des anémies et des hypovitaminoses, contribuent à maintenir un état d'affaiblissement physique qui les rend vulnérables aux maladies infectieuses. Ces conditions sanitaires font que l'accroissement de la population karajá reste modéré, grevé par un taux de natalité faible, une mortalité infantile encore élevée et une espérance de vie écourtée.

Deux aspects en apparence contradictoires semblent être à la base de la résistance culturelle de ce groupe indigène, au terme de cette longue cohabitation avec la société brésilienne, deux aspects respectivement incarnés par l'homme et la femme karajá. Fils de l'Araguaia, l'homme karajá a hérité de la nature mobile, mais paisible, de son grand fleuve. Tant vis-à-vis des tribus voisines que des Néo-Brésiliens, l'Indien

Karajá, plus commerçant que guerrier, a généralement recherché le contact avec l'Autre, priviligié l'échange à l'agression. L'acquisition et l'assimilation d'éléments extérieurs font partie intégrante du processus de reproduction de ce groupe indigène.

Faisant contrepoids, la femme karajá est l'élément statique et conservateur de cette société. On peut affirmer qu'elle est aujourd'hui la garante de la continuité ethnique, sur les plans linguistique et économique. Alors que les hommes, jeunes et vieux, sont tous bilingues, peu de femmes parlent le portugais, ou acceptent de le faire. Or, au sein des unités matrilocales, ce sont les femmes qui enseignent la langue (tant masculine que féminine) à leurs enfants ou petits-enfants, enseignement d'autant plus important depuis la désactivation presque totale de la maison des hommes. Contrairement à l'homme également, la femme karajá a su transformer des activités économiques traditionnelles (vannerie, céramique) en activités commerciales permanentes qui, dans de nombreuses familles, constituent la principale source de revenus. L'autorité de la femme karajá s'en est trouvé renforcée, principalement vis-à-vis des jeunes hommes non mariés.

Trois processus semblent aujourd'hui marquer l'évolution de la société karajá:

— la fonctionnarisation ou recherche d'emplois salariés par les jeunes gens, principalement à la FUNAI et au Secrétariat de l'Education ou de la Santé;
— le regain d'intérêt pour la religion protestante, notamment adventiste;
— l'éclatement des gros villages avec la tentative de plusieurs familles de s'éloigner des bourgs brésiliens et de retourner aux pratiques traditionnelles d'exploitation du territoire.

Ces mouvements contradictoires traduisent le désarroi d'une société indigène écartelée entre le maintien communautaire dans la tradition et la dispersion familiale, voire individuelle, dans la modernité.

Village	Sous-groupe	N° sur carte 5
Île du Bananal		
Sta Isabel do Morro	Karajá	12
Fontoura	‘’	11
Macauba	‘’	8
Mirindiba	‘’	15
Canõana	Javaé	13
Boto Velho	‘’	9
Barreira Branca	‘’	14
A hauteur de l'île		
Tytema	Karajá	6
Itxalá	‘’	7
São Domingos	‘’	10
Lago Grande	‘’	5
En amont de l'île		
Luis Alvez	Karajá	16
Aruana	‘’	17
En aval de l'île		
Santo Antonio	Karajá	4
Barreira do Campo	‘’	3
Xambioá	Xambioá	1
Kuhere	‘’	2

Tableau 1 – Liste des principaux villages karajá (1998)

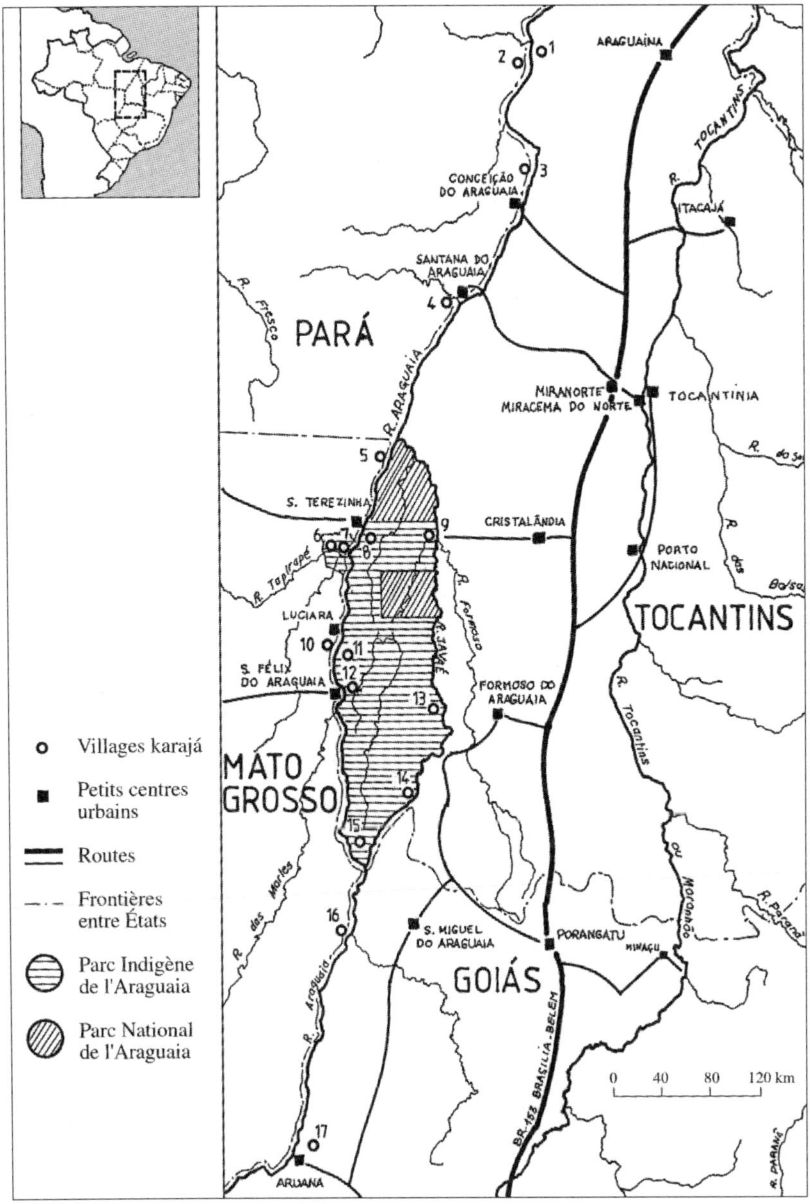

Carte 5 – Localisation des principaux villages karajá (1998)

Figure 1 – Plan du village karajá traditionnel

1. *Maison des hommes (masques ijasò)*
2. *Place rituelle*
3. *Chemins des ijasò*
4. *Chemins du village*
5. *Unités domestiques*
6. *Lieux d'accostage/accès au fleuve*
7. *Fleuve*

Chapitre II

ILS SONT SORTIS DU FOND DU FLEUVE

Ce qui séduit d'emblée lorsque l'on entreprend l'étude de la cosmogonie karajá, c'est l'égal développement donné aux trois niveaux cosmiques du ciel, de la terre et de l'eau, conférant une heureuse eurythmie à cette architecture idéologique, même si la tripartition cosmique semble parfois réduite à la dualité terre / eau constitutive du milieu naturel spécifique qu'est la vallée de l'Araguaia.

Il sera procédé à l'étude de ce corpus de représentations à travers la description et l'analyse des différentes catégories d'êtres physiques et spirituels peuplant l'univers karajá. De ce relevé classificatoire, on tentera de faire surgir les grandes lignes de l'édifice cosmologique, ses principes d'organisation et son mode de fonctionnement.

L'ÊTRE KARAJÁ

Les Karajá s'autodénomment **Inã**. L'appellation étrangère de «karajá» ou «karayá» leur a été donnée, semble-t-il, par leurs voisins tupi (Tapirapé, Ava-Canoeiro ou autres). Dans la langue de ces groupes indigènes, ce terme désigne le singe hurleur (*Allouata sp.*), animal corpulent, au poil sombre et poussant des cris rauques. Cette assimilation de l'Autre ethnique à un animal (qui plus est, une espèce morphologiquement proche de l'homme) est chose récurrente dans les systèmes d'identification amazoniens. Nous constaterons plus loin que ce même primate est associé dans la pensée karajá à une ancienne humanité terrestre.

Contrairement à d'autres ethnonymes traditionnels, le terme **Inã** ne recouvre pas à lui seul l'ensemble de l'humanité telle qu'elle est conçue par ce groupe indigène. Cette restriction ontologique est compensée par une extension cosmologique. De fait, l'**Inã**, le Nous culturel, occupe la totalité de l'univers, ayant des représentants aux trois niveaux cosmiques. Deux très courts mythes nous informent sur la genèse du grand peuple karajá:

> En ce temps-là, les Karajá vivaient au fond du grand fleuve (Araguaia). Un homme venait d'être père; il lui fallait manger du miel. Il partit en

chercher. Il entendit alors le cri de la *seriema*[1]. Il alla dans sa direction, vit un trou et sortit. Dehors, il découvrit un monde immense avec de grandes plages et de nombreux arbres. Il mangea du miel et des fruits délicieux. Il en rapporta pour sa famille qui l'attendait, inquiète de ne pas le voir revenir. Tout le monde goûta de ces fruits et décida d'aller dans cet autre monde. **Wobedu** sortit le premier avec sa famille. **Kaboi** fut le dernier mais resta bloqué dans le trou à cause de son gros ventre. Il ne pouvait pas sortir. Il regarda alors autour de lui et vit des arbres morts, du bois sec. Il dit à ses proches: ce monde n'est pas bon, il y a la mort; retournons chez nous. Une partie de notre peuple est donc restée au fond des eaux. Ils nous appellent les habitants du dehors.[2]

En ce temps-là, sur la terre, les Karajá étaient nourris par **Xibure**. La nourriture était servie dans de petits plats en petite quantité. On en demandait jusqu'à avoir le ventre plein. Un jour, des enfants ont demandé un plat d'excréments. **Xibure** le leur a donné, mais les enfants ont refusé d'en manger. Alors **Xibure** s'est fâché et n'a plus voulu donner de nourriture aux Karajá. Il est monté haut dans le ciel, **Kanaxiwe** aussi.

Au commencement du monde, les Karajá vivaient donc dans les profondeurs du grand fleuve Araguaia, jusqu'au jour où ces **Inã** aquatiques découvrirent le passage menant à la surface de la terre. Emerveillés par la beauté et l'abondance de cette dernière, la plupart de ces **bero hati mahadu** (fleuve-fond-habitants) décidèrent de mener désormais une existence terrestre et devinrent des **Inã tyhy**, Karajá véritables, ou **bede mahadu** (terre-habitants). Seuls **Kaboi** et les siens constatèrent, sans le vouloir, que les Karajá avaient, ce faisant, troqué l'immortalité contre l'espace et l'abondance. Ils perpétuèrent ainsi l'existence des **Inã** aquatiques, alors que leurs frères terrestres étaient devenus mortels.

Durant quelque temps, les Karajá de la terre vécurent en compagnie de diverses entités surnaturelles et héros transformateurs, qui leur donnèrent les moyens d'exploiter leur nouveau territoire (acquisition de la lumière, des plantes cultivées, de la pirogue, des outils agricoles, du feu, ainsi que divers mythes l'illustreront ci-après). Mais le manque de

[1] *Cariama cristata*; petit oiseau de savane de couleur grise, se nourrissant d'insectes, de reptiles et de petits mammifères.

[2] Les mythes exposés dans cet ouvrage ont été recueillis sur le terrain auprès de mes principaux informateurs: Arutana et Maluaré (village de Sta Isabel do Morro), Wajurema (village de Fontoura). Certains mythes sont complétés par des variantes obtenues dans la littérature ethnographique.

Dans d'autres versions de ce mythe génésiaque recueillies par Lipkind (1940:249) ou Peret (1979:98), la mort ayant commencé à frapper les nouveaux habitants de la terre, certains d'entre eux cherchèrent à retourner au fond des eaux, mais l'entrée avait été condamnée par le reste des habitants aquatiques, soit par peur de la contagion mortelle, soit par dépit de n'avoir pas été écoutés avant.

respect montré à l'égard des bienfaiteurs (demande d'un plat d'excréments et refus de le consommer) entraîna la séparation entre le niveau terrestre et le niveau céleste, où s'installèrent de façon définitive les **biu mahadu** (pluie-habitants), parmi lesquels le principal héros mythique **Kanaxiwe** et le «grand chamane» **Xibure**.

Le thème d'une existence initiale bienheureuse entre les humains terrestres et les futurs êtres célestes, rompue par une faute humaine entraînant l'obligation pour les hommes de travailler pour survivre, est récurrent dans la mythologie des basses terres d'Amérique du Sud. Mais souvent, comme chez les Bororo et certains groupes tupi, la rupture est due à une faute féminine.

Ce mouvement ascensionnel du fond des eaux au ciel, ponctué de deux ruptures, a déterminé la constitution de trois niveaux cosmiques séparés, tous trois peuplés de Karajá (ou considérés tels) qui se sont différenciés, tout en maintenant un système d'échanges équilibré. Tentons de caractériser ci-après chaque élément de cette humanité cosmique, de cette «inãcité» triadique.

Les habitants du fond des eaux

Usage d'une même langue, des mêmes ornements corporels, d'un même schéma spatial communautaire; en apparence, rien ne semble distinguer les Karajá aquatiques de leurs parents terrestres, si ce n'est des conditions de vie différentes. Le monde inférieur est conçu comme un espace clos, où règnent l'immortalité et une relative inactivité. Eternel, l'**Inã** aquatique éprouve toutefois le besoin de se reproduire, ce qui semble limiter progressivement l'espace alloué à chaque individu. Pas de conflit de territoire néanmoins, en l'absence d'activité à but alimentaire. La nourriture est servie à la demande, cuite (bouillie) et en très petites quantités.

Les **bero hati mahadu**, habitants du fond du fleuve, ne sont pas des prédateurs, mais des possesseurs. Ce sont les maîtres (**wedu**) de la faune aquatique — poissons, chéloniens, mammifères et reptiles — dont ils régulent la consommation, en ce qui concerne les deux premières catégories, par leurs parents terrestres. Toute prédation sans avis préalable, toute ponction abusive sur un espace aquatique donné, tout abandon de chair animale non consommée, enfin toute exploitation de la faune aquatique non rétribuée antérieurement ou ultérieurement par une compensation en nourriture cuite dans un contexte rituel, entraîne, suivant la gravité de l'infraction, la maladie ou la mort. Ces conditions étant respectées, les **Inã** aquatiques aident leurs congénères terrestres dans leurs activités halieutiques.

Anthropomorphes au fond des eaux, les **Inã** aquatiques peuvent prendre l'apparence de poissons ou de mammifères de grande taille à la surface. Leurs principaux avatars sont le dauphin blanc (*Inia geoffroyensis*) et le poisson pirarucu (*Arapaima gigas*). La première espèce n'est pas consommée à cause de sa nature doublement humaine, qui se manifeste par des mamelles féminines et une enveloppe corporelle faite non pas d'écailles, mais de peau (**tyy**). Le dauphin est en effet à la fois **Inã** aquatique et ex-**inã** terrestre, par suite d'une métamorphose opérée jadis dans un contexte cérémoniel et que l'on expliquera plus avant. Sous son aspect de delphinidé, le **bero hati mahadu** aide le **bede mahadu** dans sa quête halieutique, en lui indiquant les bancs de poissons. Sous forme de pirarucus, les Karajá aquatiques alimentent de leur propre chair leurs parents terrestres. En fonction de l'**Inã** aquatique icthyomorphisé, la chair de l'animal varie dans sa couleur, sa consistance et sa digestibilité. La pêche traditionnelle au pirarucu est de ce fait très valorisée, puisqu'elle consiste à lutter au corps à corps avec cet avatar d'humain, avant de l'achever à coups de massue.

Pour plus de clarté dans le propos, précisons d'ores et déjà, avant d'y revenir ultérieurement, que les Karajá distinguent trois grandes catégories d'animaux aquatiques: les **utura**, «poissons» (avec ou sans écailles, ovipares ou vivipares puisqu'incluant le dauphin), les **bero iròdu**, animaux de l'eau (en opposition aux **bede iròdu**, animaux de la terre, ou mammifères terrestres), désignant les tortues aquatiques, et les **bero aõni**, monstres de l'eau, regroupant tous les animaux qui s'attaquent à l'homme, du reptile au poisson carnivore, tel le redoutable piranha (*Serrasalmus sp.*).

Bien qu'également possédées par les **Inã** aquatiques, ces trois catégories de faune aquatique ne se situent pas dans un même rapport de dépendance vis-à-vis de leurs maîtres. L'**utura** ou poisson, constitue le double animal de l'habitant du fond des eaux et lui fournit, parmi les espèces les plus grandes (dauphin, pirarucu), ses principaux avatars. La tortue aquatique (**otu**) est son animal familier (**nohõ**), avec lequel il cohabite et qu'il peut même utiliser, selon certains informateurs, comme siège ou appui-tête pour dormir. Enfin le monstre aquatique est son bras punitif, exécutant la sanction de mort en cas de faute grave commise par un Karajá terrestre.

L'approvisionnement en nourriture carnée n'est pas la seule fonction assumée par les Karajá du monde inférieur auprès de leur famille terrestre.

Leur primitivité et leur pérennité les rendent en effet garants de la conservation d'un savoir socio-culturel spécifiquement **inã**, qu'ils réinjectent régulièrement chez les Karajá de la terre dans un contexte cérémoniel (*cf.* chapitre III, rituel **Ijasò**). Des connaissances générales destinées à la collectivité, portant principalement sur les règles sociales et les relations avec le monde naturel, sont ainsi rappelées sur un mode rythmique, lors des performances rituelles de leurs représentations masquées, alors qu'un savoir plus ésotérique est habituellement transmis par pénétration spirituelle dans le corps d'un **Inã** terrestre qui, s'il y survit, adopte la carrière chamanique, en tant que spécialiste et médiateur de ce monde aquatique.

Conçus comme un ensemble relativement indifférencié, les gens du fond du fleuve se singularisent lorsqu'ils participent régulièrement aux rituels des Karajá terrestres, sous forme de différentes représentations masquées témoignant, nous le verrons, d'une identité duelle proprement **Inã**. Citons toutefois dès à présent deux figures emblématiques qui incarnent les deux principales fonctions des **Inã** aquatiques. Il s'agit, d'une part de la figure nourricière de **Txihereni**, interlocuteur privilégié des Karajá dans leur accès aux ressources aquatiques et auquel ces derniers s'adressent sous le terme de **labie**, grand-père, d'autre part de la figure policière de **Lateni**, gardien de l'ordre social. Nous y reviendrons.

Premier niveau cosmique et première étape génésiaque, le monde aquatique karajá ne peut pas être assimilé, ontologiquement parlant, à un stade pré-humain de type animal. Plus exactement, l'animalité du peuple inférieur n'est pas synonyme de sauvagerie, mais d'une certaine indifférenciation entre deux catégories distinctes, celles d'**Inã**, Karajá, et de **utura**, poisson, propre à l'humanité aquatique. Monde clos, sans extérieur, donc sans altérité, sans échange, donc sans possibilité de changement, le lieu des origines reste le modèle culturel premier, référentiel, toujours vivant, conservé par des êtres immortels, qui garantissent par l'enseignement ou la sanction la continuité de l'ordre social chez leurs parents terrestres.

Tout naturellement, cet espace d'indifférenciation et d'immuabilité constitue l'ultime étape du processus eschatologique de la majorité des esprits des morts karajá.

Les habitants de la pluie

Malgré leur position spatialement antipodale, les **Inã** célestes présentent de nombreuses analogies avec leurs homologues aquatiques. Tout aussi ethniquement connotés, ils vivent dans un espace, sinon clos du moins limité, où l'éternité le dispute à l'oisiveté. La prédation alimentaire leur est également inconnue car la nourriture, servie en petites doses, est toujours à discrétion. Enfin, ces **biu mahadu**, habitants de la pluie, sont aussi dotés d'une nature aquatique.

Mais si les **Inã** du fond des eaux sont vus comme des conservateurs, leurs congénères célestes font figure de transformateurs. C'est à eux que l'on doit la réunion des conditions nécessaires au développement d'une humanité karajá sur terre. Pas de création toutefois, mais un simple transfert de possessions, une redéfinition de certaines catégories cosmiques, suite à l'émergence d'une nouvelle forme d'humanité.

Thaumaturge sans le savoir, **Kanaxiwe**, le principal opérateur de ces changements, fait figure dans les mythes de malandrin, qui vole aux autres ce qui est nécessaire aux **Inã** terrestres. Il obtient ainsi du peuple des oiseaux la lumière du soleil, de la lune et des étoiles, et soutire à d'autres peuples mi-hommes, mi-animaux, le feu et autres moyens techniques de survie terrestre:

> En ce temps-là **Kanaxiwe** vivait sur terre et était marié à une Karajá du nom de **Mareiko**. Le soleil courait rapidement dans le ciel et la nuit était longue. **Mareiko** s'était rendue dans son abattis. Elle fut surprise par l'obscurité et se blessa la jambe. De retour au village, elle se plaignit de son mari, le puissant **Kanaxiwe** qui ne pouvait donner plus de lumière aux Karajá. Honteux, **Kanaxiwe** partit dans la forêt pour chercher une liane d'*imbé*[3]. Il l'enfila dans la bouche jusqu'à l'anus. Puis il mourut. Quelques jours passèrent. Son corps pourrissait et se couvrait de vermines. Alors les vautours arrivèrent. L'oiseau *caracara*[4], méfiant, se posa sur le ventre de **Kanaxiwe** et cria «**iru, iru**» (il est vivant, il est vivant!). Voilà pourquoi cet oiseau s'appelle **iru** ou **ireni**. Puis la mouche entra par la bouche de **Kanaxiwe** et ressortit par l'anus. Elle dit qu'il était mort. Enfin le hanneton pénétra aussi dans le corps de **Kanaxiwe**, le mordit à l'intérieur du ventre et dit aussi qu'il était mort. Alors on alla chercher **Iolò**, le vautour-pape. Il descendit du ciel et se posa sur le ventre de **Kanaxiwe** pour le dépecer. A ce moment-là, **Kanaxiwe** l'attrapa par les pattes et lui demanda de lui donner la lumière. Le vautour-pape envoya chercher son ornement de tête Grande Etoile (Vénus), mais **Kanaxiwe** trouva sa lumière trop faible. **Iolò** fit chercher son ornement de tête Lune, mais **Kanaxiwe** n'accepta pas non plus. Enfin le vautour-pape se décida à faire apporter son ornement de tête Soleil et **Kanaxiwe** fut satisfait. A tous trois, **Kanaxiwe** cassa une jambe afin qu'ils marchent plus lentement dans le ciel et éclairent plus longtemps la terre. Il libéra le vautour-pape qui monta vers le ciel tout en répondant

[3] Nom générique pour désigner des plantes grimpantes de la famille des Aracées; espèce non identifiée.

[4] *Milvago chimachima*

aux questions de **Kanaxiwe**: comment faire pour pêcher des poissons, pour fabriquer une pirogue, pour redevenir jeune. Mais le vautour-pape était déjà très haut dans le ciel quand il répondit à la dernière question; seuls les arbres et quelques animaux, comme le serpent et l'iguane, entendirent sa réponse[5].

En ce temps-là **Kanaxiwe** marchait sur la berge de l'Araguaia en direction de l'aval. Il rencontra le nandou. Celui-ci était en train de travailler dans son abattis avec une bêche en métal. Alors Kanaxiwe s'éloigna, fabriqua une bêche en terre, revint vers le nandou et lui proposa de l'échanger contre celle en métal. Le nandou accepta. La bêche en terre se brisa rapidement entre les mains du nandou et il s'en plaignit à **Kanaxiwe**. Celui-ci répondit de loin que désormais il n'en n'aurait plus besoin car il mangerait des fruits. Continuant à descendre le long du fleuve, **Kanaxiwe** vit le canard *marreca*[6]. Il remontait le fleuve dans sa belle pirogue de bois de *landi*[7] avec toute sa famille. **Kanaxiwe** l'appela, admira de près l'embarcation et prit congé du *marreca*. Il fabriqua alors une pirogue en terre, rejoignit le canard sur le fleuve et réussit à faire l'échange. Au milieu du fleuve la pirogue de terre se ramollit et le canard mécontent entendit **Kanaxiwe** lui répondre que désormais il devrait nager pour se déplacer. Continuant son voyage, **Kanaxiwe** arriva au village du peuple des animaux et observa. Tôt le matin, le chien sauvage[8] appela les autres pour attraper des poissons qui dormaient au bord de l'eau. En ce temps-là les poissons n'avaient pas de queue et ne pouvaient pas s'échapper. On les prenait avec des récipients. Le chien sauvage avait pris l'habitude de marcher sur la raie et elle était devenue toute plate. **Kanaxiwe** regardait tout cela fort mécontent. Alors il peignit les poissons de couleurs et de dessins différents et leur donna une queue pour qu'ils puissent se déplacer. Avec une épine de palmier il fit un dard à la raie. Quand les animaux revinrent pour attraper les poissons, ceux-ci disparurent au fond des eaux. La raie, elle, attendit le chien sauvage et lui planta son dard dans le pied. En faisant tomber la pluie, **Kanaxiwe** éteignit le feu du peuple des animaux, puis il s'enfuit avec un tison. Poursuivi par le peuple des animaux, il jeta de la terre par dessus son épaule; elle se transforma en lac. Le caïman fut alors envoyé pour demander du feu à **Kanaxiwe**. Celui-ci posa le feu sur le dos du caïman qui repartit vers l'autre rive du lac. Mais il ne supporta pas la brûlure et fit tomber le feu dans l'eau. Il tenta une seconde fois, mais n'y arriva pas.

[5] Dans une version javaé recueillie par Amaral de Toral (1979), Kanaxiwe se transforme en cervidé de savane avant de mourir et d'attirer les charognards. Comme le soulignent en particulier Nimenduaju (1967:64) et Baldus (1937:195-196), ce mythe d'acquisition de la lumière auprès des vautours est commun à d'autres groupes amazoniens, tupi ou karib. Chez les Bakairi par exemple, les lumières du soleil, de la lune et des étoiles sont également obtenues auprès du vautour-pape que l'un des deux héros mythiques piège en entrant dans le corps d'un tapir mort. Chez les Tapirapé, c'est au hibou que le héros mythique Petura vole le sac contenant la lumière du jour (Wagley 1977b:177).

[6] *Dendrocygna viduata*

[7] *Calophyllum brasiliense*

[8] *Canis vetulus*

> Alors les animaux envoyèrent le serpent. Il réussit à rapporter le feu. Les animaux firent alors un grand feu pour se réchauffer. **Kanaxiwe** envoya grand-mère crapaud pour éteindre le feu des animaux. Elle se gonfla d'eau et arriva en tremblant de froid auprès des animaux. Ils la laissèrent se réchauffer auprès du feu. Alors grand-mère crapaud cracha l'eau sur le feu et l'éteignit. Furieux, tous les animaux se jetèrent sur grand-mère crapaud et la piétinèrent; voilà pourquoi elle est aujourd'hui toute aplatie. Le peuple des animaux se lamenta de la perte du feu et **Kanaxiwe** leur dit qu'ils n'en auraient plus besoin désormais. Il indiqua à chaque animal — tapir, pécari, singe capucin, cervidé de savane — ce qu'il devrait manger dorénavant[9].

Chez les Tapirapé voisins, le mythe du vol du feu reproduit à peu de choses près celui du vol de la lumière chez les Karajá. Reprenons la version condensée donnée par Wagley:

> «Pour obtenir le feu, Petura s'allongea sur le sol et fit comme s'il était mort. Les vers commencèrent à couvrir son corps et le vautour-pape arriva pour s'en régaler. Il apporta le 'feu rouge', puis le 'feu jaune', enfin le 'feu noir'. Lorsque le vautour-pape fut gavé de vers, Petura s'empara du 'feu rouge' et s'enfuit. Le vautour-pape lui cria: rapporte le feu et nous mangerons du maïs, mais Petura lui répondit: non, dorénavant tu mangeras de la charogne.» (1977b:177)

Les **biu mahadu** sont également les maîtres de la pluie sous toutes ses manifestations atmosphériques (nuages, orage, tonnerre et éclair), qu'ils font le plus souvent sortir de leur propre corps; la pluie coule de leurs yeux en un débit régulé par des clignements plus ou moins accentués, le tonnerre est produit par des coups répétés sur la peau tendue de leurs ventres gonflés. Les mouvements célestes sont ainsi générés par des êtres quasi-immobiles, telle la déité grecque, selon le philosophe Xénophane qui «sans effort ni fatigue, meut, ébranle toute chose sans qu'il ait lui-même à bouger, sans avoir jamais à changer de place» (Vernant, 1989:10).

La maîtrise des forces naturelles, que sont en particulier le soleil et la pluie, est liée au pouvoir de régulation du cycle agricole. Les Karajá célestes ont initié les **Inã** de la terre à l'agriculture et sont régulièrement les pourvoyeurs des plantes domestiques, dont ils garantissent la bonne croissance.

[9] Selon les Karajá, ces êtres à noms d'animaux rencontrés par **Kanaxiwe** ressemblent à des hommes et vivent comme des hommes, mais ne sont pas des **Inã**. Ils deviennent de véritables animaux lorsque le héros mythique leur enlève le feu ou leurs instruments. La transformation d'êtres humains en animaux, suite à un échange malhonnête d'armes et d'outils effectué avec le ou les héros mythiques, est aussi un thème de la mythologie bororo (Crocker, 1985:136).

> Une **ijadoma** (jeune fille) karajá était amoureuse de Grande Etoile (Vénus). Tous les soirs elle l'admirait et lui disait qu'elle désirait l'épouser. L'astre l'entendit, descendit sur terre et se présenta à la jeune fille sous l'apparence d'un homme âgé. Dépitée, elle ne voulut plus l'épouser. Sa sœur aînée accepta de se marier avec Grande Etoile. Un jour, l'astre dit à sa femme qu'il repartait chez les habitants du ciel, mais qu'elle devait l'attendre car il reviendrait. Il revint rajeuni, sous l'aspect d'un beau jeune homme paré des plus beaux ornements et à bord d'une pirogue remplie de manioc, de maïs, de pastèques et de plein d'autres plantes que les Karajá ne connaissaient pas. En ce temps-là, les Karajá mangeaient des tubercules qu'ils déterraient dans la forêt. Alors Grande Etoile leur apprit comment cultiver ces nouvelles plantes. **Ijadoma**, jalouse, voulut se coucher auprès du mari de sa sœur, mais celui-ci la repoussa. La jeune fille se mit à gémir jour et nuit et se transforma en engoulevent.

Une autre version de ce mythe recueillie par Baldus et rapportée par Lévi-Strauss (1964:190) fait émerger les plantes cultivées de l'Araguaia entre les jambes écartées de l'étoile Vénus. Cette variante permet de vérifier la nature aquatique prêtée aux habitants du ciel et le rapprochement effectué dans la pensée karajá entre ces derniers et les habitants du fond des eaux.

Hormis l'étoile Vénus, les astres ne jouent qu'un rôle secondaire dans la cosmologie karajá, apparaissant le plus souvent comme des instruments entre les mains des **Inã** célestes. Est en particulier inexistant le couple soleil-lune, si important dans la plupart des genèses cosmogoniques amazoniennes, à la fois dispensateur des moyens culturels et instaurateur de l'ordre social, notamment par la création des moitiés socio-cérémonielles, comme chez les groupes gê.

Les **Inã** célestes sont par ailleurs les principaux détenteurs du savoir thérapeutique, que les chamanes (**hyri**) vont régulièrement solliciter lors de leurs voyages cosmiques. Dans des cas désespérés, les malades peuvent également être emmenés chez les **biu mahadu** pour y être soignés. Seuls les chamanes peuvent accéder au lieu de résidence des Karajá de la pluie, car le chemin est semé de nombreuses embûches. De la même façon, ils sont également les seuls, après leur mort, à pouvoir s'installer dans le monde céleste, destin eschatologique le plus valorisé.

Alors que les diverses forces atmosphériques, ou différents types de temps (clair, nuageux, orageux, etc.), sont incarnées par des êtres distincts (**biuraci, biutyle, biureru, biunaki**), les fonctions de **hyri hykã**, grand chamane, et de pourvoyeur de nourriture végétale, sont généralement associées dans une seule et même figure, le plus souvent celle de **Xibure**. Ce dernier est ainsi l'interlocuteur privilégié du leader cérémoniel dans le cadre des rituels agraires (*cf.* chapitre III).

Pour tout cela, une supériorité statutaire est reconnue aux êtres célestes par les Karajá de la terre, qui leur vouent un respect et une sollicitude particulière dans le cadre de rituels spécifiques. A la base, comme pour les **Inã** aquatiques, un même retour régulier de nourriture cuite doit assurer la poursuite de l'alimentation végétale par les habitants de la pluie. Si les pouvoirs accumulés dans les mains de ces êtres supérieurs les rendent sans doute plus lointains, moins accessibles aux Karajá terrestres que ne le sont leurs homologues aquatiques, ils ne sont pas moins considérés, à l'instar de ces derniers, comme des **Inã** faisant partie de la grande famille culturelle, ou **Inã sã renã** (Karajá-famille-toute).

A ce titre, bien qu'en moins grande quantité que les **Inã** du fond des eaux, les Karajá de la pluie, sous forme de représentations masquées, descendent régulièrement visiter leurs parents terrestres dans le cadre du rituel **ijasò**. Les uns et les autres y sont incarnés uniquement par des figures masculines auxquelles les Karajá se disent reliés par une descendance patrilinéaire et qui s'accouplent symboliquement avec des représentantes féminines.

La mythologie suggère toutefois que la parenté qui lie les Karajá de la terre aux êtres célestes est de nature distincte, sinon inversée, en regard de celle qui les lie aux êtres aquatiques. **Inã** du fond des eaux et **Inã** de la terre tirent leur parenté d'une origine commune, avant de se séparer et de se différencier. **Inã** célestes et **Inã** terrestres sont à l'origine différents, avant de se ressembler par cohabitation et mélange (mariages entre **biu mahadu** et femmes karajá).

Si l'on ne peut considérer le monde aquatique comme le lieu de la sauvagerie pré-culturelle, dont se serait extraite l'humanité karajá, on ne peut de même conférer au monde céleste, troisième niveau cosmique, un caractère de transcendance divine. Même si les Karajá du niveau inférieur sont conçus comme moins puissants que ceux du niveau supérieur, l'humanité colle trop à la peau de ces deux peuples antipodaux pour que les premiers ne soient que des poissons et les seconds que des dieux. Cette ambivalence de leur être, propre à l'identité karajá, est, nous le constaterons, la marque principale de leurs représentations masquées.

Les habitants de la terre

En montant sur terre, le peuple **Inã** devint **ahana mahadu**, habitants du dehors, de l'espace ouvert. Ce monde ouvert laissait place à la diversification, qui s'accentua avec leur apparition. Par le vol du feu et des moyens techniques (pirogue, outils agricoles) appartenant aux êtres indifférenciés, mi-hommes, mi-animaux, occupant la terre avant l'arrivée des Karajá, le héros mythique **Kanaxiwe** occasionna la transformation des premiers en véritables animaux (mammifères et oiseaux terrestres) et des seconds en **Inã** terrestres. La finition et la différenciation interne des poissons (**utura**) fut également opérée.

Contrairement à leurs parents aquatiques et célestes, les Karajá de la terre ne font plus corps avec un environnement trop diversifié. Sur terre, l'identité fait place à l'altérité, le partage à la prédation et, conséquemment, la vie éternelle à la mort. L'espace, le temps et l'altérité, tout ce qui permet à la vie de se développer et de se reproduire, façonne une nouvelle version d'**Inã** cosmique, un être mobile et actif, mortel et prédateur. Conservant son humanité originelle, son identité proprement karajá de nature aquatique, ou **Inã**, cet être fait l'acquisition d'une humanité étrangère, une identité terrestre, ou **Ixã**, qui est diversement partagée par tous les gens de la terre, karajá ou non.

Le terme **ixã** est un taxon fondamental dans le système d'identification et de classification karajá. Faisant office de radical auquel sont accolés divers attributs, il contribue à la différenciation progressive et nuancée de plusieurs catégories constitutives de l'univers terrestre de ce peuple indigène. Généralement utilisé sous une forme collective, il désigne à un premier niveau:

— toute formation organisée d'êtres vivants — donc tout groupe à caractère humain —, attachée à un territoire; le chef politique, l'homme dirigeant l'unité territoriale ou le village, est appelé **Ixã dinodu**, ou **Ixã wedu**, le «maître des **Ixã**»;
— tout groupe différent de celui auquel on appartient, sur un plan généralement ethnique, donc toute altérité humanisée.

A ce double titre, il s'oppose au terme d'**inã**, qui renvoie à l'identité collective, entité relativement homogène, communauté plus culturelle que territoriale, plus cosmique que terrestre. Les **Inã**, c'est nous, les **Ixã**, ce sont les autres. A noter que de façon significative le terme **ixã** n'est pas employé pour désigner des habitants du niveau céleste ou aquatique.

L'«ixãcité» caractérise l'humanité terrestre préexistant à l'arrivée des **Inã** aquatiques. Elle est fortement imprégnée d'animalité. Il a suffi que le héros mythique **Kanaxiwe** dérobe à certains de ces humains leur savoir-faire technique (feu, outils) pour qu'ils se transforment en véritables animaux.

Certains des grands mammifères ont d'ailleurs conservé des vestiges de leur ancienne humanité dans leur aspect physique ou leurs mœurs grégaires. C'est le cas notamment des singes capucin (*Cebus apella*) et surtout hurleur (*Allouata sp.*), appelés pour ces derniers **asã** (homonymie avec le terme **sã**, famille, parents) et du pécari à lèvres blanches (*Tayassu albirostris*), appelé **ixã**. Les associations sémantiques sont données par les Karajá eux-mêmes pour expliquer ces homonymies totales ou partielles.

Le reste de ces premiers humains terrestres a engendré les **Ixã ju**, «groupes dentés» (**ju**, dent), qui rassemblent tous les peuples indigènes géographiquement proches et socialement identifiés. Ce sont principalement les groupes gê: Apinayé, Krahó, Kayapó, Xerente et Xavante, et les groupes tupi: Tapirapé et Ava-Canoeiro. Ces Indiens, avec lesquels les Karajá entretenaient jadis des relations d'échange dans un cadre alternativement pacifique et belliqueux, constituent le modèle référentiel de l'humanité terrestre, soit la version la plus humanisée des êtres vivants originaires de la terre. Ils se distinguent des **Inã** par le fait d'habiter l'interfluve, d'être plus chasseurs que pêcheurs, de consommer toutes sortes de mammifères terrestres (ex-humains) et, pour certains, de faire cuire leurs aliments «dans la terre» (fours de terre des groupes gê).

Cette altérité presque cannibale qui les rend agressifs à l'égard des Karajá, cette potentialité dangereuse, est traduite métaphoriquement dans l'appellation de «groupes dentés». En ce qui concerne les Xerente (Gê centraux), la mythologie fait clairement état de cannibalisme et de coprophagie:

> Une femme xerente qui s'appelait **Imarura Belarure** venait d'avoir un enfant et ne mangeait pas de poisson depuis plusieurs mois. Chez les Karajá, la jeune mère ne mange pas de poisson durant un mois seulement. Personne ne s'occupait de **Belarure**, personne ne la nourrissait, ne la lavait, ne la peignait. Sa tête était couverte d'excréments d'oiseaux. **Waixa**, un Karajá, aidé de ses frères, avait installé une pirogue de sable pour attraper des poissons. **Belarure** volait ces poissons pour se nourrir. Les Karajá la surprirent et l'attrapèrent. **Rurua**, un des frères de **Waixa**, n'avait qu'un seul bras, un caïman lui avait arraché l'autre, et aucune femme ne voulait l'épouser. Il décida d'emmener **Belarure** chez lui. Il demanda à sa sœur de la laver, de lui passer du roucou sur les cheveux et de lui donner à manger. **Waixa** accepta de donner cette femme à son frère cadet. Le temps passa et **Belarure** voulait revoir sa famille. **Rurua** l'accompagna chez les Xerente. Ceux-ci habitaient loin dans la forêt. C'étaient des mangeurs d'excréments et de chair humaine. Ils habitaient dans un grand village. **Rurua** se cacha, tandis que **Belarure** allait trouver sa famille et expliquait ce qui lui était arrivé. Le frère de **Belarure** accepta son beau-frère karajá mais lui

demanda de ne pas sortir seul et de rester enfermé dans la maison de sa femme. **Rurua** resta longtemps chez les Xerente. Un jour, il sortit avec un groupe de chasseurs dans la forêt et les Xerente le tuèrent. Ils se répartirent le corps, le rapportèrent au village et le dévorèrent. **Belarure** chercha les os de son mari mais ne les trouva pas. Les frères de **Rurua** attendaient son retour. Ils partirent chez les Xerente avec un groupe d'hommes. Apprenant la mort de **Rurua**, ils mirent le feu au village et tuèrent de nombreux Xerente. Puis ils retournèrent chez eux avec **Belarure**[10].

La nature cannibale des êtres indifférenciés peuplant la terre à l'arrivée des Karajá aquatiques est également exprimée sous la forme de deux monstres simiesques qui sont terrassés par un jeune héros mythique:

Hure était un enfant malade, le corps recouvert de pustules. Son père, sa mère, sa sœur ne s'occupaient pas de lui. Seule sa grand-mère lui donnait à manger. Il vivait dans un petit abri et ne possédait qu'un morceau de natte tout usé. Un matin, sa grand-mère l'appela pour aller dans la forêt chercher du bois avec elle. Dans la forêt, il flécha des oiseaux. Sa flèche alla se planter à l'entrée de la maison de **Humari**, le serpent. **Humari** prit la flèche. **Hure** arriva pour la chercher et le serpent l'invita à entrer chez lui. Il proposa au jeune garçon de rester chez lui pour le soigner et demanda à ses deux filles de lui fabriquer des ornements en coton et de lui peindre le corps. Puis **Humari** demanda à **Hure** de le prévenir au cas où ses filles auraient une relation sexuelle avec lui. Un jour le serpent emmena le garçon déjà grand participer à l'épreuve du filet sous la forme d'un poisson pirarucu. Il lui dit que s'il a eu une relation sexuelle, il ne pourra pas déchirer le filet. **Hure** ne put sortir du filet et **Humari** dut l'aider à s'en dégager. Puis le jeune garçon guérit. Alors le serpent lui dit qu'il pouvait repartir chez lui et lui donna un propulseur[11], quelques flèches et un conseil pour tuer les deux grands singes[12] qui avaient déjà tué de nombreux Karajá; il fallait satisfaire la demande sexuelle de grand-mère crapaud. Elle attendait au bord du chemin qui menait à l'endroit où habitaient les deux grands singes. **Hure** donna satisfaction à grand-mère crapaud et elle lui dit comment il fallait tuer les deux monstres. Ils possédaient des propulseurs très puissants. Il ne fallait pas accepter leur invitation à tirer le premier, mais les forcer à tirer leurs flèches, puis les viser à l'œil et les tuer. Ainsi **Hure** réussit à tuer les deux singes et demanda au lézard de monter dans l'arbre pour aller les décrocher des branches où ils étaient retenus par la queue.

[10] On notera dans ce mythe la référence à deux pratiques karajá mises en opposition avec la «sauvagerie» de l'étranger: la resocialisation de la jeune mère (lavage, peintures corporelles) au terme d'un mois de réclusion et de restrictions; la récupération des os du défunt pour être conservés dans des urnes funéraires (secondes funérailles).

[11] Selon les Karajá, le propulseur n'avait jadis qu'un caractère ludico-rituel et était utilisé dans le cadre de compétitions sportives — courses de relais d'armes à jet, lutte corporelle, tir de propulseur — réalisées à la saison sèche sur les plages et opposant jeunes hommes et hommes mariés Seuls les Javaé employaient également cet instrument pour pêcher et chasser les oiseaux (*cf.* Krause, 1940/43:186-188; Pétesch, 1992:469-474).

[12] Singes hurleurs de grande taille.

Ce mythe du héros vainqueur de monstres cannibales décimant l'humanité est un thème que l'on retrouve chez divers groupes gê, les Timbira notamment. Mais les monstres y sont des oiseaux et ne sont donc pas associés au monde terrestre, tandis que les héros sont deux frères dont l'un succombe dans le combat. Notons toutefois que dans certaines versions du mythe karajá, le héros malade et mal-aimé est présenté comme le vengeur de deux frères plus âgés tués par les grands singes.

L'humanité terrestre de nature sauvage et prédatrice englobe également et naturellement, compte tenu de l'expérience tragique de la colonisation, la figure de l'homme blanc (**tori**). La mythologie qui essaye d'intégrer le **Tori** dans l'histoire de l'**Inã**, tout en le différenciant, annexe au mythe de l'émergence aquatique et collective une version humanisée et individualisée, visant à expliquer la venue de l'homme blanc sur terre et sa nature inférieure à celle de l'homme karajá. Elle attribue ainsi au premier une origine mi-animale, mi-humaine, et au second une origine totalement humaine par sa descendance directe du héros transformateur **Kanaxiwe**. Frère cadet du premier Karajá dont le père est **Kanaxiwe**, l'homme blanc est engendré dans le même utérus que l'**Inã**, mais par la sarigue. Le fils de **Kanaxiwe**, plus intelligent que son puîné, fabrique lui-même le fusil, ainsi que l'arc et les flèches; il préfère donner le premier à son frère et garder les seconds pour lui[13].

En tant que représentants anciens ou actuels de l'humanité terrestre, les mammifères et les groupes indigènes proches de l'Araguaia sont conceptuellement associés dans les marges séparant le corpus karajá de l'altérité extrême, les êtres cannibales. On pourrait dire, pour simplifier, que cette humanité terrestre constitue la frontière entre les deux représentations antipodales de la nature et de la culture. Il faudrait alors constater que le culturel, de nature essentiellement aquatique (fleuve, ciel), est dans la pensée karajá plus un donné originel qu'un acquis progressif; il préexiste à l'émergence des **Inã** sur terre et doit se perpétuer, malgré quelques adaptations, avec l'aide des parents cosmiques.

A un second niveau de différenciation, le terme **ixã** est utilisé pour désigner la partie domestique du village, formée par les unités uxorilocales, ou maisons féminines, face à la partie publique et rituelle, représentée par les formations masculines, ou **ijoi**. Cette dualité sera amplement traitée dans l'analyse du plan du village et de l'organisation rituelle.

[13] Pour plus de détails sur ce mythe, *cf.* Donahue, 1982:48-49; Pétesch, 1992:462-466.

Intéressons-nous pour l'heure à cette «ixãcité», synonyme d'identité terrestre, et à son acquisition par les Karajá aquatiques à leur arrivée sur terre. Ce processus génésiaque est conçu comme une sorte de dénaturation qui ne s'est pas étendue de façon uniforme sur toute la population **Inã**. Le degré d'«ixãcité» constitue ainsi le critère de différenciation interne des Karajá de la terre.

VARIATIONS INTRA-ETHNIQUES

A ma connaissance, l'origine de la division intra-ethnique du peuple karajá n'est pas (ou plus) explicite dans la mythologie. Sortis successivement du fond de l'Araguaia en un (ou deux) endroit(s) situé(s) non loin en aval de la confluence avec le fleuve Tapirapé, les différents groupes d'**Inã** se sont dispersés, puis réunis, après s'être affrontés dans des guerres ayant pour principal enjeu la possession du territoire aquatique. Certains de ces groupes ont même disparu, s'enfonçant dans les marges occidentales de ce bassin fluvial.

Les trois sous-groupes karajá, disposés le long du moyen cours de l'Araguaia, ont conservé jusqu'à ce jour, sinon l'intégralité de leurs territoires, du moins leurs positions respectives les uns par rapport aux autres. Deux d'entre eux, qualifiés de **bero hykã mahadu** (fleuve-grand-habitants), sont situés sur les rives même de l'Araguaia, le troisième, qualifié de **bedero mahadu** (savane-habitants), est implanté plus à l'est sur les rives du Javaé et à l'intérieur de l'Île du Bananal (*cf.* carte 5). Ces trois groupes traditionnellement endogames et parlant trois dialectes karajá mutuellement intelligibles, s'auto-dénomment **Inã** et se considèrent comme faisant partie tous trois de la grande famille karajá.

Toutefois, si l'on adopte le point de vue du groupe de l'amont (les Karajá proprement dits) que j'ai étudié, on s'aperçoit qu'une hiérarchisation intra-ethnique est opérée. Les **iraru bero hykã mahadu** (aval-fleuve-grand-habitants), appelés **Ixã biowa**[14], groupe ami, sont considérés comme proches des **iboo mahadu**, habitants de l'amont, sur différents points: morphologique, linguistique (distinction entre un parler masculin et un parler féminin) et alimentaire (consommation de poissons). Leur nature aquatique est attestée, évaluée à l'aune du modèle culturel que constitue, ethnocentrisme aidant, le groupe de l'amont.

[14] D'où est tirée l'appellation de Xambioá, communément utilisée par les Brésiliens pour désigner ce sous-groupe ethnique.

Il n'en est pas de même pour les Javaé qui, les plus éloignés géographiquement du lieu aquatique originel, sont considérés comme les plus porteurs d'identité terrestre, morphologiquement et culturellement parlant; ils sont plus petits, plus foncés de peau, plus poilus, plus consommateurs d'animaux terrestres et ne font pas de distinction entre un parler masculin et un parler féminin. Par l'appellation discriminatoire de **Ixãju riore**, «fils de groupe denté» (ou fils d'Indien non Karajá), on va jusqu'à les écarter de la filiation **inã** et leur donner une origine terrestre et non aquatique.

La mythologie est aussi suggestive à cet égard. D'une part, elle situe le lieu mythique où **Kanaxiwe** a transformé les anciens humains terrestres en animaux dans la partie orientale de l'Île du Bananal, en plein territoire javaé. D'autre part, elle fait référence à un groupe cannibale, **Werehina**, qui habitait jadis dans cette même région[15]. Evidemment, dans sa version élargie, l'**Inã**, le Nous culturel, se distinguant des **Ixã** authentiques, réintègre le sous-groupe javaé qui sert ainsi de charnière, de point d'articulation entre deux catégories conceptuelles à la fois opposées et fortement interpénétrées.

Quant au groupe de l'amont, il est appelé **Ixã hykã**, grand groupe, par les deux autres, selon Lipkind (1948:179).

De façon logique, les relations entre les trois sous-groupes karajá correspondent aux appellations: fréquentes et amicales entre les Karajá de l'amont et ceux de l'aval, par voie fluviale; plus rares et souvent hostiles avec ceux du Javaé, considérés comme les détenteurs du chamanisme le plus efficace dans son aspect délétère.

A l'image de leur milieu écologique, les Karajá cumulent en leur être une part terrestre et une part aquatique qui, variant dans leur importance réciproque, ne parviennent jamais à un véritable équilibre. Cette identité duelle, faite de soi-même et son contraire dans un rapport asymétrique, est propre aux **Inã** terrestres, véritables êtres sociaux. Elle prolonge toutefois, en la radicalisant, la dualité de leurs parents célestes et fluviaux, faite d'ambigüité et d'indifférenciation. Les **Inã** cosmiques sont duels, c'est ce qui les distingue fondamentalement d'une autre catégorie cosmogonique, les **bede rahy mahadu** (terre sauvage-habitants), occupant l'espace déserté par les **Ixã** au-delà de l'œkoumène terrestre et qui seront décrits plus avant.

Avant de clore avec les Karajá de la terre, signalons que ces premiers vrais hommes ont été victimes de deux grandes calamités, celles de l'eau

[15] Les **Werehina** portaient une petite calebasse pendue au cou; ils se transformaient en jaguars dévoreurs d'hommes lorsqu'ils passaient la calebasse dans le dos.

et du feu. Alors que le premier fléau (pluies torrentielles et inondation) épargna un grand nombre de Karajá, le second n'autorisa la survie que de deux couples d'**Inã**, afin de permettre à ce peuple de l'Araguaia de se reconstituer. Le mythe de la destruction par le feu mérite d'être relaté car il constitue à la fois un mythe fondateur et de référence socio-cérémonielle important pour les Karajá:

> C'était le rituel de la Grande Maison (initiation masculine). Les hommes, ou esprits des morts, étaient partis chasser et pêcher. Une mère d'initiant demanda à son fils de raconter ce qui se passait dans la Grande Maison. L'adolescent ne voulut pas répondre, mais la mère insista. Il fit alors le geste des morts (les doigts de la main placés les uns sur les autres). Mais le grand-père des morts était couché près du feu et entendit la conversation. Les hommes revenaient, leurs pirogues pleines de gibier et de poissons. Le grand-père raconta ce qui s'était passé. Il y avait deux grands guerriers parmi les hommes. L'un se précipita sur la femme, lui coupa la tête avec sa lance et l'exhiba à la pointe de son arme dans le village. Puis ils firent creuser trois grands trous et chercher une grande quantité de bois pour y allumer trois grands feux, un pour les hommes, un pour les femmes et un pour les enfants. Puis les hommes allèrent chercher les femmes et les enfants et les Karajá s'entretuèrent en se jetant dans les flammes. Les deux guerriers jetèrent les derniers dans le feu et restèrent seuls dans le village. Ils étaient amis, l'un était du groupe de l'amont, l'autre du groupe de l'aval. Ils se lamentèrent longuement, puis se donnèrent la mort réciproquement en se tirant une flèche dans le foie. Alors deux jeunes initiants sortirent du trou recouvert d'un grand plat où ils étaient cachés. Ils jetèrent le corps des deux guerriers dans le feu, puis partirent pêcher. Au retour, ils entendirent le bruit du pilon dans le village et virent deux belles jeunes filles qui préparaient à manger. C'étaient leurs perroquets qui s'étaient transformés en femmes. Les deux adolescents s'échangèrent leurs animaux familiers et les prirent pour épouses[16].

AUX CONFINS DE L'ALTÉRITÉ

Les **bede rahy mahadu**, habitants de la terre sauvage, constituent la version extrême de l'altérité. Pour la plupart prédateurs des Karajá, en tant qu'**aõni**, monstres, ou **Inã rò du**, «ceux qui mangent les **Inã**» (**rò**, manger de la viande, **du**, celui/ceux qui), ils s'opposent en tous points à ces derniers, notamment dans leur version anthropomorphe. Ils sont petits, gros, à la peau très foncée, barbus et aux cheveux crépus et possèdent des dents proéminentes et des ongles acérés.

[16] A noter que le châtiment par le feu sanctionnant la faute humaine ne relève pas d'un cataclysme naturel mais d'un désordre social, d'une guerre interne, d'une auto-destruction.

Pour tromper la méfiance des Karajá, ils prennent en général une apparence plus humaine, **Inã ni** (pareil à **Inã**). Vivant dans les cavités rocheuses ou les termitières, donc à l'intérieur de la terre, ils sont très mobiles, parcourant la savane et la forêt à la recherche de nourriture exclusivement carnée, mammifères terrestres et humains. Ces deux espèces sont d'ailleurs confondues par les **aõni**, qui appellent le Karajá **tuxò hykã**, grand coati, car comme l'animal du même nom, l'Indien ne peut que se réfugier dans les arbres lorsqu'il est poursuivi par son prédateur. Forme ultime de la sauvagerie, ces êtres terrestres ne vivent pas en groupe organisé (**ixã**), contrairement à certains animaux, mais seuls, dispersés dans la nature.

> **Arabobo** vit dans la terre. Il sort de son trou pour chasser les animaux. C'était la fête de la Grande Maison (rituel d'initiation masculine) et des hommes karajá partirent chasser des pécaris. Le jeune **Wadoi**, champion de course à pied, les accompagnait. Les Karajá encerclèrent les pécaris dans l'îlot de terre ferme, les poursuivirent et les tuèrent. Puis ils retournèrent au fleuve et déposèrent les animaux dans leurs pirogues. **Wadoi**, qui était resté en arrière, rencontra **Arabobo**. Celui-ci tendit le bras vers **Wadoi** qui tomba mort. Les Karajá le cherchèrent en vain, puis retournèrent au village. L'oncle maternel du jeune homme demanda au chamane de le rechercher. Celui-ci se transforma alors en chien sauvage et partit dans la forêt. Il retrouva **Wadoi** mort, la tête gonflée et le bas du visage arraché.

Modèle diamétralement opposé aux **Inã** aquatiques et surtout célestes, les **bede rahy mahadu** se situent par rapport aux Karajá terrestres dans un mode relationnel inverse à celui que ces derniers entretiennent avec les gens du fond des eaux et de la pluie. Ni possesseurs, ni transformateurs, ces êtres terrestres n'interviennent pas directement sur l'équilibre et la reproduction de l'environnement karajá. Leur pouvoir est essentiellement négatif; ils sont l'incarnation de la mort, par dévoration ou écoulement de sang. Ils n'ont rien à partager, ni même à échanger avec les **Inã** terrestres qui ne peuvent que limiter leur action délétère grâce à l'intervention d'un chamane spécialiste auprès de leur plus redoutable avatar: **aõni hykã**, le grand monstre. Citons également **Arabobo**, **Ajuesani**, **Ijory**, **Inãni**. Certains d'entre eux apparaissent dans les rituels, masqués ou non, ainsi que nous le verrons ultérieurement.

Anti-modèle culturel, les **bede rahy mahadu** radicalisent la part d'identité terrestre contenue dans chaque Karajá. Toute transgression culturelle se traduit par un renforcement de cet aspect identitaire. Ainsi l'acculturation des jeunes générations par la société brésilienne est interprétée par les anciens comme un abandon progressif de la nature aquatique, une régression sur le plan à la fois physique et moral: les jeunes gens sont aujourd'hui petits et gros et n'ont plus un esprit communautaire.

La catégorie de **aõni iròdu**, monstres animaux, regroupe toutes les espèces animales terrestres susceptibles d'attaquer, de tuer, voire de dévorer l'homme. Ce sont essentiellement les félins, les araignées et les serpents vénimeux. Cette agressivité est propre à leur nature terrestre, contrairement aux monstres aquatiques ou célestes dont la charge agressive et létale est activée par les **Inã** des niveaux cosmiques correspondants, qui les envoient sur terre sous forme d'avertissement ou de sanction, en cas d'infraction aux règles commise par les Karajá. Au service des habitants du fond des eaux, il s'agit principalement des crocodiliens et des piranhas. Curieusement, ce ne sont pas des oiseaux de grande taille, tels que l'aigle harpie ou le vautour-pape qui jouent ce rôle auprès des habitants de la pluie, mais le puma (*Felis concolor*), un transfuge terrestre en quelque sorte.

La monstruosité et le cannibalisme sont inhérents à la nature terrestre; ils sont exceptionnels, voire anormaux, donc interprétés comme étant la cause d'une infraction ou d'une erreur humaine, lorsqu'ils émanent des milieux céleste ou aquatique.

LA MORT DOMESTIQUÉE

Les Karajá utilisent plusieurs termes pour désigner les entités spirituelles qui, de leur vivant ou après leur mort, sont constitutives ou représentatives de leur personne, être physique et social. Ces principes noologiques qui, à ma connaissance, sont au nombre de trois, se succèdent normalement dans le temps, l'un se substituant à l'autre, et peuvent ainsi être considérés comme trois aspects d'une seule et même «âme» karajá.

La première entité appellée **tyy tyby** (peau ancienne) constitue le double de l'individu, son image corporelle, tout au long de sa vie et s'évanouit au dernier souffle de celle-ci. C'est ce **tyy tyby** qui permet notamment au chamane de pénétrer dans les autres niveaux cosmiques et d'entrer en contact avec les êtres surnaturels.

Le décès, suivi du traitement funéraire approprié, libère successivement deux autres principes spirituels, qui se présentent comme les deux aspects antipodaux d'un seul et même «esprit du mort». Le premier à se manifester, de façon dangereuse pour les vivants, est l'**uni**, prolongement du **tyy tyby**, en ce qu'il constitue le double du défunt, support de son être physique, de son entité individuelle. Par le traitement symbolique du rituel funéraire, parallèlement à la transsubstantiation physique de la dépouille, passant d'un état charnel à un état ossifié, s'opère graduellement la transformation de l'**uni** en un autre principe spirituel.

Une entité dé-personnalisée et re-socialisée, en contact permanent et favorable avec les vivants et du nom de **woràsã**, remplace l'**uni** désocialisé et potentiellement délétère. Si dans un premier temps, le **woràsã** reste personnellement attaché à des parents vivants, la perte de mémoire de sa descendance le laisse peu à peu s'installer définitivement dans l'anonymat aquatique des habitants du fond du fleuve ou des habitants de la pluie, dans le cas des chamanes.

Mais le processus normal de transformation de l'**uni** en **woràsã** n'est pas toujours réalisable. Les circonstances de la mort, d'une part, la bonne et totale réalisation du rituel funéraire, d'autre part, vont déterminer le destin eschatologique de l'esprit du mort karajá, sous sa forme bénéfique ou maléfique.

Mourir seul (sans bénéficier de funérailles) ou dans le sang — les deux male-morts principales —, c'est mourir comme un être terrestre, un animal, c'est se condamner à la régression ontologique inhérente au milieu terrestre. L'**Inã uni**, l'esprit du mort karajá, rejoint alors la horde des **bede rahy mahadu**, les êtres de la terre sauvage, s'assimilant pratiquement aux monstres **aõni**[17]. Il partage avec ces derniers les mêmes conditions de vie, exhale la même odeur de pourri (**irò**), fait couler le sang, mais ne dévore pas ses victimes — dans l'étiologie karajá, les affections de type hémorragique sont dues à l'action des **uni** —.

Ce double terrestre, sorte d'ectoplasme privé d'énergie propre, parvient difficilement à se donner une densité corporelle et apparaît généralement aux yeux des vivants sous une forme floue et évanescente, ce qui ne lui

[17] L'apparente analogie existant entre les termes **uni** et **aõni** s'établit sur le morphème **ni** qui désigne, d'une part l'apparence, la ressemblance physique (**Inã ni**, pareil au Karajá), de l'autre, le nom propre. **Aõni** est également composé du terme **aõ**, «chose», ce qui rend sa signification quelque peu obscure. Retenons l'idée d'apparence corporelle, de singularité physique, qui ressort de ces différents termes (et que l'on retrouve dans l'appellation **tyy tyby**, ancienne peau, désignant l'esprit du Karajá de son vivant); elle souligne la nature spécifique de ces entités spirituelles terrestres fortement individualisées et attachées au monde naturel, corporel, charnel. Il serait par contre hasardeux d'associer l'entité spirituelle (**uni**) au nom propre (**ni**), même si tous deux renvoient à une identité individuelle, à un être singularisé (le nom propre est individualisant chez les Karajá, ne devant pas être porté par plusieurs personnes dans un même village). Le concept de l'âme-nom, **aroe**, entité spirituelle individuelle dérivant de l'essence nominative et tutélaire du clan, est pourtant opérant chez les Indiens Bororo; nous préfèrerons ultérieurement rapprocher l'**aroe** de l'autre âme du mort karajá, **woràsã**, anonyme et socialisée.

retire pas pour autant son identité personnelle. Un **uni** est rarement anonyme; c'est généralement l'**uni** d'untel, dans la mesure où ce principe spirituel, support de l'entité individuelle du défunt, n'a pas été soumis au traitement symbolique complet du rituel thanatique, lui permettant de se réintégrer dans un espace socialisé. Voyons ce que dit Lipkind à ce sujet:

> «Ceux qui meurent d'une mort violente, frappés d'un coup de massue ou dévorés par des animaux, deviennent des esprits dangereux, inapaisés. Ils sont enterrés dans la forêt sans armes ni feu, dans une position opposée à la position traditionnelle afin de les désorienter. On leur bande les yeux afin de les aveugler. Leur désir est de tuer, en particulier leurs plus proches parents. Leur existence *post-mortem* est très désagréable. Ils vont errant dans une perpétuelle rage et se nourrissent de petits oiseaux qu'ils mangent crus» (1940:249).

Le même destin funeste de «l'**uni**-cité» est réservé au mort dont les restes sont exhumés et dévorés par une bête fauve avant la fin du rituel funéraire. Réduit à une dépouille sans sépulture, ce «cadavre outragé», selon les termes de Vernant parlant des morts livrés à la voracité des animaux sauvages dans la Grèce ancienne, «devient dans le ventre des bêtes qui l'ont dévoré, chair et sang d'animaux sauvages; il n'y a plus en lui la moindre apparence, la moindre trace de l'humain» (1989:75). Chez les Karajá, le mort exhumé et dévoré donne naissance à un spectre particulièrement redoutable, d'apparence mi-animale, mi-humaine.

Le traitement funéraire d'un défunt karajá, non victime de male mort, s'effectue traditionnellement en deux temps — inhumation de la dépouille, puis exhumation des os décharnés —, constituant ce que l'on appelle communément des doubles funérailles. Rapidement après la mort, le corps du défunt est recouvert de roucou et de ses principaux ornements, puis allongé et enveloppé (jadis, avec ses armes, selon Lipkind, 1948:188) dans une de ses nattes que l'on noue aux deux extrémités, avant de la traverser dans sa longueur par une longue perche en bois. Celle-ci permet de maintenir le corps suspendu dans la tombe rectangulaire, afin qu'il ne soit pas en contact avec la terre. De la nourriture est déposée au fond de la fosse qui est ensuite fermée par un entassement de grosses branches, pouvant elles-mêmes être recouvertes de vieux morceaux de nattes et de terre.

La tombe a une orientation est-ouest, la tête du mort devant être tournée vers l'orient. Jadis, était installée au-dessus de la tombe une natte en forme de petite maison (ou de toit à deux pans), soutenue en son faîte par une corde tendue entre deux pieux funéraires fichés aux deux extrémités de la sépulture (Ehrenreich, 1948:67, Lipkind, 1948:188; *cf.* figure 2, reproduisant une **bede heto**, maison de cimetière). Durant quelques jours, de l'eau et de la nourriture sont apportés au défunt et un petit feu est entretenu près de sa tombe.

Les secondes funérailles s'effectuent plusieurs mois, voire plusieurs années après l'enterrement. On attend parfois que la couverture de troncs de bois et de terre s'effondre au fond du trou. Les ossements décharnés sont exhumés, nettoyés, puis disposés dans une urne funéraire (grand récipient recouvert d'un plat) avec certains ornements corporels ayant appartenu au défunt (colliers, principalement). Cette urne n'est pas enterrée, mais rejoint celles des membres de la famille du défunt, disposées sur le sol, dans le même cimetière, **wa bede** (ma terre), où a été effectuée l'inhumation du corps lors des premières funérailles.

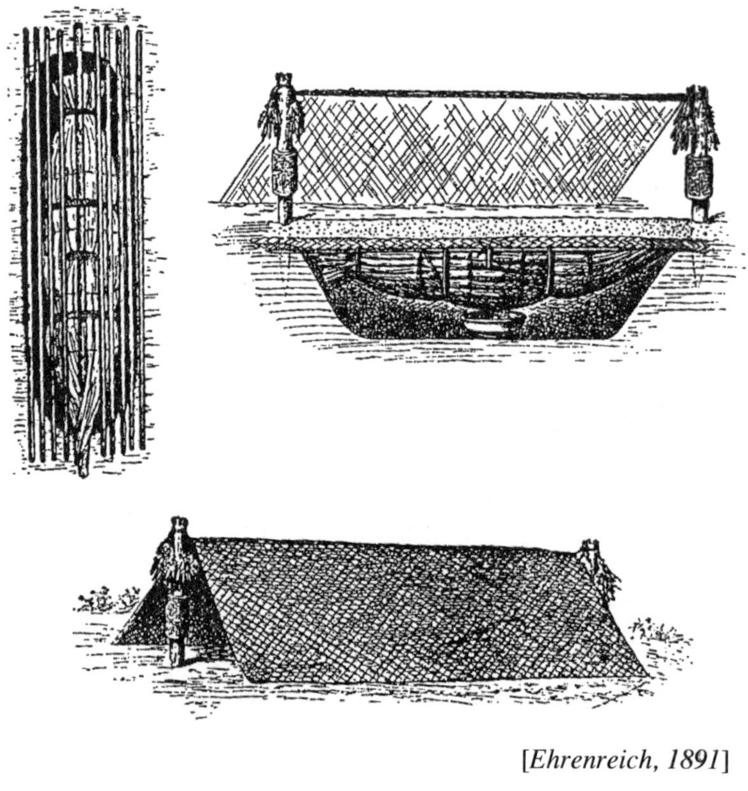

[*Ehrenreich, 1891*]

Figure 2 – Sépulture karajá

La préparation du corps du défunt est réalisée par des parents proches (consanguins et/ou conjoint); le transport au cimetière et l'inhumation, par des parents plus éloignés, généralement affins. C'étaient également les affins qui étaient jadis responsables des secondes funérailles.

Aujourd'hui et depuis sans doute plus d'un demi-siècle, les Karajá ne pratiquent plus les secondes funérailles. Sur la base des témoignages obtenus, ils n'a pas été possible de définir clairement l'incidence de cette déperdition funéraire sur le devenir eschatologique de l'esprit du mort. L'exhumation des os peut encore être pratiquée lorsqu'il a été constaté une profanation de sépulture, généralement opérée sur la dépouille d'un chamane à des fins de sorcellerie. Les os les plus recherchés sont ceux du bras gauche (notamment l'humérus), avec lequel le chamane exécute ses tâches maléfiques. Nous retrouverons plus avant le même processus d'appropriation d'un pouvoir, ou plutôt d'une propriété spécifique, au moyen d'un prélèvement osseux sur le corps d'un individu, dans le cas de l'ennemi tué à la guerre.

Ainsi qu'il a pu être observé dans le village de Fontoura, la nouvelle d'une profanation de tombe de chamane suscite un grand émoi dans un village karajá, laissant présager la réalisation prochaine d'un **woru hykã**, d'une grande sorcellerie. Au milieu des cris de douleur des proches parentes du défunt, l'exhumation fut effectuée par les deux frères de l'épouse de ce dernier. Une fois la fosse déblayée à l'aide de bêches, les deux hommes utilisèrent exclusivement leur main gauche pour manipuler les ossements, soit les sortir de la tombe, les exposer séparément sur une natte afin d'identifier l'élément manquant, puis les regrouper dans ce linceul de fibres végétales avant de les replacer dans la même fosse.

Même avant le contact avec les Blancs, il semble que les Karajá aient toujours réalisé la totalité de leur processus funéraire dans des cimetières, c'est-à-dire en des lieux spécifiques et uniques en dehors des villages, se distinguant en particulier des groupes gê-bororo qui, pratiquant également les doubles funérailles, faisaient transiter le mort de l'intérieur à l'extérieur de l'espace social des vivants, ou inversement.

De fait, la plupart des groupes gê inhumaient le cadavre à l'extérieur du village, puis, en fonction de son statut social, enterraient ses ossements dans le sol des maisons ou de la place centrale. Les Bororo, à l'inverse, laissaient se décomposer la dépouille du mort sur la place du village, puis immergeaient les os dans des lacs ou des cours d'eau, ou les déposaient dans des abris rocheux. Ce faisant, les premiers, une fois expulsé l'esprit du mort, son entité individuelle faite de chair et de sang, récupéraient ses ossements immortels pour asseoir la pérennité sociale, livrant généralement l'entité spirituelle à un processus involutif de métamorphoses animales puis végétales. Les seconds, après avoir accompagné le processus de transsubstantiation, garantissaient la bonne intégration de l'esprit du défunt dans la communauté des morts au fond des eaux.

Plusieurs éléments et témoignages amènent à penser que ces anciens lieux de mort karajá, situés comme les villages sur la berge haute des fleuves (et non relégués dans un espace terrestre comme les tombes isolées des victimes de morts violentes), étaient des espaces organisés, reproduisant en gros le schéma spatial du village et notamment sa division principale amont / aval et affichant des éléments extérieurs et visibles de socialisation. D'une part, les sépultures en forme de petites maisons qui sont orientées perpendiculairement à l'axe sud-nord du fleuve, à l'instar des unités domestiques, et qui sont substituées par des céramiques funéraires également disposées de façon ostensible en des lieux pré-établis de l'espace obituaire. D'autre part, les paires de pieux funéraires qui, nous le verrons, sont à la fois des représentations physiques et sociales de l'être karajá, par leur forme, leur dualité et leur ornementation.

Une fois intégré dans la communauté des morts, le **woràsã** est censé avoir perdu son individualité et rompu ses liens personnels avec la communauté des vivants. Le maintien de relations privilégiées avec des parents vivants entraîne des représailles de la communauté des morts sur l'esprit lui-même:

> Un Karajá n'avait pas de chance à la pêche. Il ne prenait jamais de poissons. Le **woràsã** de son frère aîné eut pitié de lui et décida de l'aider. Une nuit, le frère aîné réveilla son cadet pour l'emmener pêcher. Ils partirent tous les deux en pirogue, le cadet avec son arc et ses flèches. L'aîné dit au cadet de flécher des tortues *tracajas* et des petits poissons. Lui attrapera des gros poissons. Puis il plongea dans l'eau sous forme d'une loutre. Ils pêchèrent, puis échangèrent leurs prises. L'aîné quitta ensuite son frère à hauteur du cimetière et lui demanda de ne plus penser à lui et de ne pas pleurer. Mais la nuit venue, le cadet se souvint de son frère et pleura. Alors à l'aube, les esprits des morts sous forme de loutres se jetèrent sur le frère aîné et le mirent en pièces.

Expurgée de ces individualités, la communauté des morts ne semble pas coupée de la société des vivants, mais apparaît plutôt comme une duplication de cette dernière. C'est ainsi qu'elle est représentée dans un cadre rituel (initiation des jeunes garçons), occupant l'espace central cérémoniel, suivant l'organisation propre à la société karajá, et arborant les signes distinctifs de l'identité culturelle (tatouage, peintures et ornements corporels) (*cf.* chapitre III).

De fait, les morts font partie intégrante de la grande famille cosmique des **Inã** et, à ce titre, entretiennent avec les Karajá terrestres le même type de rapports liant ces derniers aux **Inã** célestes et aquatiques. A l'instar des habitants du fond des eaux, les **woràsã** gèrent les relations de prédation entre les Karajá et les animaux, en particulier les mammifères terrestres, **iròdu**. On les appelle également **wedu**, maîtres, possesseurs, et l'on peut supposer qu'ils sont considérés comme les maîtres des animaux de la terre. Avant toute expédition de chasse, la bienveillance des esprits des morts est sollicitée, en échange d'une part de nourriture cuite. En outre, ce sont les **woràsã** qui interprètent les esprits des animaux, principalement terrestres, lors du rituel d'initiation masculine.

Les esprits des morts sont constamment présents chez les Karajá, accompagnant notamment ces derniers dans les activités individuelles ou collectives à réaliser hors de l'espace social. Installés à la périphérie du corps social, ils constituent une protection permanente pour les vivants contre les dangers inhérents au milieu terrestre, se voyant attribuer quotidiennement une part de la nourriture consommée par les Karajá. Toute infraction au contrat entre morts et vivants est sanctionnée, soit par des blessures, piqures ou morsures d'animaux (raies, serpents), soit par des affections gastro-intestinales (vomissement, diarrhée), propres aux **woràsã tebure**, esprits des morts en colère. La sanction peut également consister en une malchance dans les activités de prédation.

> **Koidema** n'avait pas de chance dans la collecte du miel; il n'en prenait jamais. Les autres Karajá revenaient avec leurs calebasses pleines, mais sa calebasse revenait toujours vide et son épouse réclamait. Deux jeunes abeilles l'avaient remarqué et eurent pitié de lui. Un jour il resta seul dans la savane avec ses calebasses vides, les autres étant retournés au village avec leur miel. Alors les abeilles l'appelèrent et lui dirent pourquoi il n'avait pas de chance dans sa collecte. Elles lui dirent que son épouse avait repris la nourriture destinée aux esprits des morts et que ceux-ci irrités l'empêchaient de trouver du miel. Les deux abeilles prirent les calebasses et vomirent du miel dedans. Elles dirent à **Koidema** de repartir chez lui et d'offrir une partie de ce miel aux esprits des morts pour avoir de nouveau de la chance.

Lors des activités de chasse, de pêche ou de collecte, la bienveillance des **woràsã**, comme celle des Karajá aquatiques, est sollicitée et rétribuée directement par le ou les intéressés, sans passer par les services d'un chamane. Ce contact direct s'oppose à la médiation chamanique nécessitée dans le cas des Karajá célestes et des êtres de la terre sauvage, situés, nous l'avons vu, aux deux extrémités du continuum ontologique et culturel du cosmos karajá.

Censés s'installer dans les niveaux aquatique ou céleste, les morts semblent avoir autant de mal, sinon plus, que les habitants des mondes inférieur et supérieur à se couper totalement des Karajá de la terre. Ils conservent ainsi une affectation terrestre tout en se conduisant comme des êtres primordiaux. A ce double titre, ils peuvent médiatiser la relation des Karajá avec leur environnement terrestre; les aider quand ils agissent en prédateurs, les protéger quand ils deviennent des proies. Voilà pourquoi également, hormis l'anonymat, rien ne les différencie physiquement des **Inã** de la terre, lorsqu'ils apparaissent dans un contexte rituel. Ce qui n'est pas le cas des Karajá célestes et aquatiques, obligatoirement masqués lors de leurs prestations cérémonielles.

Les uns et les autres affichent toutefois, au niveau de leurs représentations propres, une identité commune, une dualité spécifiquement **Inã**, qui distingue de façon générale les Karajá cosmiques des autres composants de l'univers. Un **Inã**, quel qu'il soit, évolue toujours par paire. En ce qui concerne le mort, cette spécificité identitaire est traditionnellement soulignée dès les premiers temps des funérailles, sous forme de deux paires de pieux funéraires, représentations symboliques du défunt, dont une paire — la plus grande — est fichée aux deux extrémités de la tombe et soutient la **bede heto**, l'autre paire — la plus petite — est utilisée dans une course de relais, qui rappelle de façon troublante la course de troncs gê (*cf.* chapitre III).

Notons enfin que le caractère hybride des **woràsã**, mi-aquatique, mi-terrestre, est parfaitement exprimé par leur avatar animal, la loutre (*Pteronura brasiliensis*), créature au poil sombre vivant autant dans l'eau que sur terre.

Woràsã / uni, esprits des morts bénéfiques / esprits des morts maléfiques. Une fois de plus, la dualité intrinsèque à toute véritable identité dans la pensée karajá, ne signifie pas pour autant bipolarité conceptuelle. Le jeu subtil de l'identité refuse toute opposition radicale et le monde des morts, en reflétant le monde des vivants, rend compte de ses nuances. Une autre catégorie spirituelle vient rompre la bipolarité thanatique: les esprits des ennemis tués à la guerre.

Le rapport morts-vivants le plus remarquable chez les Karajá est sans nul doute celui que ces Indiens de l'Araguaia entretiennent avec les esprits des ennemis tués à la guerre. L'âme vengeresse de l'ennemi constitue une des entités spirituelles les plus redoutables et toutes les précautions sont généralement prises par les guerriers amazoniens de retour de leurs raids pour s'en débarrasser avant de pénétrer dans leurs villages, l'écartant principalement des divers trophées — objets ou parties du corps — prélevés sur la dépouille de leurs victimes.

Il arrive cependant, comme chez les Jivaro, que l'on cherche à conserver cette entité spirituelle, pour en récupérer l'énergie. Elle est alors maintenue prisonnière dans la tête prélevée sur le corps de l'ennemi, grâce à un procédé élaboré de réduction de ce trophée et d'oblitération de ses ouvertures. Une fois amenée au village, cette âme vengeresse n'est toutefois utilisée que le temps d'un rituel, délai suffisant pour permettre au guerrier jivaro de se rendre maître de cette énergie spirituelle, dont bénéficieront ses plus proches parentes (généralement son épouse et sa sœur), sous forme d'une vigueur accrue dans les activités agricoles et de domestication animale. L'esprit de l'ennemi est ensuite expulsé de la tête réduite et renvoyé à sa région d'origine (Harner, 1972).

Jadis chez les Karajá, la capture d'entités spirituelles représentait, sinon le moteur de la guerre, du moins le principal objectif des raids lancés par ces Indiens de l'Araguaia contre leurs voisins de l'interfluve. Ces esprits de morts n'étaient cependant pas pris «sur la tête» de l'ennemi, mais curieusement «sur son pied». De fait, pour emporter l'âme de sa victime, le meurtrier avait soin de lui prélever un petit os du pied (Lipkind, 1948:188), os dont il n'a pas été possible de préciser l'identification auprès des Karajá.

Ce prélèvement osseux peut présenter une double signification. D'une part, en intervenant sur les membres inférieurs d'un être particulièrement mobile, puisque de nature terrestre, on agit sur son principe de mouvement que l'on peut réguler, voire même contrôler. C'est ainsi que **Kanaxiwe**, le héros mythique, était parvenu à ralentir la course des astres dans le ciel en leur brisant une jambe, prolongeant de cette manière leur action éclairante sur terre.

Comment ne pas évoquer également une symbolique qui nous est proche, celle que l'imagier roman a jadis inscrite dans la pierre pour transmettre son message religieux. Dans cette iconographie populaire, l'entrave physique des pieds ou des jambes, ou la transformation de ces derniers en animaux monstrueux, est bien conçue comme la traduction métaphorique de la neutralisation ou du contrôle de la démarche spirituelle opéré dans ce contexte religieux par des facteurs inhérents à la condition humaine (passions, désirs, etc.) (Blanc, 1986).

En mutilant sa victime au membre inférieur, le guerrier karajá se rendait donc maître de son principe de mouvement. Cela lui permettait, non seulement de neutraliser par «immobilisation» l'entité spirituelle particulièrement dangereuse, mais sans doute également de s'approprier sa rapidité de déplacement terrestre. Pour acquérir cette vitesse à la course, ce peuple du fleuve, passé pourtant maître dans le maniement de la pirogue, aimait former ses adolescents dans le cadre de compétitions sportives ou de chasses-poursuites des cervidés et des pécaris.

L'utilité de ce prélèvement osseux était en outre renforcée par la perte qu'il entraînait pour le groupe des ennemis. En détruisant l'intégrité du corps de sa victime, aussi petit que fût le prélèvement, le guerrier karajá lui déniait le droit au traitement funéraire et à la récupération de ses ossements éternels par sa société.

Spécifions que du côté karajá, la male-mort (dans le sang) d'un guerrier représentait, non seulement une déperdition à la fois sociale et spirituelle, mais également un danger potentiel par l'émergence d'un **uni** malfaisant, condamné à une existence terrestre et incontrôlable par les vivants. La maîtrise des esprits des ennemis rapportés au village, adoptés et conservés dans des groupes de parenté, puis régulièrement alimentés, en échange, sinon d'une protection, du moins d'une neutralité bienveillante, peut alors être considérée comme une forme de compensation à la perte en **woràsã** (esprits de morts karajá) enregistrée avec la mort des guerriers, une façon de maintenir l'équilibre entre entités spirituelles bénéfiques et maléfiques.

Il existe donc une inversion dans la transformation d'identité que la mort guerrière impose au Karajá et à son ennemi; le premier devient un agresseur de sa propre société, le second presque un protecteur.

L'**uni** de l'ennemi devient-il pour autant un **woràsã** karajá? Pas tout à fait. L'écart ontologico-culturel, séparant l'**Inã** terrestre de l'**Ixã** dans le monde physique, n'est pas effacé dans le monde spirituel et l'esprit de l'ennemi, en tant que pure «ixãcité», conserve la place assignée à cette altérité, à la périphérie de l'espace social. Ainsi, les esprits des ennemis ne sont pas installés dans la maison des hommes, ils ne participent pas aux rituels communautaires, mais apparaissent dans le village lors d'un rituel spécifique. Ils portent des masques de fibres végétales dépouillés de tout ornement, contrastant, d'une part avec les représentations des **woràsã** non masqués et exhibant toutes les marques corporelles de l'identité karajá, d'autre part avec celles des **Inã** cosmiques, aux masques rehaussés de diverses parures de plumes.

Enfin, ces entités spirituelles sont généralement désignées séparément dans leur «ixãcité» (affectation territoriale) respective, en tant que **wou uni**, esprit de mort tapirapé, **aralahu uni**, esprit de mort kayapó, **yrysa uni**, esprit de mort xavante, etc. Spécifions toutefois que le terme de **wou uni**, esprits de morts tapirapé, est utilisé de façon générique dans un cadre rituel pour désigner l'ensemble des esprits des ennemis concernés (*cf.* chapitre III).

Nous le constatons, l'entité spirituelle de l'ennemi ne peut pas être assimilée à un trophée de guerre. A l'inverse du captif tupinamba ou de la tête décorée munduruku, elle n'est pas totalement consommée par la société, expurgée de toute altérité, pour devenir le support symbolique et éphémère d'une mise en scène socio-politique. Attaché à un groupe de parenté, l'**uni** de l'ennemi conserve une identité propre ainsi qu'une existence autonome et contribue, auprès d'autres entités cosmiques, à la reproduction biologique et sociale des Karajá terrestres. Le contrat cosmique habituel lie les ennemis morts aux Karajá vivants: offrande de nourriture cuite contre protection ou non-agression.

LES ÊTRES MASQUÉS

Si la fonction première du masque rituel est de faire surgir le surnaturel au cœur du social, tout en le dissimulant aux yeux des profanes et en réservant sa connaissance à un groupe d'initiés, les masques karajá ont sans conteste rempli parfaitement leur rôle. Cela est d'autant plus étonnant que l'ancienneté du contact de ce peuple indigène avec les Blancs et la facilité d'accès des rives de l'Araguaia ont fait du rituel des masques, ou **ijasò**, le «spectacle indien» le plus vu et le plus médiatisé de toute l'Amazonie brésilienne.

La liberté laissée à tout **tori** (Blanc, chrétien) d'assister aux évolutions des entités masquées a toujours fortement contrasté avec l'extrême réserve des Karajá pour ce qui concerne la divulgation de tout ce qui s'y rapporte, sur un plan tant matériel que cognitif. Aussi, des premiers observateurs muséologues, cherchant le plus souvent vainement à conserver quelques exemplaires des splendides masques de paille et de plumes jadis réalisés et, tout comme aujourd'hui, obligatoirement brûlés à la fin du rituel, aux générations successives d'ethnologues s'efforçant d'en comprendre la symbolique, les interrogations se sont transmises et ont contribué à entretenir autour des masques **inã** un halo de mystère d'autant plus déroutant que ces derniers ont constitué un noyau de diffusion important au sein des groupes ethniques du Brésil central (Indiens Gê, Tapirapé et Xinguanos).

Je présumais avant de commencer mon enquête sur le terrain que, comme dans la plupart des sociétés traditionnelles, tout ce qui avait trait au surnaturel était censé relever exclusivement du domaine masculin et qu'en tant que femme, je risquais de commencer avec un certain handicap. Quel ne fut pas mon étonnement de constater que mon statut de **tori** annulait mon identité sexuelle et que je pouvais librement pénétrer dans la maison des hommes, **ijoi heto**, ou maison des **ijasò**, **ijasò heto** — là où sont conservés les masques le temps du rituel — et dont l'accès est encore aujourd'hui formellement interdit aux femmes et aux enfants karajá. Ne tenant pas à renforcer ma nature étrangère par un comportement irrespectueux et sentant le piège se refermer, je déclinai l'invitation et ne revins jamais sur cette décision, malgré l'envie intense qui me tenaillait de pénétrer dans ce lieu sacré, où mon esprit surexcité imaginait que la Connaissance me serait immédiatement révélée.

Il est vrai que la maison des hommes reste le lieu de la diffusion et de la transmission d'un savoir plus ou moins ésotérique, dont la propriété masculine est justifiée par la référence à des catastrophes mythiques dues à l'indiscrétion ou à l'inconvenance de femmes ou d'enfants. Il n'en reste pas moins que les femmes sont loin d'être ignorantes de la constitution de leurs univers et que l'interdiction qui pèse sur elles a trait plus spécifiquement au contact physique avec les entités représentatives d'autres niveaux cosmiques. Il est entendu que les femmes savent, mais elles ne doivent ni parler, ni s'approcher, ni même dans certains cas simplement regarder.

Cette retenue féminine est digne de respect pour les hommes qui, en cas de curiosité excessive d'une imprudente pénétrant dans la maison des **ijasò**, sont en droit de lui ôter toute dignité en lui appliquant le viol collectif. L'indécence des femmes tapirapé qui ne portent pas de cache-sexe est ainsi expliquée par les hommes karajá; ces dernières ont été dévêtues par les hommes tapirapé, après que certaines d'entre elles eurent pénétré dans la **takana** masculine, où étaient conservés les masques **anchunga**. Depuis ce jour, aux dires des Karajá également, elles peuvent y entrer librement et, comble de l'hérésie, toucher les masques. Il est intéressant d'ajouter que, selon les Karajá et même les Tapirapé, c'est le vol de certains masques **ijasò** par ces derniers qui mit fin à la cohabitation de ces deux peuples dans l'île du Bananal (partie orientale de l'île) et ouvrit les hostilités (Wagley, 1977a:375).

Contrairement aux Tapirapé, chez les Kayapó-Xikrin (Gê septentrionaux), les masques **ijasò** empruntés aux Karajá sont les seuls à ne pouvoir être vus par les femmes et les enfants et suscitent chez les hommes, sinon la crainte, du moins une vénération inhabituelle chez ce groupe indigène (Vidal, 1977:179).

Physiquement mises à distance des entités surnaturelles, les femmes karajá n'en jouent pas moins un rôle important auprès de ces dernières, en tant que «mères» d'**ijasò** et même d'esprits de morts ennemis, ainsi que nous le verrons plus avant.

En fait, je pus constater que, d'une façon générale, il était beaucoup plus aisé d'obtenir d'un interlocuteur **inã**, qu'il soit homme ou femme, des récits sur la genèse cosmique ou sur l'organisation de l'univers karajá, que de se faire expliquer le pourquoi et le comment de représentations rituelles d'entités cosmiques, notamment masquées. Je compris progressivement que le masque rituel karajá ne se contentait pas, ainsi que l'imaginaire occidental le croit trop souvent, d'assurer la représentation d'entités spirituelles, de nature animale ou humaine, plus ou moins hostiles à la communauté des vivants, maîtrisant ainsi les esprits d'êtres morts par des supports symboliques. Par son pouvoir de rupture du réel, de transgression des frontières, le masque permettait de façon plus efficace et plus délicate d'étendre le corps social aux dimensions du cosmique. La question essentielle était alors de savoir pourquoi certaines entités cosmiques nécessitaient le port d'un masque ou, inversement, ce que la représentation masquée et sa symbolique conféraient à l'identité de certains êtres surnaturels.

Il n'existe pas dans la langue karajá un terme spécifique pour désigner le masque, mais différentes appellations renvoyant à différentes entités masquées. Une distinction fondamentale est toutefois opérée entre les représentations masquées dites **ijasò** et les autres. La notoriété conférée aux premières par les observateurs a d'ailleurs souvent éclipsé la spécificité, voire l'existence, des secondes. Cette différenciation peut être réduite à une opposition à plusieurs niveaux de comparaison.

Sur un plan terminologique, l'appellation générique, voire exclusive, d'**ijasò** contraste avec la pluralité nominative des non-**ijasò**, de façon d'autant plus paradoxale, en apparence, que les représentants de la première catégorie sont originaires des trois niveaux cosmiques, alors que ceux de la seconde sont tous terrestres.

Sur le plan morphologique, l'opposition se confirme. Les **ijasò**, à de très rares exceptions près, sont des représentations duelles. Les non-**ijasò**, esprits des morts ennemis exceptés, apparaissent sous une forme unique ou multiple. De plus, les premiers ont une morphologie tripartite complète — tête (**ra**), milieu, tronc (**we**) et bas, jambe (**ti**) —, alors que les seconds sont généralement composés, au plus, de deux éléments. Il ne s'agit parfois que d'une figure informe, sans distinction entre la tête et le corps. Enfin les masques **ijasò** sont les seuls à arborer sur la tête des ornements de plumes, sous forme de coiffe (**ra heto**), ou de motifs (**ra hyti**), spécifiquement karajá. Humains, les **ijasò** le sont également beaucoup plus, puisque, dans leur grande majorité, ils chantent et dansent suivant des règles précises, alors que les autres êtres masqués s'expriment dans un langage inarticulé (non karajá) et ont souvent des mouvements désordonnés.

Sur un plan sociologique enfin, les **ijasò** sont les seuls à pénétrer jusqu'au cœur de la société, à savoir la maison des hommes, dont ils sont en quelque sorte les propriétaires, puisqu'elle est appellée **ijasò heto**, maison des **ijasò**. L'expression **heto kre**, morceau de maison, est également utilisée pour la désigner car, ouverte sur le côté opposé à la ligne des unités domestiques, cette structure ne possède que trois parois. Jadis à la saison sèche, lorsque les Karajá s'installaient sur les plages, ils se contentaient d'ériger une simple palissade en forme de demi-cercle et sans toit. Notons également que les chemins, reliant la maison des hommes aux unités uxorilocales, sont appelées **ijasò ube**, ou **heto kre ube** (**ube** désignant la plante des pieds), en opposition aux **ixã ube**, chemins de l'espace domestique. Les masques **ijasò** sont à la fois fabriqués et conservés dans la maison des hommes durant tout le temps du rituel, ce qui n'est pas le cas des autres représentations masquées qui n'y entrent jamais, ou n'y résident pas. Ces dernières, fabriquées à l'extérieur du village, ou en un lieu spécialement aménagé pour la manifestation cérémonielle, font des apparitions rapides, tant dans l'espace domestique que dans l'espace rituel.

Enfin, la manipulation des **ijasò** concerne toute la collectivité masculine, adultes et adolescents (une fois initiés), et d'une façon plus générale, le rituel **ijasò** fait participer activement l'ensemble de la communauté, hommes et femmes, alors que les autres entités masquées ne font intervenir que ses membres masculins en nombre plus ou moins limité. Seuls les masques **ijasò** dansent avec les femmes et les fécondent, seuls également ils sont capables de transmettre une énergie vitale, nécessaire principalement aux jeunes enfants, aux vieillards et aux initiants, lesquels, nous le verrons dans l'analyse des rituels, se frottent à leurs masques ou sont portés par eux.

Pour toutes ces raisons, il me parut évident que les représentations **ijasò** étaient porteuses d'une identité proprement **inã**, contrastant avec l'altérité des autres entités masquées, qu'elles s'inscrivaient au cœur même de la société et de la culture karajá et qu'elles ne pouvaient par conséquent être réduites à de simples esprits de la nature — animaux ou plantes —, comme il avait été suggéré par la plupart des observateurs

(Krause, 1940/43; Gow-Smith, 1925; Ehrenreich, 1948; Dietschy, 1970/71). Sur la base de son expérience chez les Javaé, Amaral de Toral fut le premier à souligner le caractère humain des **ijasò** qui, selon lui, représentent pour ce sous-groupe karajá les entités spirituelles des **Inã** restés au fond des eaux.

Chez les Karajá de l'amont de l'Araguaia, on peut constater deux choses au sujet des **ijasò**: l'ambiguïté de leur identité et leur affectation aux trois niveaux cosmiques, l'un et l'autre aspects étant d'ailleurs liés. Ces êtres masqués portant dans leur grande majorité des noms d'animaux, leur appellation traduit généralement leur appartenance au milieu céleste, aquatique ou terrestre. Interrogé sur le lien existant entre l'animal et l'**ijasò** qui porte son nom, le Karajá est catégorique: l'**ijasò** n'est pas un animal, ni n'en représente l'esprit. L'**ijasò** est **inã**, même si son identité nominale est animale et cela à double titre. En effet, le terme **ijasò** désigne également le poisson *aruanã* (*Osteoglossum bicirrhosum*). La nature exclusivement nominale, voire apparente, de l'identité animale de cette entité masquée est d'ailleurs soulignée par le terme **ni** signifiant le nom, ou l'apparence, que l'on accole à l'appellation de l'**ijasò**, lorsque celle-ci est animale. Citons comme exemple:

Dore-ni ijasò:	**ijasò** pareil à (ou au nom de) perroquet
Ture-ni ijasò:	**ijasò** pareil à (ou au nom de) *pirarara* (poisson *Phratocephalus hemiliopterus*)
iobese ijasò:	**ijasò** au visage large
irahetotiorea ijasò:	**ijasò** à la tête coiffée de deux antennes

Morphologiquement parlant, le masque ne reproduit pas l'aspect de l'animal dont il porte le nom. Hormis quelques cas particuliers, le masque **ijasò** a une forme bien spécifique, notamment une tête cylindrique (*cf.* photos 18 à 20) qui permet de l'identifier, non seulement parmi les autres représentations masquées karajá, mais aussi en tant que masque d'origine karajá chez d'autres groupes indigènes du Brésil central, où il s'est diffusé.

Il est vrai que les contours de cette forme type pourrait faire penser à une silhouette ichtyomorphe, que viendrait confirmer dans certains cas une paire d'antennes sur le haut de la tête comparables aux barbillons des poissons sans écailles ou, de façon plus troublante, du poisson **ijasò** (*aruanã*), seule espèce fluviale à écailles en possédant. L'ambivalence morphologique (écailles-barbillons) propre à cette espèce d'ichtyofaune est sans doute à même, dans la pensée karajá, de traduire la nature amphibologique de l'entité surnaturelle qui porte son nom.

L'ambiguité sur l'identité, malgré sa subtilité, est donc évidente, notamment pour les **ijasò** originaires du fond des eaux qui sont nettement les plus nombreux. Chaque poisson, crocodilien ou chélonien, constitutif de la faune de l'Araguaia, donne son nom à un **ijasò**, ce qui est loin d'être le cas pour les oiseaux et les animaux terrestres. S'ajoutent à ce corpus nominatif de type systématique quelques appellations diverses, plutôt de type descriptif, faisant par exemple référence à la forme ou à la couleur de la tête de l'**ijasò**.

Le nombre de ces entités masquées est par conséquent important. De nos jours nonobstant, ne sont plus représentées chez les Karajá de l'amont qu'une douzaine d'entre elles. Plusieurs raisons concourent à cet appauvrisement culturel: oubli progressif des caractéristiques propres à chaque **ijasò**, perte du savoir technique nécessaire à la fabrication des masques, difficultés croissantes à se procurer les matériaux servant à la confection et surtout à la différenciation des entités masquées, à savoir essentiellement les plumes de diverses espèces d'oiseaux.

A titre d'exemple, indiquons que les dessins polychromes effectués jadis sur la tête des **ijasò**, selon la technique de la mosaïque de petites plumes par collage avec de la cire d'abeille, ont été progressivement réalisés avec des morceaux de tissus, ce qui contribua à appauvrir singulièrement la symbolique de la représentation masquée. A ce propos, les Karajá de l'amont rappellent avec fierté que ce fut le Président de la République Getulio Vargas en personne qui leur offrit le premier ce matériau de substitution, constatant la difficulté qu'ils avaient déjà au début des années 40 à se procurer les espèces d'oiseaux en voie de disparition.

Développant l'affirmation d'Amaral de Toral, on peut estimer que les **ijasò** ne sont pas uniquement les entités spirituelles des **Inã** restés au fond des eaux, mais sont la représentation de la totalité des **Inã** cosmiques, sous leur triple aspect céleste, terrestre et aquatique. Bien distingués des esprits des morts karajá, **uni** ou **woràsã**, les **ijasò** sont néanmoins de nature spirituelle, dans la mesure où ces représentations masquées incarnent dans leur dualité l'essence parfaite d'êtres vivants, membres d'une même communauté humaine et culturelle, mais différenciés à la suite d'une séparation cosmique, ainsi que l'indique leur valence animale respective.

On ne peut alors s'empêcher de rapprocher ces entités karajá des **aroe** bororo, essences transcendentales et duelles de tout être vivant constitutif de l'univers naturel de ce peuple indigène voisin des Karajá, car il existe entre elles plusieurs points communs. Certes, il s'agit dans le cas bororo d'entités en partie totémiques à fonction nominative et classificatoire, dont l'animalité est humanisée grâce à leur incarnation métaphorique et métonymique par des êtres sociaux. Dans le cas karajá, à l'inverse, ce sont des entités humaines, dont on a accentué la part animale de l'identité par une représentation masquée.

Dans l'un et l'autre cas, toutefois, la dualité est fondamentale, s'exprimant sous deux aspects, voire deux dimensions. Une dualité horizontale opposant l'homme à l'animal, la culture à la nature, et posant cette opposition comme inhérente à tout corps constitué, du cosmos à l'être humain. Mais également une dualité verticale, plus subtile, instaurant au sein de toute entité homogène, ou famille d'identiques, une dissociation à caractère non antinomique, entre un élément supérieur et un élément inférieur.

Les **ijasò** sont porteurs de cette double dualité. Le masque joue sur cette identité ambivalente de l'humanité / animalité, de l'homme issu de l'animal, de l'animal issu de l'homme, métamorphoses mythologiques donnant naissance à l'homme véritable, l'**Inã** terrestre. L'humain ne se différencie jamais radicalement de l'animal. Il se contente plus exactement, au fil de son processus génésiaque, de changer d'animalité, passant d'une variante aquatique à faible degré d'altérité à une variante terrestre à plus fort degré de contraste, puis inversement.

Le second type de dualité, que je qualifie de vertical, est traduit par les **ijasò** au moyen d'un masque double. Les observateurs ont généralement interprété cette dualité (paire d'**ijasò**) comme étant, soit la duplication du «même» (paire d'identiques), soit à l'inverse l'expression d'une opposition à connotation sexuelle (élément mâle, élément femelle). Je préfère adopter une interprétation médiane. Cette dualité n'est pas de nature antithétique, mais traduit un simple décalage, une distinction asymétrique au sein de l'identique. En clair, les deux éléments de la paire **ijasò** sont de même nature, l'un étant toutefois plus achevé que l'autre, l'un étant supérieur à l'autre, ce qui sociologiquement peut s'exprimer par la distinction aîné / cadet.

Cette différenciation asymétrique est d'abord exprimée terminologiquement par la référence à deux catégories d'âge masculines successives; un élément de la paire est appelé **ijasò bodu**, l'autre, **ijasò raruna**. Le **weryry bodu** est le jeune garçon en fin d'initiation, déjà en possession de l'étui pénien et du premier labret. Il attend que ses cheveux repoussent pour accéder aux parures de plumes et à la scarification tribale sur le visage. Le **weryry raruna**, un peu plus âgé, est lui déjà porteur de tous les insignes sociaux et ethniques et arbore fièrement la première coiffe de plumes de petite dimension appelée **raruna**.

La différence entre les deux éléments de la paire **ijasò** se confirme sur le plan physique, quoique de façon fort discrète. De fait, dès que celle-ci se fait plus nette, tendant vers l'opposition, comme par exemple une distinction chromatique dans le vêtement de buriti d'un **ijasò** spécifique, cela justifie l'existence de deux paires de masques (**ijareheni lyby**, **ijasò** pareil à — ou au nom de — lézard noir, **ijareheni ura**, **ijasò** pareil à — ou au nom de — lézard blanc).

En ce qui concerne l'ornementation de la tête du masque, la constatation a également été faite et de façon détaillée par l'ornithologue Dante Luis Martin Teixeira en 1980. Après avoir souligné l'extrême difficulté de tirer des conclusions précises sur l'utilisation exclusive d'espèces d'oiseaux pour la fabrication des ornements des **ijasò** et leur différenciation, compte tenu de la «grande flexibilité dans la confection», due à la disparition de nombreuses espèces d'avifaune du territoire des Karajá, ce chercheur remarque toutefois l'asymétrie ornementale existant entre les deux éléments de la paire de masques. Elle se traduit à première vue par une inégalité plus ou moins grande dans la variété des espèces utilisées:

> «Il convient de noter que pour au moins un des quatre masques d'Arutana, la différence entre les deux individus de la paire est criante (11 espèces / 4 espèces). Pour deux autres masques, la différence est moins importante (11 espèces / 9 ou 8 espèces), diminuant encore plus pour le dernier masque jusqu'à une quasi égalité (8 espèces / 7 espèces). Malgré tout, il s'avère que dans tous les cas l'un des membres de la paire est plus orné, ce qui doit avoir une signification.» (1980:23).

Parallèlement, Teixeira observe que dans le cas d'un accès possible à deux espèces d'oiseaux faisant partie d'une même famille, il y a exclusivité des deux types de plumes entre les deux éléments de la paire d'**ijasò**. Cette observation ne put être faite qu'avec les deux espèces d'ara «familiarisées» par les Karajá: l'ara bleu (*Ara ararauna*), et l'ara rouge (*Ara macao*). Le second mode de distinction a sans doute plus de valeur symbolique que le premier et doit constituer la version originelle de la représentation de cette dualité asymétrique existant entre les deux éléments de la paire de masques.

De fait, les Karajá opèrent le même type de différenciation au sein de l'identique dans le monde animal. Pour l'avifaune en particulier, à une diversification classique des familles d'oiseaux, basée essentiellement sur les différents modes de prédation et d'alimentation (charognards, chasseurs, pêcheurs, etc.), s'ajoute une distinction interne à ces groupes de parents ou, plus exactement de germains, établie sur l'ordre de naissance.

La dualité verticale de type asymétrique est enfin confirmée par une distinction vocale entre les deux éléments de la paire **ijasò**. Ces derniers, incarnant une seule et même entité, évoluent côte à côte, qu'ils se donnent le bras ou non, émettent les mêmes sons ou les mêmes paroles et suivent la même chorégraphie. Cependant, s'il y a toujours synchronie gestuelle, les deux voix se distinguent entre elles régulièrement au cours du chant ou du cri, par un décalage à la fois tonal et temporel (*cf.* chapitre III).

Pas d'opposition donc entre les deux éléments de la paire **ijasò**, mais pas de totale identité non plus. Cette germanité asymétrique est très présente dans la mythologie karajá. Toute paire de héros ou simples protagonistes mythiques (que ce soient deux hommes ou deux femmes), est généralement constituée de deux germains dans un rapport aîné / cadet. Cette paire asymétrique de germains classificatoires (distinguée de la germanité réelle, de type utérin, n'opérant terminologiquement aucune différenciation, ni de sexe, ni d'âge) est également porteuse d'une symbolique matrimoniale. Il est dit dans le mythe du massacre des Karajá par le feu que le peuple des **Inã** terrestres put se reconstituer grâce à un échange de sœurs adoptives (ex-animaux familiers qui, de perroquets, se transformèrent en deux jolies jeunes filles), réalisé par les deux seuls survivants, deux germains classificatoires aîné / cadet (*cf.* supra). La danse de la paire d'**ijasò** avec une paire féminine reproduirait ainsi, selon les Karajá, cet épisode mythique, en instaurant de surcroît la règle d'alliance **inã**, basée sur la prohibition de mariage avec les sœurs trop proches.

Bien que la dramaturgie **ijasò** ne se réduise pas uniquement à cela, il est évident qu'il s'agit dans la danse de masques, selon l'expression de Dietschy (1960:3), «de fertilité ou même de mariage». Une certaine interaction fertilisante s'opère durant la danse entre les partenaires de sexe opposé. Du côté féminin — jeunes filles nouvellement pubères ou femmes mariées désirant être mères —, la capacité biologique de reproduction est censée être renforcée par la mise en présence avec les entités spirituelles. Du côté masculin, les interprètes des **ijasò** sont en grande partie des adolescents. Il est dit que les jeunes filles expriment leur préférence matrimoniale en choisissant leurs partenaires de danse, bien que l'identité de ces derniers soit strictement occultée sous celle des entités masquées. Enfin, il est affirmé que les **Inã** cosmiques, représentés par les masques, sont eux-mêmes des adolescents et qu'ils se marient une fois de retour dans leur sphère d'origine.

La garantie d'alliance et donc de reproduction sociale semble ainsi reposer sur cette dualité asymétrique. Il faut «être deux», à la fois semblables et différents, pour permettre l'échange et créer du socius, ce qui est impossible pour les êtres terrestres des régions inhabitées, du fait de leur trop forte altérité et de leur unicité. L'adéquation symbolique: appariement du masque — relation d'alliance, est également confirmée de façon inverse. Ainsi que nous le verrons plus avant, les deux seuls **ijasò** à ne pas évoluer par paire sont aussi les seuls à ne pas participer aux danses.

Cette dualité asymétrique est également présente chez l'**aroe** bororo qui, selon les termes de Crocker (1977:164) «va toujours par paire», précisant que «le rapport entre chacun des deux termes de la paire n'est pas essentiellement de ressemblance mais métonymique: plus grand, plus petit; aîné, cadet; premier, deuxième, etc.». Complétée par une véritable taxinomie anatomique, cette division binaire de l'entité spirituelle et nominative bororo organise le champ de la consanguinité en différenciant au sein du clan possesseur de l'**aroe** deux sous-clans, puis des groupes de noms.

Ni nominatif, ni classificatoire, l'**ijasò** karajá laisse pour sa part entrevoir dans sa dualité asymétrique d'entité socialisée une certaine correspondance entre le champ de la germanité classificatoire et celui de l'affinité réelle.

L'**ijasò** est finalement une représentation de dimension cosmique à plus d'un titre. Par sa dualité bi-dimensionnelle, à la fois horizontale et verticale, il reproduit la structure même de l'univers karajá sous ses aspects cosmologique et sociologique. En outre, il se joue de l'espace et du temps. Réalité céleste, aquatique ou terrestre, se conjuguant au passé, futur ou présent, il permet le temps d'un rituel d'abolir toutes les frontières, de nier toutes les ruptures, de reconstituer le tout cosmique, l'«inãcité» dans son indifférenciation originelle.

De là la difficulté qu'il y a à définir de façon précise cette entité masquée. Incarnant l'**Inã** cosmique dans une perspective diachronique, où se mêlent le réel, le mythique et le devenir *post-mortem*, les **ijasò** sont tout à la fois des êtres primordiaux, des héros mythiques, des «ancêtres» et de simples vivants. Ce sont finalement eux-mêmes que les Karajá mettent en scène sous le masque duel, dans la pluralité de leurs formes existentielles, à travers l'espace et le temps.

Le masque est l'instrument de la violation des frontières, sans altérer l'ordre établi de l'univers. Brouillant l'identité et adoucissant l'altérité, il peut aussi transformer des êtres dangereux en entités protectrices, ou tout au moins inoffensives pour la société humaine. Les représentations masquées non-**ijasò** renvoient exclusivement à des êtres terrestres, humanisés ou non, se caractérisant par une plus ou moins forte altérité par rapport à l'identité karajá.

Cette différence est marquée par l'absence de dualité ou d'appariement du masque (sauf pour les esprits des morts ennemis), et de langage articulé, ainsi que par une expression humaine et sociale fortement diminuée (pratiquement pas de représentation tripartite du corps; têtes non rehaussées d'une ornementation de plumes et de motifs). Bien que domptées ou domestiquées, ces entités n'en demeurent pas moins, soit des monstres, soit des barbares.

La première catégorie de représentations masquées non **ijasò** concerne les **bede rahy mahadu inã rò du**, habitants de la terre sauvage mangeurs d'**Inã**, décrits précédemment. La représentation la plus élaborée et la plus dangereuse de ces êtres cannibales est l'**aõni hykã**, le grand monstre, qui apparaît lors du rituel d'initiation masculine. La fabrication et la manipulation de son masque unique nécessitent un soin et un savoir particuliers, réservés à un groupe de spécialistes. Ces derniers opèrent loin des regards des autres membres de la communauté, surtout lors de la représentation effective de l'entité terrestre qui doit se faire nuitamment. De fait, le simple contact visuel, même lointain, des femmes et des enfants avec l'**aõni hykã** entraîne leur mort dans le sang, le monstre étant censé dévorer le foie de sa victime. Même les officiants de ce rituel peuvent être dévorés par l'entité et doivent obligatoirement le manipuler à plusieurs.

La tête du masque, façonnée dans une grosse calebasse, a un aspect évidemment effrayant (*cf.* figure 3). Les dents symbolisant l'oralité cannibale et qui, à ma connaissance, n'apparaissent sur aucune autre représentation masquée karajá, ne sont réalisées de façon significative qu'au dernier stade du découpage de la calebasse. Ce sont les cheveux des jeunes garçons, dont on a rasé le crâne pour subir l'initiation, qui sont utilisés sur la tête de l'**aõni hykã**, afin de souligner la forte pilosité de cet être terrestre au niveau du crâne, du nez et de la lèvre supérieure. Autre élément symbolique intéressant entrant dans la composition de la tête du monstre: la cire d'abeille, utilisée pour figurer l'appendice nasal et la crête frontale perpendiculaire, provient de deux figurines utilisées antérieurement dans le rituel d'initiation comme cibles animales, lors d'un jeu à caractère cynégétique, réalisé avec un arc et des flèches miniatures.

Figure 3 – Rituel d'initiation masculine: «grand monstre»

Rassasié de viande rouge (gibier) grillée et après avoir parcouru d'un bout à l'autre l'espace communautaire, domestique et cérémoniel, le masque du grand monstre est enterré face contre terre sur la place rituelle. Dompté, il est censé garantir, sinon une protection, tout au moins une neutralité bienveillante aux hommes karajá qui s'aventureront sur son territoire pour chasser et, tout particulièrement, aux futurs chasseurs que deviendront les jeunes garçons en cours d'initiation. Il est à ce titre éloquent de voir les hommes karajá se précipiter tous ensemble en criant sur la représentation masquée, se frotter rapidement contre elle, puis s'éloigner aussitôt, comme pour ne pas gâcher le bénéfice de «l'immunisation» contre les plus grands dangers obtenue au contact de cet être terrestre.

La même pratique est réalisée avec les masques **ijasò**. Si ces derniers ne peuvent en aucun cas toucher les jeunes femmes avec lesquelles ils dansent et qu'ils sont censés féconder, leur contact physique est recherché par l'ensemble de la communauté à la fin du rituel, avant le retour de ces entités cosmiques vers leur lieu d'origine. Hommes, femmes et enfants se frottent contre les masques, comme pour absorber une partie de l'énergie de ces êtres immortels. Cette énergie est particulièrement nécessaire aux personnes âgées et aux jeunes garçons en cours d'initiation que les **ijasò** semblent fortifier en les prenant dans leurs bras et en les soulevant de terre.

Dans la description ultérieure du rituel d'initiation, on reviendra sur la prestation de l'**aõni hykã** et sur son mode de domestication, comparé à ceux des autres entités cosmiques. Il convenait pour l'heure de caractériser la représentation masquée de l'identité terrestre dans sa version la plus opposée à l'**Inã** aquatique, dans son altérité cannibale.

Cette monstruosité orale inhérente au monde terrestre est concentrée sur le grand monstre et n'apparaît pas dans les représentations des autres êtres originaires de ce niveau cosmique. D'autres habitants de la terre sauvage font irruption au sein du corps social, principalement lors du rituel d'initiation masculine. Les uns sont masqués, les autres non (les masques ne sont que de simples housses de fibres végétales, tissées ou non, posées sur la tête ou sur les épaules), les uns sont alimentés, les autres non, mais tous se manifestent en groupe par des cris ou des sons gutturaux et des gestes désordonnés et souvent menaçants (courses, culbutes, coups de bâton), faisant fuir femmes et enfants.

Une exception toutefois avec **Arabobo**. Cette entité terrestre n'est pas masquée, mais comme l'**aõni hykã**, c'est une figure unique, également cannibale (elle semble toutefois préférer le bas du visage plutôt que le foie de sa victime), qui ne peut être représentée que par le même groupe de spécialistes. Apparaissant aussi lors du rituel d'initiation, cet être terrestre peut passer pour la version légèrement édulcorée du grand monstre. D'après les Karajá de l'amont, **Arabobo** substitue totalement **aõni hykã** chez les Javaé. Il est important de souligner que ces deux entités cannibales distinctes n'apparaissent jamais en paire, mais séparées en deux figures uniques, l'une masquée, l'autre non.

Selon Ferreira Lima Filho (1994:101), le grand monstre serait le grand-père des morts, personnage mythique qui entendit le jeune initiant révéler à sa mère le secret des morts, ce qui déclencha le massacre des Karajá par le feu (*cf.* mythe supra). Quelle que soit son identité, **aõni hykã** reste le paragon de l'altérité extrême, le représentant des habitants de la terre sauvage.

La seconde catégorie de représentations masquées non **ijasò** concerne les esprits des morts des ennemis, des **ixãju** (Indiens voisins des Karajá) et plus rarement des **tori** (Blancs), tués lors des raids de représailles et rapportés au village par les guerriers, comme indiqué précédemment. A ma connaissance, ce sont les seuls masques karajá renvoyant à des entités spirituelles d'êtres décédés. La nature ambiguë des esprits des ennemis, catégorie noologique intermédiaire entre, d'un côté, les **woràsã** (esprits des morts karajá bénéfiques), proches des **ijasò** (esprits tutélaires), de l'autre, les **uni** (esprits des morts karajá maléfiques), parents des **aõni** (monstres), est exprimée au niveau de la représentation masquée. Le masque de l'esprit ennemi, dont la forme diffère en fonction de l'ethnie (Tapirapé, Kayapó, Xavante, etc.), est dépouillé de toute ornementation, mais apparaît sous une forme duelle.

Emanant d'une forme d'humanité terrestre proche de celle des **Inã** de la terre, les esprits des ennemis peuvent être intégrés dans le corps social, adoptés et alimentés par des unités domestiques, sans toutefois être acceptés au sein de la grande famille surnaturelle des Karajá.

Notons que cette ambivalence de l'entité spirituelle de l'ennemi est également présente chez les voisins tapirapé, incarnée par le masque **upé**. Celui-ci, muni de dents, est néamoins porteur de magnifiques parures de plumes, similaires aux ornements de tête de ce groupe tupi. Il constitue d'ailleurs la plus belle représentation masquée des Tapirapé.

Il a été montré auparavant que la dualité (paire de masques) alliée à l'ornementation de plumes, notamment sous forme de motifs, caractérisaient physiquement les représentations **ijasò** par rapport aux autres entités masquées. Il existe toutefois deux exceptions, deux **ijasò** représentatifs des habitants du fond des eaux. Ces masques sont uniques, ne dansent pas et remplissent des fonctions bien spécifiques. Ce sont:

— **Txireheni** — Il est l'interlocuteur privilégié des Karajá avant toute expédition de pêche, ces derniers s'adressant à lui sous le terme de **labie**, grand-père. Il est considéré à la fois comme le maître de la faune aquatique et comme le plus ancien des **Inã** du fleuve. Son masque de calebasse est comparable à celui de **aõni hykã**, sans exhiber toutefois les attributs effrayants du monstre terrestre (ni dents, ni poils, ni cheveux). Ne participant pas aux danses, il a un rôle d'amuseur public auprès des hommes et des femmes. Figure inversée du grand monstre, il est le parent nourricier face à l'ennemi cannibale. **Txireheni** peut être vu également comme l'équivalent aquatique de l'être céleste **Kanaxiwe**, dont il a été question dans les premières pages de la cosmologie, héros mythique à la fois démiurge et trickster, et qui fait parfois figure de père des Karajá terrestres.
— **Lateni** — Il porte le nom (**ni**) d'un poisson (**late**, *peixe-cachorro*, ou *Rhapiodon vulpinus*), connu pour sa forte dentition. Certaines de ses dents pouvant mesurer plus de 3 cm, elles sont utilisées par les hommes karajá pour pratiquer les scarifications corporelles. Ce symbolisme prédateur souligne le caractère quelque peu redoutable de cette entité aquatique qui représente le gendarme, la figure punitive des **Inã** cosmiques auprès des Karajá non respectueux des règles de bon fonctionnement du cosmos et de la société. Il est le Père Fouettard des enfants et le seul **ijasò** à pénétrer dans les maisons, afin de rappeler aux adultes l'obligation de partage de nourriture entre eux et d'alimentation des **Inã** cosmiques. Pourvu d'une tête de forme cylindrique comparable à celle des autres **ijasò**, mais non recouverte de dessins de plumes, et armé d'un long bâton ou d'une baguette terminée par une dent de **late**, il se déplace généralement en courant à travers l'espace domestique et rituel. Il existe selon les Karajá une version en paire du **Lateni** qui, elle, danse.

Dans le cas des **ijasò**, l'unicité singularisante, qui va de pair avec un comportement atypique, semble souligner la possession de quelque pouvoir ou autorité, d'un statut supérieur à ceux des autres êtres cosmiques. Sous une forme caricaturale, la fonction de père nourricier de **Txireheni** et celle de gardien des règles sociales de **Lateni** font directement référence à la nature spécifique des **Inã** aquatiques et à leur rôle vis-à-vis des Karajá terrestres.

On est également tenté de rapprocher ces deux fonctions sociales de la figure du chef politique traditionnel chez les Karajá, comme chez la plupart des groupes des basses terres d'Amérique du Sud, et d'en déduire par conséquent que, si les **Inã** célestes incarnent la fonction chamanique (notamment à travers la figure du **hyri hykã**, grand chamane, **Xibure**), leurs homologues aquatiques les imitent avec la fonction de chef politique.

De la même façon, la représentation unique du grand monstre émerge de la collectivité masquée des entités terrestres animalisées en concentrant le pouvoir destructeur de cette catégorie cosmique et en incarnant le pire ennemi, le cannibale.

Pour conclure sur les êtres masqués, tentons de mieux cerner la symbolique du masque dans la pensée cosmologique karajá. Contrairement à l'idée généralement admise dans les études consacrées aux représentations masquées dans les sociétés traditionnelles (Pernet, 1988), l'équivalence masques = esprits des morts n'est pas vérifiable chez les Indiens de l'Araguaia. Dans leur grande majorité, les masques font référence à des êtres vivants, peuplant l'univers de ce groupe indigène. Seuls les esprits des ennemis tués à la guerre sont masqués et je pense qu'ils le sont, non pas en tant qu'esprits de morts, mais en tant qu'ennemis, à savoir représentants, autant morts que vivants, d'une identité terrestre sinon opposée du moins distincte de celle des Karajá.

Nous avons pu observer auparavant que le mort ne devient une altérité dangereuse que s'il échappe au traitement funéraire de réinsertion dans l'espace socialisé de l'humanité **inã**, lui évitant la dérive vers l'animalité terrestre. Avec ses divisions intra et intercommunautaires qui se manifestent lors du rituel d'initiation masculine, la collectivité des morts apparaît comme la duplication de la société des vivants, plutôt que son antithèse. Les esprits des morts karajá, ou **woràsã**, occupent une place importante dans la vie quotidienne (chasse, pêche) et cérémonielle de ce groupe indigène. Ils ne sont pas masqués et sont représentés par des hommes adultes ou adolescents, parés des plus beaux ornements corporels karajá. Enfin, les morts **inã** ne sont pas possédés, ou adoptés par des groupes sociaux, comme le sont les **ijasò** et les esprits des morts ennemis; on les appelle au contraire **wedu**, maîtres, possesseurs.

Il n'existe donc pas de clivage entre les morts et les vivants, comparable aux ruptures mythiques divisant les trois peuples **inã** cosmiques, ou aux frontières séparant les Karajá de l'Araguaia des êtres terrestres, humains ou non. Et c'est justement là où il y a rupture qu'intervient le masque, que l'entité soit bénéfique ou maléfique, qu'elle émane d'un être vivant ou décédé.

Certes, la représentation masquée est aussi détentrice chez les Karajá de cette fonction quasi universelle qui consiste à conférer un support matériel aisément modulable à des entités spirituelles que les humains peuvent ainsi maîtriser, apprivoiser, en les alimentant notamment.

Mais si l'on élargit la perspective cosmologique, on s'aperçoit que le masque est avant tout un instrument de mise en communication des différents étages de l'univers, de réduction au sein du corps social d'un monde hiérarchisé et compartimenté en une communauté indivise et indifférenciée, qui fut celle des origines de l'humanité. Ce que dansent finalement les **ijasò** sur la place publique, c'est l'«inãcité» reconstituée, le cosmos dans son unité originelle.

ENTRE L'HOMME ET LE MONSTRE: L'ANIMAL

Dans la pensée karajá, l'animalité, au sens littéral du terme, est intrinsèquement liée à l'humanité sous ses différentes formes existentielles. Comme le symbolisent les masques **ijasò**, l'être **inã** est imprégné d'une identité animale propre à chaque niveau cosmique, qu'elle soit innée ou acquise.

Il n'existe pas dans la langue karajá un terme générique distinguant l'ensemble des animaux de la communauté des humains. De fait, les deux groupes ne sont pas opposables, car ils ne constituent pas deux entités homogènes. A l'image de l'humanité, l'animalité se présente comme un continuum borné, d'un côté par des êtres à valence trop humaine, de l'autre par des êtres à valence trop animale. Les véritables animaux, à l'instar des véritables hommes (**Inã** terrestres), occupent la partie centrale du schème classificatoire, ce qui rend les premiers assimilables, d'une façon ou d'une autre, par les seconds. Voyons comment cela se traduit dans les trois grandes familles animales distinguées par les Karajá.

Les **utura**, poissons, constituent la nourriture ancestrale, proprement **inã**. Ils font toutefois l'objet de certaines prohibitions temporaires ou permanentes déterminées à partir de différents critères: régime alimentaire de l'espèce, traits physiques, comportement, consistance de la chair (grasse ou sèche). Les interdictions à caractère provisoire s'appliquent essentiellement aux femmes enceintes ou venant d'accoucher (couvade d'un mois). Les prohibitions à caractère permanent concernent les enfants et les adolescents. Seules les personnes âgées peuvent consommer tous types de poissons. Quelques exemples:

— d'une façon générale les poissons sans écailles, ou siluriformes, ne sont pas consommés, car ce sont des «mangeurs de terre»; de fait c'est dans la vase que la majorité d'entre eux trouvent les petits organismes et les détritus dont ils se nourrissent;
— on ne consomme pas la tête des poissons qui se laissent pêcher trop facilement, car ils sont pourvus de peu d'intelligence, d'une ouïe ou d'une vue défectueuse;
— une femme enceinte ne mange pas de poissons:
  . aux dents irrégulières ou trop acérées; cela donnerait une mauvaise dentition ou attaquerait les dents de son enfant;
  . aux tripes trop grosses; cela ferait grossir le cordon ombilical qui aurait du mal à tomber, ou doterait son enfant mâle d'un pénis trop gros;
  . à la bouche allongée, aux yeux bleus ou jaunes, etc.; cela entraînerait les mêmes caractéristiques chez l'enfant;
  . à la chair trop grasse, incompatible avec un excès de sang; cela s'applique également durant la couvade;
— les enfants et adolescents ne peuvent manger de poissons:
  . à la chair sèche ou trop grasse; dans les deux cas, cela favorise le vieillissement par amaigrissement ou grossissement;
  . aux dents trop acérées; cela nuit à la bonne pousse des cheveux, notamment à la catégorie d'âge des jeunes garçons **bodu**, dont le crâne a été pratiquement rasé lors de l'initiation.

Les poissons s'inscrivent dans la classification de la faune aquatique entre, d'une part des ex-**Inã** (dauphins) ou des avatars d'**Inã** fluviaux (pirarucus), tels qu'ils ont été décrits précédemment, de l'autre, des créatures mangeuses d'hommes, grandes ou petites. Pour ces dernières, il s'agit principalement des familles bien connues des crocodiliens et des piranhas, mais aussi celle des *candirus* (*Vandellia cirrhosa*), petits poissons ne mesurant pas plus de 3 à 5 cm de long, mais capables de dévorer l'intérieur du corps humain, après y avoir pénétré par l'urètre ou par le vagin.

En ce qui concerne les mammifères terrestres, produits d'une régression humaine, que souligne leur appellation d'**irò du**, «celui/ceux qui pue(nt)», la marge d'animalité pure, ni trop proche de l'humanité, ni trop éloignée, est beaucoup plus restreinte. L'appartenance des animaux terrestres à un monde de mort, de sang et de pourriture, fait de leur chair, d'une façon générale, une nourriture impropre à la consommation par l'humanité karajá, en tous cas formellement interdite aux femmes et aux enfants. L'exemple du tapir est le plus caractéristique; friand de bois pourri, il fait l'objet d'une prohibition alimentaire générale.

Le fort degré de différenciation qui caractérise le monde terrestre accentue l'importance des extrêmes sur le continuum classificatoire. D'un côté, l'altérité cannibale y est bien représentée sous forme de nombreux **aõni iròdu**, monstres animaux, comprenant notamment les félidés, les ophidiens et les insectes venimeux. Il est à noter que la monstruosité du serpent aquatique relève d'une nature terrestre, puisque cet ophidien dangereux habite principalement les zones lacustres à l'intérieur des terres. De l'autre côté, l'humanité originelle des mammifères terrestres colle encore à la peau de nombre de ses représentants, interdisant leur consommation par les Karajá. C'est le cas principalement de la famille des singes ou de celle des fourmiliers, ces derniers ayant conservé leurs «mains d'enfants».

Le statut de l'**ixã**, pécari à lèvres blanches (*Tayassu albirostris*), est à cet égard intéressant, comparable à celui du poisson pirarucu ou **bàdolee**. Ces deux animaux sont en effet situés à la frontière des deux humanités cosmiques, respectivement terrestre et aquatique. Le pécari, animal grégaire attaché à un territoire, est considéré comme la forme la plus humanisée de l'animalité terrestre, proche de l'«ixãcité» dont il porte le nom. Le pirarucu, poisson vigoureux, intelligent et prenant grand soin de sa progéniture, constitue parallèlement la forme la plus humanisée de l'animalité aquatique, proche de l'«inãcité» qu'il incarne morphologiquement. Aussi, l'un et l'autre, en tant qu'animaux humanisés, sont-ils tués, pour être consommés, pratiquement comme des humains, c'est-à-dire avec l'arme de guerre par excellence, le gourdin (*cf.* chasse-pêche, chapitre I).

C'est dans un même rapport analogique, mais dans une position inversée par rapport au pécari et au pirarucu, que sont liés le singe hurleur (dont l'appellation karajá **asã** est sémantiquement proche du terme **sã**, parent) et le dauphin, **buhã**, pour lesquels la mythologie renforce la valence humaine par des origines plus aquatiques que terrestres. De fait, ces deux animaux sont les produits de métamorphoses d'**Inã** (Karajá terrestres) et non d'**Ixã** (humains terrestres), réalisées dans un contexte cérémoniel. Ce furent d'une part, de jeunes initiants qui, s'échappant de la maison de réclusion et grimpant aux arbres pour ne pas être rattrapés, se transformèrent en singes capucins; d'autre part, de vieux responsables rituels (**mahadu ijoi**), qui ayant échoué dans la préparation d'une nourriture contraire à leur nature, sont descendus vers le fleuve et se sont changés en dauphins. Ces deux animaux représentent ainsi les formes les plus animalisées des humanités terrestre et aquatique. En tant qu'humains, même animalisés, ils ne sont donc pas tués pour être consommés.

Deux familles animales sont considérées comme des catégories intermédiaires entre les **iròdu** et les **utura**, entre le monde terrestre et le monde aquatique et, à ce titre, rapprochées d'une façon ou d'une autre des esprits des morts karajá, **woràsã**. Il s'agit, d'une part, des loutres, mammifères terrestres excellant à la nage et à la pêche, créatures grégaires au poil sombre, dont l'espèce la plus grande (*Pteronura brasiliensis*), ou **jure**, constitue le parfait avatar des **woràsã**. Ce sont, d'autre part, les chéloniens aquatiques — tortue d'Amazonie et *tracajá* (*cf.* chapitre I - note 5) —, qui sont classés comme **bero iròdu**, «animaux terrestres de l'eau». Vivant dans l'eau, mais déposant leurs œufs dans des trous creusés sur les berges basses des fleuves, attrapées comme des poissons, mais conservées et alimentées dans des enclos (voire même traitées comme des animaux familiers par les **Inã** aquatiques), les tortues ont en outre une chair proche de celle des animaux terrestres et sur laquelle s'appliquent des prohibitions alimentaires provisoires ou permanentes assez strictes. La *tracajá*, la plus grasse des deux, est généralement réservée aux personnes âgées et considérée comme un des mets préférés des esprits des morts. Notons que la tortue terrestre, *jabuti,* est classée comme **iròdu** et n'est pas consommée par les Karajá.

Le problème de la détermination de la véritable animalité ne se pose pas en ce qui concerne les oiseaux, ou **nawii**. Trop éloignée des **Inã** terrestres par ses origines et sa morphologie et ne comprenant pas en son sein de monstres cannibales, l'avifaune ne reproduit pas le même schème classificatoire que ses homologues de la terre et de l'eau. Notons toutefois que la mythologie confère à certains oiseaux (nandou, canard *marreca*) une humanité terrestre originelle dont **Kanaxiwe**, le héros transformateur, les dépouille en leur volant la pirogue et les instruments agricoles (*cf.* supra). Il est important de souligner que ni l'aigle harpie, ni le vautour-pape, ne sont considérés comme des **aõni** (monstres) par les Karajá. Dans la mythologie, leur grandeur ou leur puissance est traduite en termes de création ou de possession.

En outre, à de très rares exceptions près, l'oiseau ne constitue pas une source d'alimentation pour les Indiens de l'Araguaia, mais d'ornementation. Il représente l'animal familier par excellence que l'on adopte et nourrit, en particulier pour les espèces les plus rares aujourd'hui, comme les divers psittacidés. Par contre, les Karajá appliquent à l'avifaune une classification de type sociologique sur la base d'un ordre de naissance, instaurant des fonctions et des statuts différents entre et au sein des familles d'oiseaux. Il est ainsi suggéré que le premier-né, le plus grand et le plus beau de la famille est considéré comme le chef politique et le possesseur des attributs sociaux les plus prestigieux.

En ce qui concerne les esprits (**uni**) des animaux, il n'a pas été obtenu d'informations attestant d'une action particulière de ces derniers en faveur ou à l'encontre de leurs prédateurs. Une certaine neutralité est assurée par la médiation des **Inã** aquatiques pour les espèces fluviales et par celle des **woràsã** pour les animaux terrestres. Lors du rituel d'initiation, rappelons que ce sont les esprits des morts qui sont censés représenter les esprits des animaux.

COSMOGONIES DU BRÉSIL CENTRAL

Comme le résume le tableau 2 en fin de chapitre, l'univers karajá est tendu entre les deux pôles de la terre et de l'eau et est organisé selon une classification dite concentrique. Se présentant sous forme d'une série continue d'oppositions binaires, ce mode classificatoire progresse généralement d'un centre de référence jusqu'à la périphérie antithétique et va habituellement de pair dans un même système symbolique avec la simple bipolarisation, ou opposition diamétrale. Procédant par englobement à chaque niveau successif d'identification ou de valorisation, le schéma concentrique présente une asymétrie dynamique que ne possède pas la diamétralité comprimée dans le cadre statique de l'opposition symétrique (Dumont, 1966). Dans l'aire amazonienne, le concentrisme est un des modes de classification socio-cosmologique les plus usités, même dans des sociétés possédant des systèmes de parenté de type dravidien (Viveiros de Castro, 1989, 1993a).

Le noyau dur du diamétralisme idéologique dans les basses terres d'Amérique du Sud demeure incarné par les sociétés gê-bororo, dites «dualistes» auxquelles le groupe karajá est linguistiquement affilié. Tentons une meilleure caractérisation de l'édifice conceptuel karajá et de sa nature duelle à l'aune de l'idéologie bipolaire gê-bororo, en opérant des rapprochements comparatifs sur divers éléments mythologiques et cosmologiques fondamentaux.

Les Indiens de l'Araguaia ont en commum avec leurs cousins de l'interfluve un grand nombre de thèmes mythiques, portant notamment sur l'émergence du «culturel» au sein du cosmos (origine du feu, des plantes cultivées, des animaux terrestres se distinguant de l'humanité; séparation entre les humains et les entités surnaturelles nourricières, etc.). Si les thématiques sont comparables, en tenant compte des adaptations résultant des spécificités écologiques et culturelles, le mode de représentation identitaire, voire relationnelle, des protagonistes et des héros mythiques diffère quelque peu.

Qu'ils soient créateurs, transformateurs ou protecteurs, au service de l'humanité, les héros de la mythologie gê-bororo vont toujours par paire. De nature généralement antithétique (amis formels), tendant parfois vers plus de similarité (compagnons, jumeaux), la paire mythique s'inscrit — tout au moins initialement — dans un rapport symétrique, équistatutaire. Le parangon dyadique est constitué chez les groupes gê par les figures solaire et lunaire, auxquelles sont respectivement attribuées l'émergence du bon et du mauvais dans la vie humaine, ainsi que l'instauration de l'ordre social par la division de la société en moitiés opposées et complémentaires (Gê centraux et Apinayé).

Chez les Bororo, les deux grands principes antagonistes constitutifs de l'univers que sont **aroe** (ordre catégorique, forme, permanence) et **bope** (désordre naturel, matière, changement) et qui sont incarnés sous forme d'entités spirituelles tutélaires ou maléfiques, ne sont pas symboliquement associés au couple fondateur. Dans la mythologie, ce dernier prend les traits de deux héros, **Ituboré** et **Bakororo**, créateurs des deux moitiés sociales **Exerae** et **Tugarege**. Si l'on considère les figures mythiques secondaires, notamment guerrières — chargées de débarrasser l'humanité des entités cannibales —, on constate alors chez les Gê une tendance à plus d'asymétrie dans la relation dyadique. Initialement posée comme gémellaire, elle évolue au cours du mythe vers une distinction idiosyncratique, entraînant généralement la mort du plus faible et la victoire du plus fort des deux frères.

Nous avons pu constater dans les pages qui précèdent que la figure dominante de la mythologie karajá, **Kanaxiwe**, est unique. En outre, contrastant avec les entités célestes gê (soleil-lune) détentrices de pouvoirs créateurs, ce héros mythique karajá n'est pas doté d'une nature transcendante. Vivant au milieu des **Inã** auxquels il est assimilé, il parvient à transformer le paysage terrestre au bénéfice de ces derniers par des moyens bassement humains, comme l'astuce, la tromperie ou même le vol. S'il est pratiquement considéré comme le père des Karajá pour ses actes, il ne joue pas pour autant le rôle de grand ordonnateur, ni cosmique, ni social.

Cette ambivalence de la figure mythique dominante se retrouve chez des héros secondaires. Le jeune garçon qui parvient à terrasser les deux monstres simiesques est initialement seul, chétif, malade, socialement marginalisé. Ce n'est qu'après avoir bénéficié de soins et de conseils dispensés par des entités terrestres animalisées qu'il réussit, plus par ruse que par force, à sortir victorieux du combat (*cf.* supra).

Lorsque la mythologie karajá met en scène un couple de protagonistes, le rapport dyadique est d'entrée de jeu affiché comme asymétrique, généralement sous la forme d'une relation de germanité aîné / cadet. Même si le degré de parenté est éloigné — ouvrant ainsi l'espace à l'affinité —, le décalage idiosyncratique ou statutaire ne va pas jusqu'au rapport spéculaire.

Contrairement aux sociétés gê-bororo, il n'existe donc pas dans le corps mythologique karajá de bipolarité renvoyant à un ordre cosmique et social. Cela ne signifie pas que les grands principes antithétiques, tels que nature / culture, homme / femme, vivant / mort, gérant l'univers de la plupart des sociétés humaines, soient absents de la pensée karajá. Sans verser dans un déterminisme primaire, on peut toutefois constater que la pensée karajá s'inspire des règles de son milieu naturel, privilégiant la superposition, l'interpénétration des éléments contraires — terre / eau — plutôt que leur opposition. Entre le poisson que l'on mange et le monstre qui vous dévore, s'étale une pluralité d'êtres vivants dont la dualité intrinsèque réduit l'antagonisme et favorise l'interpénétration. L'excès des singularités dyadiques adoucit le caractère excessif de la dualité générale. Dans l'idéologie karajá, la dichotomie structurelle n'est opérante que dans l'alliance de ses oppositions. La véritable culture n'est pas un cristal épuré de toute souillure naturelle, ni l'humanité véritable une communauté d'êtres expurgés de leur animalité originelle. L'absolu est infécond. Trop d'«inãcité», de durabilité et de permanence aquatique, mène à la fixité, à la pétrification; trop d'«ixãcité», de mouvement et de labilité terrestre, conduit inversement à la monstruosité et au chaos.

Cette interpénétration des contraires, qui distingue la variante concentrique du dualisme de sa variante diamétrale, n'est évidemment pas propre au modèle karajá au sein du complexe gê-bororo. Ecoutons Crocker à propos de la dichotomie conceptuelle chez les Bororo:

> «En un sens, il existe un grand continuum à travers l'univers allant du total '**bopeness**' d'un côté au pur '**aroeness**' de l'autre, avec de multiples niveaux de référence et d'association. Chaque être se situe à un point

> précis de ce continuum avec plus de **bope** ou d'**aroe** que les autres êtres situés de part et d'autre. Les êtres humains et certaines espèces naturelles occupent le centre du continuum.» (1976, manuscrit).

S'il y a similitude au niveau du mode classificatoire de type concentrique, il y a toutefois divergence quant à la finalité conceptuelle. Il a été souligné par divers analystes (notamment Overing Kaplan) que, même écartelée sur un axe continu, la bipolarité gê ou bororo reste le modèle reférentiel, ce vers quoi il faut tendre sur le plan humain et culturel. Le normal, le valorisable, c'est l'équilibre équistatutaire entre les contraires, ce qui justifie l'existence des dyades sociologiques (moitiés socio-cérémonielles). Même si, dans les systèmes gê-bororo, le concentrisme s'avère plus pertinent dans la dynamique sociale, il ne sert finalement que de faire-valoir au diamétralisme pour ce qui concerne les représentations symboliques. La pensée karajá, à l'inverse, ne pose pas la dichotomie symétrique comme modèle structurel. La dualité faite d'interpénétration des différences est, par nature, variable et inégale.

L'emprise de la bipolarisation structurelle conditionne d'une certaine façon le caractère unidimensionnel de l'édifice conceptuel gê et, dans une moindre mesure, bororo. Les Indiens Gê (en particulier les Timbira) vivent dans un univers plat sans abîme ni empyrée, sans stratification cosmique. Leur dynamique cosmologique ne se développe que sur l'axe horizontal est-ouest, aux bornes duquel viennent se plaquer les dyades surnaturelles (villages des morts, paires culturelles soleil-lune). A l'inverse des Karajá, les Suyá et les Krahó, selon Seeger (1989) et Carneiro da Cunha (1977), ne différencient terminologiquement que les deux directions de l'est et de l'ouest; le nord et le sud ne sont que des «côtés». De façon analogue chez les Kayapó, mais par rapport au corps social, le haut et le bas (la tête et les pieds) sont respectivement situés à l'ouest et à l'est; les deux autres directions correspondent aux deux «côtés du ventre» de la société (Lea, 1986).

Cet aplatissement cosmologique s'accompagne d'une atrophie ontologique. A des origines indéfinies, situées dans les limbes du monde terrestre, correspond un devenir eschatologique tendant le plus souvent vers la dissolution de l'entité humaine à travers différentes métamorphoses animales. Non spatialisés, le passé et le futur de l'homme gê sont sacrifiés au profit d'un présent surdéterminé. Rien ne semble exister de l'humanité en dehors de son être terrestre qui, contrairement aux ontologies tupi-guarani (Viveiros de Castro, 1986), n'est pas considéré comme un stade transitoire entre un passé naturel et un futur surnaturel, mais l'unique réalité existentielle. C'est la société qui crée l'homme gê, lui donne sa densité et son identité, puis le défait à son décès, d'où l'importance du rituel de nomination et la spécificité du traitement funéraire.

Rappelons qu'à l'inverse des pratiques karajá et bororo, les ossements des défunts gê exhumés lors des secondes funérailles sont enterrés à l'intérieur de l'espace social, c'est-à-dire récupérés par la société pour asseoir sa pérennité. Privée de son support impérissable, l'entité individuelle se voit ainsi ôter la possibilité d'une continuité extra-sociale. Placée aux antipodes de la société des vivants, la communauté des morts constitue l'altérité dangereuse, au même titre que les ennemis et les animaux. Ainsi pour les Krahó, comme l'indique Carneiro da Cunha (1978), «les morts sont les autres». S'ils visitent le village des vivants, ils sont tenus éloignés de la place centrale et sont confinés dans la périphérie domestique. De la même façon chez les Kayapó, si les morts participent à certains rituels, les vivants leur abandonnent le cercle des maisons pour se regrouper sur la place centrale (Léa, 1986).

Nous le savons, ce n'est pas le cas pour les morts karajá qui, grâce au traitement funéraire, passent graduellement d'une humanité terrestre à une humanité aquatique, de la communauté des vivants à la collectivité des **Inã** aquatiques ou célestes, qui maintiennent entre elles des relations quasi-permanentes. De même, lors du rituel d'initiation masculine, les esprits des morts parés des plus beaux ornements occupent la place rituelle, soit le centre de la société karajá.

Chez les Bororo, un espace cosmologique parvient à se libérer de l'attraction terrestre, conférant à l'édifice conceptuel une ébauche de verticalité. Sur les profondeurs célestes et aquatiques est projetée la dualité **bope / aroe** qui structure l'horizontalité terrestre dans ses manifestations sociologique et physiologique. L'analogie avec le cosmos karajá devient alors plus manifeste.

Comme les **ijasò**, les **aroe**, essences nominatives et tutélaires bororo, incarnent l'origine mythique, la régulation morale et la permanence sociale de ce peuple indigène. De même, leur séjour aquatique est le lieu de repos éternel de la plupart des esprits des morts. Il est à noter à ce propos que les Bororo ne semblent pas opérer de distinguo dans la catégorie **aroe** entre les morts récents et les entités tutélaires. Les Karajá par contre, aménagent un passage progressif entre le statut d'**Inã** terrestres et celui d'**Inã** aquatiques ou célestes avec l'étape des morts terrestres, ou **woràsã**. Le mode de représentation des **aroe**, non par le masque mais par des ornements corporels, lors du rituel d'initiation masculine notamment, s'apparente plus nettement à celui des **woràsã** dans la même occasion cérémonielle. En revanche, leur mode d'appartenance à des groupes de parenté et de prise en charge par des «pères» et des «mères d'**aroe**» sont comparables à celles des **ijasò**, ainsi que nous le constaterons ultérieurement.

Dans l'autre hémisphère conceptuel bororo, à la fois céleste et terrestre, les entités cosmiques **bope**, inquiétantes, voire maléfiques, agents de la transformation au sein de l'univers, ressemblent par leur valence négative, leur aspect morphologique (petits, laids, poilus), leur lieu de résidence terrestre (cavités végétales ou minérales), aux êtres de la terre sauvage dans le monde karajá. Egalement maîtres des cieux, les **bope** bororo ont toutefois une puissance supérieure aux **Inã** célestes karajá, contrôlant entre autres la pluie et la reproduction des animaux et des plantes. Ils n'incarnent pas seulement le mouvement, ils le déterminent. En outre, comme pour l'analogie **ijasò-aroe**, c'est la catégorie intermédiaire des **woràsã**, morts **inã**, médiateurs privilégiés avec le monde de la nature, qui joue partiellement dans l'univers karajá le rôle dévolu aux **bope** dans le cosmos bororo. Ils autorisent aux humains l'accès à certaines espèces animales, ils les accompagnent, les surveillent dans leur activité prédatrice, les informent de leur négligence ou les sanctionnent pour leur infraction. Contrairement aux Bororo, les Karajá ne peuvent pas associer la nature aquatique du monde céleste, où règnent les **biu mahadu**, habitants de la pluie, à l'inculture et au cannibalisme.

On peut détecter là, dans l'édifice cosmique karajá, l'émergence d'une «sur-nature» se dégageant du modèle binaire nature / culture propre aux sociétés gê-bororo. Certes, ce troisième niveau cosmique manque de transcendance par rapport aux deux premiers; sa nature aquatique l'attire vers le bas, vers les origines de l'humanité plus que vers ce devenir surhumain, voire divin que proposent les eschatologies tupi-guarani (*cf.* Viveiros de Castro, 1986). Contrairement aux **mai** arawete, les **biu mahadu**, Karajá du ciel, ne sont pas des dieux et seuls les chamanes morts ont droit à un séjour céleste *post-mortem*.

Observons sur un plan structurel comment s'opère cette ouverture du modèle binaire en un schéma à trois termes. Se distinguant du modèle bororo, la dimension verticale de l'édifice cosmique karajá n'est pas une simple projection de sa dimension horizontale. Si l'on peut opposer, au niveau terrestre, un espace de pérennité culturelle à un espace de labilité naturelle, cette distinction antithétique n'est pas réalisable entre les niveaux céleste et aquatique. Le niveau supérieur du cosmos karajá ne s'oppose pas au niveau inférieur, il le prolonge, il le parfait en quelque sorte. Il n'existe pas une inversion d'identité entre les habitants du fond des eaux et ceux du ciel ou de la pluie, mais plutôt une inégalité de statut.

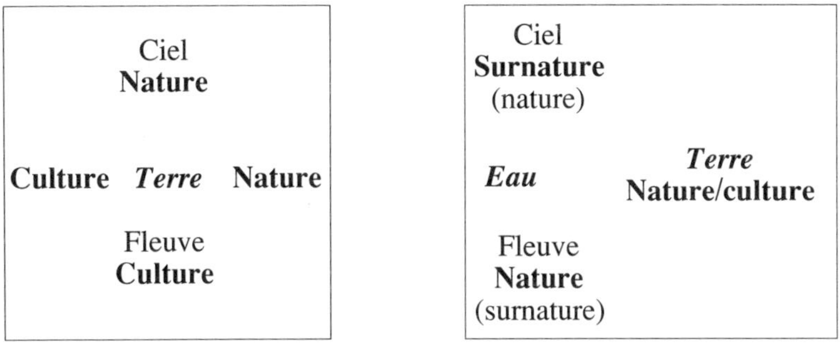

Figure 4 — Deux modèles de l'univers: bororo et karajá

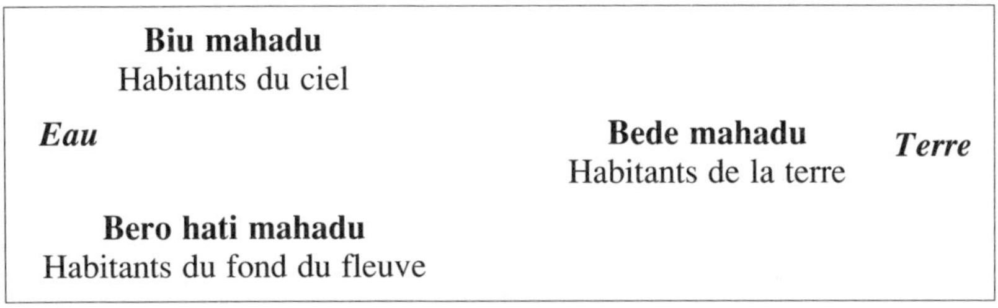

Figure 5 — Modèle cosmique karajá

L'édifice cosmogonique karajá est ainsi construit sur deux axes perpendiculaires, où opèrent deux types de dualités distincts, jouant sur les deux critères du statut et de l'identité. Dans la dimension horizontale, monde terrestre différencié, l'opposition asymétrique s'inscrit dans le champ de l'identité, ménageant l'équipollence sur le plan statutaire. A l'inverse, dans la dimension verticale, monde aquatique (fleuve-ciel) indifférencié, la hiérarchie statutaire est accentuée afin de compenser un manque d'altérité. Par leur dualité d'**Inã-Ixã**, en tant qu'humains aquatiques et terrestres, les Karajá sont reliés à ces deux dimensions cosmiques et y entretiennent deux modes de relations distincts: échange et production au sein de la communauté hiérarchisée des **Inã** cosmiques; prédation et incorporation au sein de la collectivité différenciée des **Ixã** terrestres.

Contrairement aux univers conceptuels des Tupi, des Yanomami, voire même des Gê-Bororo, le corpus social chez les Karajá n'est pas totalement encerclé par un monde tranché de différence, d'inimitié et de prédation. Cela laisserait supposer, et il faudra tenter de le vérifier par la suite, un traitement des relations cosmiques sur le mode de l'affinité potentielle plus nuancé que dans la plupart des sociétés amazoniennes (Viveiros de Castro, 1993a).

	Etres physiques		*Etres immatériels*
Eau	**Inã célestes** Maîtres des plantes cultivées et du savoir chamanique		**Ijasò** Représentations Masquées des **Inã** cosmiques
	Inã aquatiques Maîtres des poissons	**Utura** Poissons	
	Inã-Ixã Karajá terrestres		**Worasã** Morts karajá Maîtres des Animaux terrestres
	Ixãju riore Sous-groupe Javaé		
		Asã-ixã Ex-humains terrestres (Singe, pécari)	
	Ixãju Humains terrestres ennemis		**Wouni** Morts ennemis Domestiqués
		Iròdu Mammifères terrestres	
			Inã uni Morts karajá Maléfiques
Terre	**Inãròdu** Non-humains cannibales	**Iròdu aõni** Animaux terrestres monstrueux	**Aõni** Esprits terrestres cannibales

Tableau 2 — Catégories constitutives de l'univers karajá

***Photo 1**: Transport de marchandises et de voyageurs sur l'Araguaia*

***Photo 2**: L'une des rives hautes de l'Araguaia où sont implantés les villages karajá et les bourgs néo-brésiliens*

Photo 3: *Femme âgée porteuse de la marque tribale circulaire (**omarure**) inscrite dans la chair des pommettes*

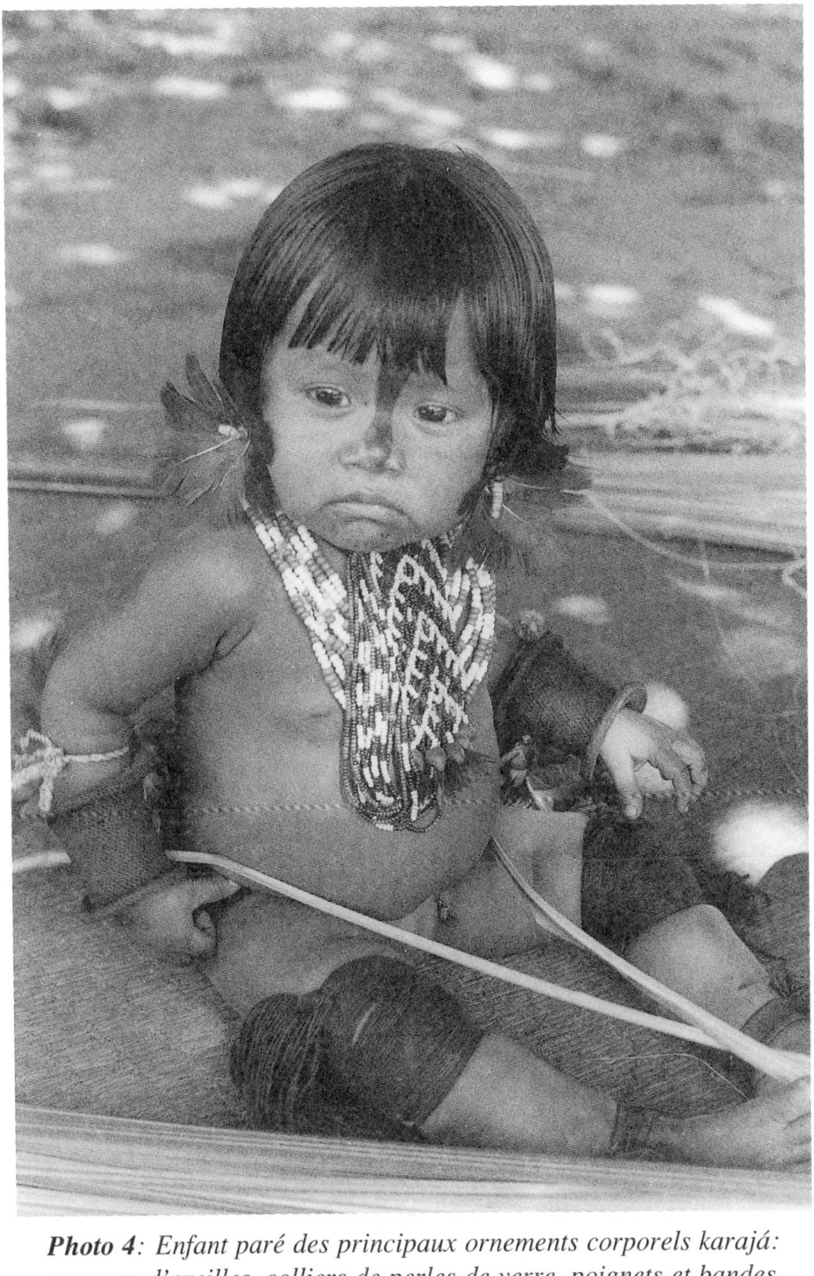

Photo 4: *Enfant paré des principaux ornements corporels karajá: parures d'oreilles, colliers de perles de verre, poignets et bandes de coton rougis au roucou*

Photo 5: *Fils de chef* (**ioló**) *exhibant les parures spécifiques de son statut*

Photos 6 et 7: *Adolescents parés pour le rituel: danse des masques pour les jeunes filles; rite d'initiation masculine pour les jeunes garçons*

Photo 8: *Paire d'amis formels incarnant les esprits des morts (**wouresã**) lors du rite d'initiation masculine*

Photo 9: *Jeune femme sortant de réclusion pubertaire prête à danser pour la première fois avec les entités tutélaires masquées*

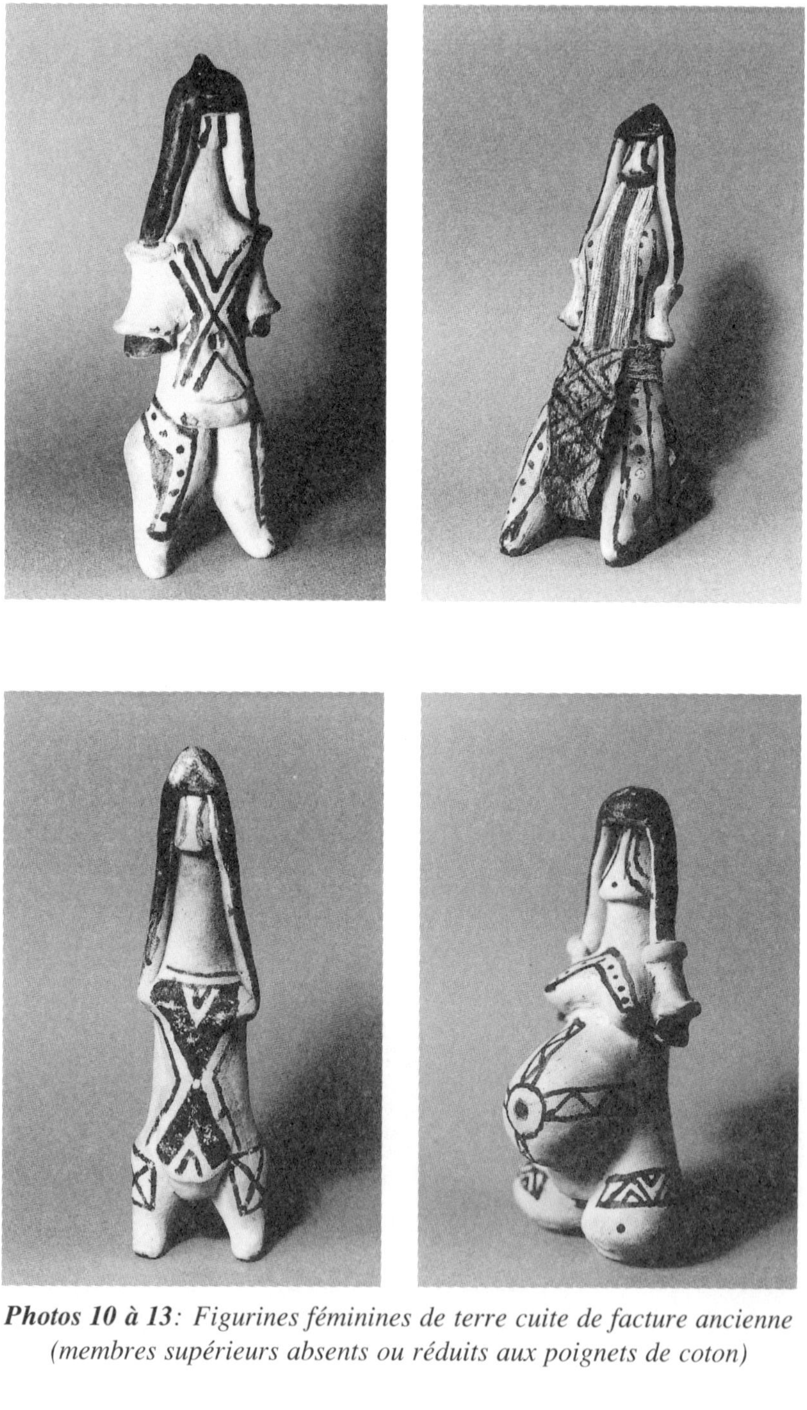

Photos 10 à 13: *Figurines féminines de terre cuite de facture ancienne (membres supérieurs absents ou réduits aux poignets de coton)*

Photos 14 et 15: *Figurines de terre cuite de facture récente (représentation des membres supérieurs); en haut, le personnage mythique* **Wobedu** *empêché de sortir du fond du fleuve à cause de son gros ventre*

***Photos 16 et 17**: Habitations karajá actuelles de style néo-brésilien (village de **Hawalo mahadu**, Sta Isabel do Morro)*

CHAPITRE III

LES UNS DANSENT, LES AUTRES PAS

Le traitement symbolique des relations de la société karajá avec son univers s'inscrit dans un important corpus cérémoniel, dont il ne subsiste à ce jour que les deux fleurons du rituel **ijasò** et du rituel d'initiation des jeunes garçons, dit **heto hykã**, «grande maison». Ont en effet disparu les rites à caractère agraire et celui des ennemis tués à la guerre.

«La fête est un état permanent aussi bien qu'une période». Cette assertion de R. Caillois (1976:131) s'applique parfaitement à la vie cérémonielle karajá. Plus qu'une succession de différents rituels constitutifs de ce qu'il est convenu d'appeler un cycle cérémoniel, il existe chez ce groupe indigène une quasi-permanence liturgique, ponctuée à des intervalles réguliers par des moments d'intensification du sacré. Cette trame liturgique est constituée par le rituel **ijasò**, aux fils duquel sont reliées les autres manifestations cérémonielles.

RITUEL IJASÒ

Tout autant que le caractère sacré du masque **ijasò** interdisant à tout non-Karajá d'avoir accès à sa connaissance et à sa possession, l'apériodicité du rituel homonyme — sa difficulté d'inscription dans un cycle cérémoniel — constitue un élément déroutant pour les observateurs de ce rituel amazonien. Mettant en scène les **Inã** (Karajá) cosmiques, pérennes et intemporels, le rituel **ijasò** n'a effectivement pas de temps, ou plutôt s'inscrit dans le «grand temps mythique», dans la sacralité continue du temps. Le rituel **ijasò** est un rythme permanent. Il épouse la respiration du corps social tout au long du cycle de reproduction de celui-ci; il s'accélère en période de systole communautaire, de regroupement sur les berges hautes du fleuve, puis ralentit dans la phase diastolique, de dispersion sur les plages. Cette pulsation rythmique, nous le verrons, caractérise également le rituel **ijasò** sur les plans structurel et chorégraphique.

Castelnau, Krause, Ehrenreich, Wagley..., les témoins sont nombreux pour attester que la relative dispersion communautaire, jadis réalisée sur les terres basses en saison sèche, ne signifiait pas la fin de l'**ijasò**. Quoique de facture plus rudimentaire — simple palissade sans toiture —, la maison des **ijasò**, face à la ligne des abris domestiques, occultait également sur les plages, aux yeux des femmes et des enfants, diverses entités masquées dont la sortie régulière garantissait la liaison du social au cosmique.

C'est d'ailleurs à la demande de l'**ijasò**, transmise par le chamane, que s'organise le rituel et que l'entité spirituelle vient danser, chanter et s'alimenter sur terre, et non pas sur invitation de la société humaine en fonction d'une périodicité terrestre, comme c'est le cas pour les entités célestes lors des rites agraires, ou pour les esprits des morts lors du rituel d'initiation masculine.

De nature intemporelle, le rituel **ijasò** est néanmoins géré par l'impermanence et la variabilité terrestre. La durée du séjour des entités **ijasò** dans la société humaine est fonction des capacités matérielles de leurs «parents» terrestres à assurer leur alimentation régulière. Le retour dans leur espace cosmique peut coïncider ou être précédé par l'arrivée de nouveaux **ijasò** (**ijasò temãra**), pris en charge par d'autres responsables. Un certain laps de temps peut tout aussi bien séparer l'arrivée et le départ de deux groupes d'**ijasò**, si telle est la volonté de ces entités surnaturelles. Seule la mort intervenant dans la société humaine peut influer sur le rituel **ijasò**, le stopper ou reporter l'arrivée de nouvelles entités. Le délai de reprise du rituel est particulièrement long si la mort a touché le ou l'un des responsables des **ijasò** (ou sa parenté proche). Dans ce cas également, la maison des **ijasò** est brûlée avec les masques.

Pour chaque groupe d'**ijasò** accueilli dans le corps social — soit de nos jours entre quatre et huit **ijasò** différents — est organisé un rituel, c'est-à-dire un ensemble de pratiques fixes et ordonnées, même si celles-ci ne sont pas toujours réalisées dans leur totalité. Borné par les deux petites fêtes d'accueil et de départ des **ijasò**, le rituel se divise en effet en quatre phases, ou séquences, composées de danses (**ixe**), de chants (**wiu**) et de jeux (**lyrena**), culminant chacune par une grande fête (**anarhykã**) de clôture. Ces quatre fêtes sont dans l'ordre: **ido riore**, petite nourriture carnée; **itobo riore**, petite nourriture sucrée; **ido hykã**, grande nourriture carnée; **itobo hykã**, grande nourriture sucrée.

Chacune des quatre séquences rituelles court sur un demi-mois lunaire, débutant à la nouvelle lune (**ahadu temãra**) et se terminant à la pleine lune (**ahadu txiury**). Les chants et les danses des êtres masqués, courts et irréguliers au début de la séquence, émaillés de jeux et réalisés de jour et de nuit, s'intensifient progressivement pour atteindre le paroxysme de la fête de clôture. Au cours de cette fête nocturne, la prestation des **ijasò** débute à l'apparition du disque lunaire et se poursuit jusqu'à l'aube. Calqué sur le cycle itératif du corps céleste, notamment dans sa phase de croissance, le rythme pulsatif du rituel **ijasò** s'effectue tant au niveau séquentiel que dans la graduation des quatre phases entre elles (de la petite à la grande fête). Nous verrons plus avant sous quelles formes se traduit cette intensification du rituel.

Dans la mesure où elle nécessite une mobilisation sociale relativement importante, quoique variable, en matière d'interprétation et d'alimentation, la réalisation d'un rituel **ijasò** sur une durée théorique d'environ quatre mois lunaires varie traditionnellement selon la période de l'année. Outre les conditions d'approvisionnement et la disponibilité des participants, la tenue d'un autre rituel (tel le rituel d'initiation masculine) peut allonger l'intervalle entre deux séquences. A cela, il convient d'ajouter aujourd'hui le double manque d'alimentation et d'intérêt, qui fait diminuer tant le nombre des séquences que celui des rituels.

La danse, le chant, le jeu et la consommation de nourriture sont les principaux composants du rituel **ijasò**. Ils sont soumis à des règles précises qui, appliquées au chant et à la danse, confèrent une spécificité à la prestation des **ijasò** par rapport aux autres entités surnaturelles, tout en assurant une différenciation interne. La nourriture est l'élément moteur du rituel; les **ijasò** ne dansent que s'ils sont régulièrement alimentés. Le jeu, quant à lui, rompt le formalisme du rituel, bouscule les règles, inverse les rôles.

La danse ijasò

Les Karajá distinguent la danse des **ijasò**, ou **ijasò ixe**, de la danse non masquée, danse du corps ou **taumã ixe**[1]. La danse des êtres masqués que sont les **ijasò** est de fait bien spécifique, tant par l'espace social dans lequel elle s'inscrit, que par sa chorégraphie.

L'**ijasò ixe** n'est pas réalisé dans l'espace cérémoniel traditionnel que constitue la place du village dans la plupart des sociétés amazoniennes, mais dans la zone intermédiaire entre l'**ijasò heto** ou **ijoi heto** (maison des **ijasò** ou maison des hommes) et les unités uxorilocales, soit entre l'espace masculin et l'espace féminin. Les êtres masqués évoluent ainsi

[1] Le terme **umã**, dans son sens large, désigne la totalité du corps et, dans son sens restreint, le tronc entre la tête, **ra**, et les jambes, **ti**, équivalant au terme **we**, lequel s'applique plus précisément à la ceinture, au ventre, à la partie la plus grasse de l'individu.

sur les différents chemins rayonnant en demi-cercle de la place rituelle vers la ligne des unités domestiques (*cf.* figure 6). A l'instar de la place rituelle et de la maison des hommes, cette zone de passage est interdite aux femmes et aux enfants, hormis pour les premières en certaines circonstances cérémonielles, comme le rituel **ijasò** ou le rite d'initiation des jeunes garçons.

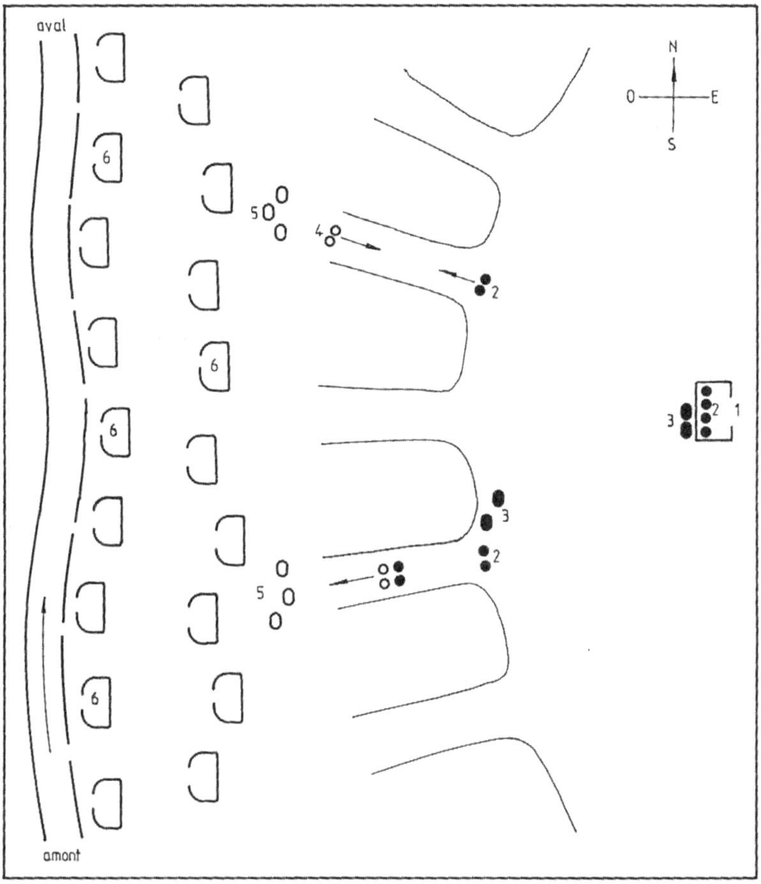

Figure 6 – Rituel des masques ***ijasò***

1. *Maison des* ***ijasò***
2. *Masques* ***ijasò***
3. *Hommes*
4. *Partenaires féminines*
5. *Femmes*
6. *Unités domestiques*

Seuls les **ijasò** dansent dans cet espace intermédiaire, les autres entités surnaturelles (esprits des morts, êtres terrestres) se contentant de l'emprunter pour aller de la partie rituelle à la partie domestique du village, d'où le nom donné à ces chemins: **ijasò ube**, **ube** désignant la plante des pieds.

C'est à chaque extrémité de la ou des pistes sur lesquelles évoluent les **ijasò** que s'installent les participants au rituel, en deux groupes sexuellement distincts:

— du côté de la ligne domestique, ce sont les femmes ou **ixã** (en tant qu'elles représentent l'unité territoriale que constitue le village, l'aspect terrestre de la société **inã**); elles sont accompagnées des enfants en bas âge et sont assises sur des nattes étalées sur le sol;
— du côté de la place rituelle, ce sont les hommes et les adolescents initiés ou **ijoi**, qui vont pour la plupart représenter les **Inã** cosmiques et qui s'asseyent, soit sur des nattes, soit sur des troncs de bois couchés sur le sol, à l'extérieur de la maison des **ijasò**; les hommes ne pénètrent dans l'**ijasò heto** durant le rituel que pour enfiler ou retirer les masques qui y sont conservés.

Par la danse qui réunit des représentants des deux groupes va s'opérer le lien entre les espaces à la fois sociaux et cosmiques.

Chaque **ijasò** ou groupe d'**ijasò** danse sur le chemin reliant la place rituelle à l'emplacement de l'unité domestique de ses parents nourriciers. Si le rythme et les pas de danse diffèrent d'un **ijasò** à l'autre, le parcours à effectuer et les diverses phases chorégraphiques sont les mêmes pour tous (*cf.* photos 21 à 29 pour l'illustration de la description ci-après).

Une fois sorti de l'**ijasò heto**, l'être masqué sous sa forme duelle, c'est-à-dire incarné par deux interprètes, se place à l'entrée de la piste où il doit évoluer. Après quelques moments de silence et d'immobilité — les deux masques étant côte à côte, le corps tourné dans la même direction ou dans deux directions opposées —, l'**ijasò** commence à exécuter ses pas de danse sur place et à chanter. Deux cas de figure se présentent:

— si l'**ijasò** est muni d'un hochet, les deux masques changent de position, côte à côte ou face à face, au rythme de leur instrument de musique;
— si l'**ijasò** n'est pas muni de hochet, les deux masques exécutent cette introduction chorégraphique en se tenant par la main et l'avant-bras.

Cette phase de la danse réalisée à l'entrée du chemin, côté masculin, correspond musicalement à l'exécution, généralement bissée, de la totalité du chant choisi pour la danse et interprété par les deux masques, tantôt alternativement, tantôt simultanément, ainsi que nous le spécifierons plus avant.

Puis l'entité masquée s'élance toujours en chantant dans l'**ijasò ube**, à son rythme et à son pas de danse, les deux masques évoluant toujours côte à côte en se tenant la main et l'avant-bras ou en secouant leur hochet. Parvenue à l'autre extrémité du chemin, l'entité masquée s'arrête face au parterre de femmes assises sur des nattes et reproduit sans s'arrêter de chanter la phase chorégraphique réalisée précédemment à l'autre extrémité de l'**ijasò ube**, soit alternativement côte à côte ou face à face, soit côte à côte en se tenant par le bras, suivant le cas de figure. L'**ijasò** repart ensuite en chantant et en dansant vers l'autre extrémité, où il se contente de faire demi-tour sans s'arrêter pour revenir vers le groupe des **ixã**.

A mi-parcours, vers le milieu du chemin, les attendent alors deux jeunes filles pubères, **ijadoma**, ou deux femmes mariées, **hawyy** (pouvant être «mères d'enfants», **uladu së**). Celles-ci ont déjà commencé à exécuter côte à côte sur place et tête baissée leur propre danse, consistant en un piétinement régulier accompagné d'un frottement asynchrone des deux mains, du ventre vers l'entre-cuisse et inversement. A l'arrivée des deux masques, face à elles, elles emboîtent immédiatement le pas de ces deux partenaires en reculant au rythme de ces derniers, sans se retourner, les yeux toujours baissés et en exécutant le même mouvement de mains. Les deux masques et les deux femmes ont soin de se tenir à une distance suffisante pour ne pas se toucher durant la danse.

Arrivés à l'extrémité de l'**ijasò ube**, côté domestique, les deux couples s'arrêtent de danser. Les deux femmes rejoignent le parterre des **ixã**, alors que les deux masques repartent, sans chanter ni danser, vers l'autre extrémité. Si le rythme est très rapide, il arrive que certaines femmes ne parviennent pas à exécuter la danse jusqu'à la fin du parcours; elles s'échappent alors rapidement sur le côté pour laisser passer l'**ijasò**.

Si, contrairement aux êtres masqués, les femmes ne chantent, ni ne jouent d'instrument de musique durant la danse, elles participent effectivement à cette dernière et je ne partage pas l'opinion de certains observateurs à ce sujet:

> «Au moment où les esprits s'approchent pour la seconde fois, deux d'entre elles vont à leur rencontre, mais elles reculent rapidement et craintivement

> pour les éviter, car le contact des masques est mortel pour elles.» (Dietschy, 1960:3)
>
> «Dès que les danseurs **ijasò** arrivent près d'elles, les jeunes femmes se retournent et courent s'asseoir avec les autres femmes.» (Donahue, 1982:275)

Bien qu'à reculons, les femmes dansent avec une gestuelle qui leur est propre et sur la signification de laquelle il nous faudra revenir. A défaut de contact physique, cette communion chorégraphique, dont la durée varie suivant le rythme de chaque **ijasò**, est nécessaire pour assurer la relation fécondante.

De retour à l'extrémité masculine de l'**ijasò ube**, l'entité masquée enchaîne sur une nouvelle danse après la courte attente liminaire, ou rejoint la maison des masques afin d'effectuer le changement d'interprètes. Une moyenne de trois danses successives est généralement réalisée entre deux changements. Il n'y a pas obligation d'un nombre de danses égal entre les différents **ijasò** durant une séquence diurne ou nocturne du rituel. Cela dépend de la capacité physique des interprètes disponibles, de leur connaissance du répertoire chorégraphique et musical et peut-être aussi de leur désir d'interprétation.

En fonction du nombre de maîtres d'**ijasò**, ces représentations masquées peuvent évoluer toutes sur un seul chemin, ou être réparties sur plusieurs. Dans le premier cas, la succession des danses est réalisée de telle sorte qu'il n'y ait pas plus de deux paires de masques évoluant en même temps sur l'**ijasò ube**, une troisième pouvant éventuellement avoir terminé son évolution et revenir en marchant vers la maison des masques.

Sur ce fond chorégraphique commun, les différents **ijasò** évoluent chacun à leur propre rythme. Rappelons que cette analyse se base sur l'observation d'une dizaine d'êtres masqués différents, ce qui est loin d'être représentatif de la totalité des **ijasò** et ne permet d'émettre que des considérations générales sur un mode de différenciation tant chorégraphique que musical.

En 1925, Gow-Smith décrivait l'**ijasò ixe** comme un «croisement entre un *turkey step* et un *fox-trot*». Outre sa connotation animale, cette description est par trop uniformisante. A l'évidence, Gow-Smith n'a rendu compte que des pas les plus sophistiqués, de ce qui selon lui pouvait s'apparenter à de la danse. La définition de «marche rythmée» que donne Donahue (1982:275) est plus appropriée. De fait, ainsi qu'il a été décrit, cette danse consiste à se déplacer sur un chemin reliant deux espaces séparés et non pas à évoluer sur l'espace à la fois ouvert et clos que constitue la place cérémonielle.

Aussi la danse **ijasò** se présente-t-elle comme un ensemble de pas distincts permettant d'avancer à des rythmes lents ou rapides, allant de la simple marche à la course effrénée, en passant par le piétinement, le sautillement, le pas de côté, etc. Les pas lents ou peu rapides sont, soit cadencés par le hochet (ex: **ijasò ijareheni**, «au nom de lézard», **ijasò weru**, «au hochet»), soit complétés par un mouvement de balancement du corps des deux partenaires, qui se tiennent par la main et l'avant-bras (ex: **ijasò iobase**, «visage large», **ijasò irahetotiorea debo**, «tête coiffée de deux antennes»). Alors que certains êtres masqués font presque du sur place par petits sauts effectués d'un pied sur l'autre au rythme du hochet (ex: **ijasò habuxereria**, «?»), d'autres courent d'un bout à l'autre du chemin, rendant particulièrement difficile l'accompagnement de leur danse par les femmes (ex: **ijasò txauri**, «?», **ijasò irabure**, «tête rouge»).

Chaque **ijasò** a son pas et son rythme propres, même s'il change de chant à chaque danse. Cette spécificité rythmique, voire cette rapidité de déplacement, les fait qualifier par les Karajá de **matuari**, vieil homme, ou de **weryrybo**, jeune homme (homme célibataire). Cette distinction d'âge recouvre à quelques exceptions près une variation de composition chorégraphique et musicale; un rythme peu rapide autorise un pas, voire une gestuelle, plus complexe ainsi qu'une phrase musicale plus élaborée.

Le chant ijasò

Un temps d'observation trop court aggravé, il faut bien l'avouer, par l'absence de connaissances musicales, ne me permet de fournir qu'une analyse partielle et succincte des chants (**wiu**) **ijasò**, qui mériteraient l'étude d'un spécialiste. A l'instar de la danse, le chant des êtres masqués offre sur une base d'interprétation musicale commune, proprement **ijasò**, une diversité d'expression vocale, allant du simple cri (très rare) à la composition harmonieuse d'un texte et d'une mélodie. De fait, qu'ils poussent des sons inarticulés ou interprètent une composition plus élaborée, les deux masques ne le font pas continûment d'une seule et même voix, mais tantôt alternativement, tantôt simultanément, la forme alternée étant la plus fréquente.

Les chants **ijasò** de facture élaborée sont de courtes compositions, généralement formées de deux parties de longueur parfois très inégale et interprétées séparément de façon itérative tout au long de la danse. Lorsque ces deux parties sont relativement égales, sous forme de deux couplets A et B, elles sont chantées alternativement par les deux interprètes de la façon suivante:

A: premier masque
A: second masque
B: premier masque
B: second masque
A: premier masque, etc.

Dans ce cas de figure, l'interprétation simultanée d'un couplet, ou de la fin d'un couplet, marque le terme d'une phase chorégraphique, ou la fin de la danse.

Une inégalité entre les deux parties d'un chant, sous forme d'un couplet A et d'un refrain B, donne lieu à une interprétation successivement alternée et simultanée, de ce type:

A: premier masque
A: second masque
(selon sa longueur, le couplet est exécuté deux ou trois fois)
B: premier et second masque
A: premier masque, etc.

Le premier mode d'interprétation s'accorde plutôt avec des rythmes rapides, le second mode avec des rythmes lents. Il est à noter que dans l'échantillonnage d'**ijasò** étudié, les cris, les sons inarticulés et la course — souvent mais pas systématiquement associés — sont plutôt la caractéristique d'**ijasò** de la terre, de représentations spirituelles des **Inã** terrestres, dont les modes d'expression vocale et corporelle relèvent d'une humanité proche de l'animalité.

La thématique des chants **ijasò** s'inspire de la vie quoditienne: chasse, pêche, vie sexuelle ou sentimentale, guerre, etc. Chaque chant est un petit épisode mettant en scène des hommes ou des animaux, souvent mêlés à des évènements singuliers qui prêtent à réflexion, voire à critique: le rapace dont on a tordu le cou, puis vidé de ses entrailles, et qui reprend son vol; la couardise face à l'ennemi de ceux qui se vantaient auparavant de n'avoir jamais peur; le mensonge de ceux qui veulent effrayer leurs parents en faisant croire que l'ennemi va attaquer; la situation inconfortable d'une chienne qui s'est laissé pénétrer par deux chiens et qui ne peut plus s'en débarrasser. A travers ces fabliaux musicaux, comme à travers les mythes, ce sont les règles de la vie sociale et du comportement des Karajá avec leur environnement qui sont rappelées.

Tout homme karajá peut composer des chants **ijasò**. Il est le maître, **wedu**, de ses chants, mais pas le seul interprète. L'interprétation des

ijasò est collective et anonyme. Au fil des rituels, les chants sont mis à l'épreuve, perdurent ou sont abandonnés. Les meilleurs compositeurs sont sollicités dans les autres villages pour enseigner leurs chants, moyennant rétribution. Bien qu'apparemment considérées par les Karajá comme patrimoine collectif, ces œuvres musicales sont affectées à des **ijasò** spécifiques et sont ainsi indirectement possédées, sinon de façon permanente, du moins de façon itérative, par différents groupes sociaux. Selon Ehrenreich, les chants se transmettaient jadis de père en fils.

D'après le même ethnologue allemand, les chants étaient composés dans «une langue archaïque incompréhensible au commun de la population.» (1948:76). Si tel était le cas, ce «commun de la population» ne pouvait être que les femmes et les enfants, puisque le savoir portant sur les **ijasò**, contrairement à celui concernant le grand monstre, est accessible à l'ensemble de la communauté masculine. Malheureusement, au fil des générations, ces connaissances rituelles se perdent et le répertoire chorégraphique et musical s'appauvrit. Parallèlement à la technique de fabrication des masques, l'art du chant et de la danse n'est pratiquement plus enseigné. Les voix ne sont plus exercées, affinées. Jadis, des breuvages spécifiques étaient régulièrement absorbés afin d'améliorer la qualité de la voix.

La nourriture ijasò

Il n'y a pas de fête sans festin, confirment étymologiquement de nombreuses langues, notamment indo-européennes. Dans son ambivalence de jeûne ou de bombance, le repas sacré n'est-il d'ailleurs pas universel?

L'alimentation est étroitement liée à la danse **ijasò**, elle en est la contrepartie. Le don de nourriture rétribue la prestation des entités spirituelles, le service rendu par la parenté cosmique. Il intervient à chaque sortie des **ijasò**, proportionnellement à l'importance de leur manifestation. La cessation de l'alimentation entraîne l'arrêt de la danse, le départ des **ijasò**. La nourriture peut être servie, soit de façon anticipée lors de la réception des nouvelles entités masquées, soit à la fin d'une séquence rituelle relativement courte, soit de façon réitérée tout au long d'une nuit de danse, à la fête de clôture notamment.

L'offrande de nourriture s'inscrit dans le même espace rituel que la danse, progressant également en différentes étapes, mais dans le sens inverse, de l'espace féminin à l'espace masculin. L'accueil des nouveaux **ijasò** en provenance des trois niveaux cosmiques est réalisé à l'extrémité domestique du ou des chemins où se déroulera le rituel. C'est à cet endroit que les attend leur première nourriture offerte à cette occasion par l'ensemble du village et par l'intermédiaire du ou des chamanes responsables de leur venue dans la société humaine. Cette première nourriture est variée (**ràsãna**), à la fois liquide et solide, traditionnellement à base de poisson, tubercules et maïs, gibier excepté.

A la première sortie diurne des **ijasò**, au début de chacune des quatre phases du rituel, ce sont les femmes et notamment les jeunes filles nouvellement pubères, **ijadoma**, qui, allant à leur rencontre, sans danser, sur l'**ijasò ube**, leur font le don de nourriture de la part de leurs maîtres respectifs. Cette alimentation est offerte dans de petites calebasses directement entre les mains de chaque **ijasò** (une calebasse par masque), qui se contente à cette occasion de faire un seul «tour de piste», d'effectuer une seule danse de présentation. Une fois les êtres masqués retournés à l'**ijasò heto**, ce sont les jeunes garçons en cours d'initiation, **jure**, ou récemment initiés, **bodu**, qui rapportent les calebasses dans l'espace domestique.

Ce don de nourriture en faible quantité, servie dans de petites calebasses, fait directement référence au mode d'alimentation originel des **Inã** cosmiques, qui prévalait aux temps mythiques où le grand peuple karajá n'avait pas encore été divisé et qui est encore pratiqué aux niveaux céleste et aquatique.

Par la suite, à chaque prestation des êtres masqués et jusqu'à la fête de clôture incluse, la nourriture abondante et variée est apportée soit par les «mères» des **ijasò**, soit par des hommes, proches parents des maîtres des **ijasò**, et remise à l'extrémité masculine des chemins, aux abords de la maison des masques.

C'est lors de la fête de clôture de chaque phase rituelle que l'offrande alimentaire est la plus importante, récompensant une nuit entière de danses. A cette occasion, les maîtres des **ijasò** sont aidés par la collectivité masculine pour la fourniture de la nourriture carnée (poissons, tortues) et, selon la saison, de miel. La fourniture des produits végétaux et la préparation de l'alimentation solide et liquide restent sous leur responsabilité.

Les **ijasò** eux-mêmes peuvent aller réclamer la nourriture dans l'espace domestique. C'est principalement le rôle de l'**ijasò lateni** qui le fait seul et pénêtre dans les maisons. C'est lors d'une sortie spécifique que les autres entités masquées, sous la direction du chamane, foulent les **ixã ube** (chemins du village) et sollicitent le don de nourriture en exécutant quelques pas de danse devant chaque maison. Les aliments obtenus sont ensuite apportés à la maison des masques par les jeunes initiants ou récemment initiés.

Revenons sur les noms donnés par les Karajá aux quatre fêtes-festins de clôture: **ido riore**, petite nourriture carnée; **itobo riore**, petite nourriture sucrée; **ido hykã**, grande nourriture carnée; **itobo hykã**, grande nourriture sucrée[2]. Ces appellations rendent compte de la double caractéristique de la nourriture **ijasò**; d'une part, sa variation quantitative calquée sur le mouvement en crescendo du rituel, d'autre part, sa dualité qualitative qui renvoie à la nature duelle des **Inã** cosmiques. Tantôt liquide, tantôt solide, tantôt sucrée, tantôt aigre (fermentée), elle balance entre les deux pendants de l'identité karajá, l'aquatique et le terrestre. Par analogie, la monovalence carnée (gibier) de la nourriture servie aux entités terrestres lors du rituel d'initiation masculine renvoie à une identité non karajá, voire à une non-humanité.

De fait, la petite et la grande nourriture sucrée avaient traditionnellement pour base l'**iweru**, boisson à base de tubercules et de maïs, adoucie de miel et de fruits divers selon la saison[3]. En opposition, la petite et la grande nourriture carnée, plus solides, étaient composées de poisson et de tortue généralement accompagnés de tubercules de manioc fermenté. Je renvoie le lecteur à la description des rites agraires, dans lesquels cette antinomie alimentaire doux-liquide / aigre-solide, inscrite dans deux temps socio-écologiques différents, est plus prononcée.

Aujourd'hui, l'abandon de l'horticulture et l'alignement croissant de la nourriture karajá sur celle de la population néo-brésilienne locale (riz, haricots, farine de manioc accompagnant le poisson ou la viande de bœuf) permettent difficilement de maintenir la dualité de l'alimentation des **ijasò**. Lorsqu'il est encore préparé, l'**iweru** est à base de riz et de sucre en poudre. On se contente le plus souvent de jus de fruit à préparation instantanée.

Les jeux ijasò

Intervenant de jour en fin d'après-midi, dans les premiers temps des quatre phases du rituel, les jeux (**lyrena**) constituent une rupture dans

[2] **Ido** signifie plus précisément «nourriture que l'on mange», excluant la viande de gibier, pour laquelle le verbe utilisé est **rò**; **itobo** signifie «nourriture que l'on suce», généralement douce, sucrée

[3] L'**iweru** est la boisson traditionnelle des Karajá. Elle est tirée de la cuisson du manioc, non de sa fermentation. Une fois rapée, puis expurgée de sa toxicité par un pressage à mains nues, ou entre les fibres légèrement écartées d'une petite natte (**ruana**) que l'on roule, la chair du manioc amer est cuite dans de l'eau. On peut y ajouter d'autres tubercules (patates, ignames) également rapées, du maïs, de la pulpe de fruits ou du miel selon la saison. Cette boisson n'est pas conservée et est consommée rapidement après sa préparation, souvent encore tiède.

l'ordre cérémoniel. Leur réalisation brise l'ambiance de retenue et de gravité présidant au déroulement liturgique et s'effectue généralement dans l'hilarité générale. Les **lyrena** sont des jeux de nature compétitive pouvant émailler un rituel spécifique (initiation, **ijasò**), ou relancer l'activité cérémonielle à la fin d'une période de deuil notamment (**itxeò lyrena**, jeu des pieux funéraires, *cf.* rites de mort). Leur nature désacralisante, cathartique, permet de les classer, pour la plupart, dans ce qu'il est convenu d'appeler des rites d'inversion, bousculant les valeurs et les règles sociales, modifiant les comportements et les relations entre les partenaires sociaux, détournant certains objets de leur utilisation normale.

Les **ijasò lyrena** font s'affronter deux équipes sexuellement opposées, issues des deux parties de la société concernées par le rituel des êtres masqués: **ijoi,** groupe d'hommes et **ixã**, groupe de femmes. De même, comme le rituel qu'ils inversent, ils sont réalisés dans l'espace intermédiaire reliant les unités domestiques à la maison des hommes, sur les chemins foulés par les entités spirituelles. D'une façon générale, les jeux ne font pas intervenir les êtres masqués. Il arrive toutefois que ces derniers apparaissent au côté des hommes, en particulier chez les Javaé.

Rapprochant mes données de celles de Donahue, Amaral de Toral et Bauer, j'expose ci-après les principaux types d'**ijasò lyrena** habituellement réalisés dans différentes communautés karajá et javaé:

— **Bedina lyrena**, jeu du génipa; le jeu consiste à se lancer un fruit de génipa entre partenaires du même groupe, les adversaires cherchant à l'intercepter. Participent à ce **lyrena** des jeunes femmes et jeunes hommes célibataires (**ijadoma** et **weryrybo**) qui durant la danse **ijasò** ne peuvent se toucher, ni même se regarder, et qui jadis étaient tenus séparés au sein de la société.

— **Haloo lyrena**, jeu du trou; le jeu consiste pour l'un des deux groupes à déterrer un fruit de génipa ou une patate douce, alors que le groupe opposé cherche à l'en empêcher. Cet affrontement assez violent met les adversaires en contact physique étroit et n'y participent que des hommes et des femmes déjà mariés.

— Le rapprochement physique entre personnes de sexe opposé est également requis dans un autre jeu qui consiste à attraper l'adversaire et à le barbouiller ou à lui faire avaler de la terre, ou une mixture de cendres et de salissures. Ce **lyrena** oppose aussi des hommes et des femmes mariés.

— L'inversion sexuelle intervient dans un jeu à différentes variantes donnant généralement aux femmes le rôle du chasseur et aux hommes celui du gibier. Poussant des cris d'animaux, le groupe d'hommes, **ijoi**, est assimilé à la fois à une bande de pécaris à lèvres blanches et à un groupe de femmes, les premiers et les secondes étant désignés, rappelons-le, par le même terme d'**ixã**. Une version javaé plus formalisée introduit également une inversion par rapport à la danse **ijasò**. Deux hommes munis de lances (ou de grandes flèches) attendent à mi-chemin deux femmes qui arrivent en courant de l'extrémité domestique. Après avoir reçu les lances des mains des hommes, elles les poursuivent en direction de la maison des masques.
Ce jeu à connotation cynégétique reprend en le modifiant un rite d'opposition masculine jadis réalisé sur les plages. Il s'agissait d'une course de relais mettant en compétition deux équipes d'hommes, réputés comme les meilleurs coureurs, donc les meilleurs chasseurs de pécaris ou de cervidés, qui se transmettaient une arme de jet (longue flèche d'arc ou de propulseur).

— Le même dédoublement d'un rite d'opposition masculine à caractère cynégétique et halieutique en une compétition ludique, où rivalisent hommes et femmes, est réalisé dans le jeu **axikroro** observé par Bauer (1984) dans le cadre d'un rituel **ijasò** chez les Javaé. L'**axikroro** est une cible ronde qui, dans ce cas-là, mesure environ un mètre de diamètre et est fabriquée avec des lianes, au milieu desquelles sont attachées deux galettes de manioc. Le jeu consiste à atteindre à l'aide d'un arc et de flèches les galettes de manioc. Ce sont les **ijasò** qui débutent le jeu, relayés par plusieurs paires de femmes. Chez les Karajá, le rite **axikroro** fait partie intégrante du rituel d'initiation masculine, opposant les **woràsã**, esprits des morts, entre eux. Il est alors pratiqué avec des cibles et des armes miniatures.

— Le jeu entre deux groupes sexuellement opposés peut également consister à entraîner l'adversaire dans son propre camp en tirant sur une corde de lianes. Du côté masculin peuvent intervenir soit des **ijasò**, soit des hommes non masqués. Cette lutte de traction à la corde fait également partie d'un rite d'opposition entre **woràsã** dans le rituel d'initiation masculine.

— Signalons enfin le **bedi lyrena**, jeu du miel, observé par Donahue (1982) chez les Karajá de Macauba et où la représentation d'une situation de désordre socio-cosmologique est particulièrement accentuée. Les **ijasò**, accompagnés de femmes, boivent un **iweru** sucré et feignent l'ivresse. Ils chancèlent, trébuchent, tombent à terre, doivent être portés jusqu'à la maison des hommes, alors que les femmes se permettent de les toucher, ou de danser comme eux.

Une fois le ou les **lyrena** terminés, les participants détendus, enjoués, reprennent leurs places dans l'espace socio-cérémoniel et poursuivent la grand-messe de l'**ijasò**.

Les participants au rituel

L'**ijasò** est un rituel communautaire. Il intéresse l'ensemble d'un village, à des degrés divers et à des phases différentes de son déroulement. On peut distinguer trois groupes de gens concernés par ce rituel: le ou les chamanes, le ou les maîtres-parents des entités spirituelles, les porteurs de masques et leurs partenaires féminines. Dans le rituel **ijasò**, si les prêtres ne sont pas les interprètes, certains possesseurs sont également des acteurs participant à la danse.

Le chamane

Comme dans les autres sociétés des basses terres d'Amérique du Sud, le **hyri**, chamane karajá, assure la médiation entre la société humaine et son environnement surnaturel. Le voyage nocturne de l'esprit du **hyri** dans le monde surnaturel est facilité par d'importantes inhalations de tabac. Cette mobilité spirituelle est associée à une perception aiguë qui lui permet de voir tout ce qui se passe dans l'au-delà aquatique, céleste ou terrestre. Ce don de double vue est entretenu par l'application régulière sur les yeux de la substance tirée d'une racine spécifique diluée dans de l'eau, encore pratiquée chez les Javaé (Bauer, 1984; Amaral de Toral, 1978-1979).

Chaque **hyri** a un contact privilégié avec un niveau cosmique particulier, après avoir été physiquement envahi lors de son initiation chamanique par un **ijasò** originaire de cet espace. Bien qu'habité par l'entité spirituelle qui lui transmet la connaissance, le chamane spécialiste des **ijasò** n'est pas un être possédé, un agent passif sous la domination d'entités surnaturelles. Le **hyri** ne représente pas physiquement les **ijasò**. Il est leur porte-parole auprès de la société humaine. Ils sait ce qu'ils veulent et transmet leurs volontés aux Karajá. Etant les seuls à «voir» les **ijasò** là où ils vivent, les chamanes ont été pour ainsi dire les créateurs des formes masquées des entités surnaturelles qu'ils ont rencontrées. Afin de transmettre ce savoir visuel aux hommes karajá, les **hyri** avaient jadis coutume de dessiner les **ijasò** sur le sol.

Une fois informé par un ou plusieurs **ijasò** de leur désir de venir chez les Karajá, le chamane doit trouver pour chacun un père et une mère, **ijasò tyby**, **ijasò së**, qui se chargeront de leur alimentation le temps d'un rituel. En fait, le **hyri** offre l'entité ou les entités masquées à l'enfant ou à l'un des enfants de ce couple. Cet enfant est alors considéré comme le véritable maître, ou **ijasò wedu**. Nous le verrons, le choix de la parenté adoptive par le chamane n'est pas arbitraire; il répond à des critères socio-économiques et est effectué avec l'accord de la communauté. Comme tout don fait à un enfant dans la société karajá (autres entités spirituelles, noms), il peut difficilement être refusé par les parents et doit être rétribué, notamment dans le cas de l'**ijasò**, par un bien matériel précieux (pirogue, plumes d'ara, par exemple).

C'est le **hyri** qui reçoit les nouveaux **ijasò** au sein de la société et leur offre leur première nourriture au nom de toute la communauté. A cette occasion, il passe sur les pieds des êtres masqués l'extrait d'une racine amère (**wosina**, espèce non identifiée) mélangé à de l'eau, afin de protéger ces derniers contre tout accident.

Par la suite, le chamane veille au bon déroulement du rituel, c'est-à-dire à ce que les **ijasò** soient satisfaits, mais il n'occupe pas le devant de la scène, du moins pour ce qui concerne les rituels auxquels j'ai assisté. Il convient de préciser que les quelques rituels observés n'étaient pris en charge à chaque fois que par un seul **ijasò wedu**. Il semble que le rôle du ou des chamanes s'avère nécessaire tout au long du rituel, lorsqu'il y a plusieurs maîtres d'**ijasò**. Il s'agit alors de stimuler la participation de chacun de ces responsables dans le déroulement cérémoniel, dans la fourniture de l'alimentation. Par la bouche du **hyri**, l'**ijasò** peut ainsi demander à son «père» d'organiser par exemple un **itobo riore** (fête dite «petite nourriture sucrée»). C'est également sous la conduite du chamane que les êtres masqués peuvent aller solliciter le don de nourriture directement à la porte des unités domestiques.

Le maître

Le ou les maîtres des êtres masqués constituent la seconde catégorie de responsables du rituel **ijasò**. Contrairement au **hyri** qui est attaché à un ou plusieurs **ijasò** spécifiques tout au long de sa carrière chamanique, l'**ijasò wedu**, selon les Karajá, n'est lié aux entités surnaturelles que le temps du rituel. Par ailleurs, affirment-ils, ni la tenue du rituel, ni son choix en tant que maître, n'est de son ressort. Nous l'avons dit, le rituel est organisé à la demande des **ijasò** (de ceux qui veulent venir) et leurs «parents» sont choisis d'un commun accord entre le chamane et la communauté. Quelques constatations permettent de nuancer ces informations.

C'est à un enfant (garçon ou fille, jusqu'à l'initiation comprise) que le chamane remet l'entité surnaturelle. En acceptant ce don, le père et la mère de l'enfant deviennent père et mère de l'**ijasò**, assumant la responsabilité de le nourrir. Le titre d'**ijasò wedu** est donné à l'enfant, véritable possesseur de l'être masqué, mais ce sont les parents de celui-ci, notamment le père, qui assure les obligations de la possession. La paternité spirituelle — vis-à-vis de l'**ijasò** comme de toute autre entité surnaturelle — dépend donc d'une paternité biologique préalable. Inversement, dans le cas spécifique des **ijasò** (entités cosmiques proprement karajá), la paternité biologique rend obligatoire la paternité spirituelle.

En effet, le gain de la possession même provisoire d'un **ijasò** se traduit par la garantie d'une protection surnaturelle, voire l'acquisition d'une énergie dont bénéficie directement le possesseur de l'entité. L'enfant a besoin de cette protection pour assurer son développement physique et social, notamment aux périodes de transition où la fragilité de l'individu est la plus grande. La possession-protection des **ijasò** est particulièrement nécessaire au stade de la puberté pour accompagner le jeune garçon et la jeune fille dans le processus d'intégration dans leur monde social respectif. C'est pourquoi le rituel **ijasò** fait partie intégrante de l'initiation masculine et féminine. Nous y reviendrons.

Etre père et mère d'**ijasò**, c'est également affirmer pour un couple une certaine assise sociale. La responsabilité partielle et *a fortiori* totale d'un rituel exige de pouvoir mobiliser toute une parentèle. Si l'unité uxorilocale est la première concernée (là où conduit le chemin où évoluent la ou les entités masquées), la famille du père de l'**ijasò** doit également y participer. Au sein du groupe de cognats centré sur l'enfant maître d'**ijasò**, il est difficile aujourd'hui de déterminer la participation économique de chacun, puisque la responsabilité d'un rituel n'échoit plus maintenant qu'à des hommes salariés et que la nourriture fournie aux entités masquées n'est pratiquement plus produite, mais achetée. D'une façon générale, outre la préparation de l'alimentation, l'unité uxorilocale fournit la nourriture végétale. La participation des cognats proches non résidents porte sur la nourriture carnée (poissons). Lors des fêtes de clôture, c'est la parenté cognatique élargie à l'ensemble du village qui fournit, tantôt la nourriture sucrée, tantôt la nourriture carnée, grâce à des expéditions masculines de collecte de miel ou de pêche (poissons, tortues).

La possession d'un ou plusieurs **ijasò** par un homme et une femme pour le compte de leur enfant dépend par conséquent de l'importance du réseau socio-économique qu'ils peuvent activer pour assumer cette responsabilité. Plus la famille est nombreuse et «riche», plus elle est sollicitée pour organiser ce rituel communautaire, contrainte en quelque sorte à une distribution régulière de ses richesses.

En acceptant la paternité spirituelle, l'homme karajá (maître et père) réaffirme pour le compte de son enfant (maître et fils / fille) un lien de parenté avec des entités surnaturelles (fils, quoique «ancêtres») qui, rappelons-le, sous une forme exclusivement masculine, représentent l'ascendance mythique proprement **inã**. Aux dires des Karajá, ce lien de possession-filiation est communautaire (au sens ethnique le plus large), sans affectation permanente d'**ijasò** spécifiques à des individus ou des groupes sociaux particuliers. On a pu toutefois constater que si d'une façon générale, à quelques exceptions près, toutes les communautés tant karajá que javaé de l'Île du Bananal pratiquant encore le rituel se partagent le même corpus d'**ijasò**, au sein d'un même village une affiliation répétitive lie certaines représentations masquées à certains segments du groupe social. Cette constatation est basée sur la comparaison effectuée entre mes données et celles d'autres chercheurs, recueillies dans la même communauté à quelques années d'intervalle et chez les Javaé.

Dans le but d'étudier l'origine et le mode d'utilisation des plumes d'oiseaux dans la fabrication des masques **ijasò**, l'ornithologue Teixeira est amené en 1980 à comparer deux groupes de quatre paires de masques possédés par deux **ijasò wedu** différents, **Arutana** et **Maluaré**, réalisant chacun successivement leur propre rituel. Ces deux hommes sont issus de deux formations sociales distinctes, dites de l'amont et de l'aval, **iboo** et **iraru ijoi**. Malgré quelques difficultés d'identification des différents types d'**ijasò**, ce chercheur constate qu'il n'y a qu'un couple de masques commun entre les deux groupes. Portant le même nom, **ijahereni**, ayant la même forme de tête et les mêmes ornements, ces deux **ijasò** arborent toutefois au niveau de la tête un motif différent. On peut également noter sur les dessins réalisés par ce chercheur que les autres **ijasò** de types différents possèdent chacun un motif particulier.

De mon côté, j'assiste en 1986 et 1988 à deux rituels réalisés respectivement par **Maluaré**, pour le compte de l'un de ses fils **jure** (initiant) et de l'une de ses filles **ijadoma** (jeune fille nouvellement pubère), et par **Arutana**, pour le compte de sa fille adoptive également **ijadoma**. Il s'agit aussi dans les deux cas de la possession de quatre paires de masques. En comparant les deux groupes de masques possédés successivement par **Maluaré**, on constate que trois **ijasò** sur quatre sont identiques, jusque dans le motif de tête. La comparaison avec les masques d'**Arutana** aboutit à la même constatation que trois **ijasò** sur quatre sont semblables, motif inclus uniquement pour deux d'entre eux. Comme en 1980, **ijareheni** est le seul masque commun entre les deux **ijasò wedu**, avec la même distinction de motifs.

Il est alors intéressant de noter que parmi les dessins des masques d'**Arutana** figurent la variante appelée **bede oru** (vers le bas, vers la terre) du motif **tureherio**, chauve-souris. Celle-ci apparaît invariablement, d'une part sur certains attributs de la chefferie politique et cérémonielle qu'il assume, à savoir le banc**, orixo**, et le couteau**, may**, d'autre part sur les pieux funéraires des membres de son groupe social de l'aval, jadis utilisés sur les tombes. En ce qui concerne **Maluaré**, l'emblème de son groupe de l'amont (et plus spécifiquement des **mahadu ijoi**), le vautour à tête rouge (*Cathartes aura)*, ou **raradie**, marquant également les pieux funéraires, apparaît sur la tête d'un de ses masques sous forme de sa variante **manatere**, labret de pierre.

Sans prendre en considération les motifs de tête des masques, Amaral de Toral constatait pour sa part chez les Javaé une certaine récurrence d'un rituel à l'autre dans l'affectation d'un ou plusieurs **ijasò** à un même segment de la ligne des unités domestiques, que confirmèrent par la suite les données de Bauer recueillies dans la même communauté. Comme chez les Karajá, cette affectation n'est toutefois pas explicitement reconnue par les Javaé.

Retenons pour l'heure le marquage emblématique semblant authentifier des liens de possession-filiation spécifiques, reliant des groupes de parenté à une ascendance mythique représentée par les **ijasò**, via une ascendance généalogique en partie incarnée sur la terre des cimetières par les pieux funéraires. Il conviendra de revenir sur le sujet une fois analysés d'autres types de possessions notamment spirituelles, ainsi que l'organisation socio-cérémonielle dans son ensemble.

Affilié et transmis du côté du père, l'**ijasò**, à l'instar de ce dernier, semble être affinisé du côté des membres de l'unité matrilocale qui le reçoit. Cette affinisation est perceptible dès le rituel d'accueil de l'**ijasò temãra** (**ijasò** nouveau) que l'on peut comparer à la réception du jeune époux, **ijoi tyhy temãra** (homme-vrai-nouveau) par la famille de sa future épouse. Dans les deux cas, on va chercher le nouveau venu, soit au bord du fleuve, au **beà** (lieu d'accostage) pour l'**ijoi**, soit à l'extrémité masculine de la piste de danse pour l'**ijasò**. Si le jeune homme est porté sur les épaules de l'un de ses affins jusqu'à la maison de son épouse, l'**ijasò**, destiné à se déplacer dans l'espace social, bénéficie d'une protection physique analogue mais plus durable, sous forme d'une décoction de racine amère que le chamane lui passe sur les pieds. Il faut souligner dans les deux cas la participation des femmes allant accueillir le nouvel arrivant et l'accompagnant jusqu'à (ou aux abords de) l'unité domestique.

Par la suite, la danse des **ijasò** avec les femmes confirme par la position face à face des partenaires et par la gestuelle féminine (frottement du bas-ventre) l'alliance ou, tout au moins, la relation sexuelle symbolique. Même la distance maintenue entre les partenaires peut être comparée à celle qui doit être respectée par les jeunes époux lors de la première nuit passée ensemble[4].

Cette distance physique de l'**ijasò** vis-à-vis de l'unité uxorilocale est maintenue de façon permanente durant le rituel. Rappelons que le masque ne pénètre jamais dans la maison qui le nourrit; il est fabriqué et conservé le temps du rituel dans la maison des hommes ou maison des masques. Socialement et spatialement parlant, il semble ainsi être assimilé à la fois à un fils et à un gendre, stade intermédiaire où le jeune homme, ayant quitté la maison de sa mère, ne s'est pas encore installé dans la maison de son épouse et demeure dans la maison des hommes. C'est d'ailleurs dans cette catégorie d'âge des **weryrybo** (entre l'initiation et le mariage) que sont recrutés la plupart des interprètes des **ijasò**.

[4] Le mariage traditionnel karajá peut être considéré comme un véritable rituel. C'était la famille de la jeune fille qui soumettait l'offre de mariage à celle du jeune homme. Le père de la future épouse devait fabriquer une pirogue, une pagaie et un **behyra** (hotte spécifique pour transporter les tubercules de manioc) à l'attention de son futur gendre. La mère de la jeune fille confectionnait deux objets nécessaires au rituel: un récipient en terre cuite et une grande natte. Une pêche collective au pirarucu rassemblant les hommes des deux familles était organisée. Le futur époux devait réussir à attraper un pirarucu, c'est-à-dire lutter au corps à corps avec cet animal fort et intelligent, afin de montrer son courage et son astuce. Au retour de la pêche, le jeune homme revêtu de ses ornements était accueilli au bord du fleuve par ses futurs affins, puis porté sur les épaules de l'un d'entre eux jusqu'à la maison de la jeune fille qui l'accueillait revêtue elle aussi de ses plus belles parures. Face à la maison, était tendue à la verticale entre deux poteaux la grande natte (**welo**). Entre la maison et la natte étaient installés un grand mortier et le récipient en terre cuite rempli d'eau. Le jeune homme s'asseyait sur le mortier (ce qui signifiait qu'à l'instar de cet instrument domestique il demeurerait toujours dans la maison) et la mère de sa future épouse lui nettoyait le visage avec un morceau de coton trempé dans l'eau du récipient, puis lui appliquait des peintures corporelles. Le jeune homme ne devait pas dormir la première nuit sous le toit de son épouse. Il n'était autorisé à y prendre ses repas qu'à partir de la naissance de leur premier enfant.

Il conviendra de revenir sur la symbolique sexuelle de ce rituel **ijasò** et de préciser le sens à donner à cette union **Inã** cosmiques-femmes karajá, à l'examen d'autres formes d'affinisation potentielle dans un contexte cérémoniel.

Les interprètes

Alors que la médiation chamanique et la possession-adoption de l'**ijasò** relèvent de personnes individuellement et socialement identifiées, l'interprétation de l'entité spirituelle est réalisée dans un anonymat total scrupuleusement respecté.

> «Le danseur ne doit, en aucune façon, révéler son identité; il ne peut pas parler, ni tousser ou éternuer et surtout il ne doit pas tomber. Dans le cas contraire, il est aussitôt frappé à mort, comme cela est pratiqué dans le Duck Duck ou l'Hametz du nord-ouest américain. S'il a besoin de tousser, ce qui naturellement peut arriver sous la chaleur suffocante du masque, le danseur saute au milieu des hommes de l'assistance qui se mettent à tousser en même temps pour que sa voix ne soit pas reconnue.» (Ehrenreich, 1948:77)

Comme l'indique encore Ehrenreich quelques lignes plus loin, la mise à mort de l'interprète de l'**ijasò** qui tombe, tout comme celle de la femme qui ose pénétrer dans la maison des masques, font référence selon les Karajá à des pratiques réalisées dans les temps très anciens. Si, encore aujourd'hui, la menace de mort reste attachée à la chute de l'entité masquée (le liquide protecteur passé par le chamane sur les pieds des danseurs ayant pour but de prévenir ce type d'accident), le danger lié à l'interprétation des **ijasò** n'a rien de comparable avec celui encouru par l'interprète d'une entité cannibale, tel que l'**aõni hykã**, lors du rituel d'initiation masculine. L'individu doit effectivement disparaître pour laisser place à l'**ijasò**, mais il n'est pas possédé par l'entité surnaturelle. Il n'a pas de précautions particulières à prendre pour se protéger contre l'emprise de cette dernière. Il doit essentiellement apprendre et se perfectionner sur le plan vocal et chorégraphique, afin de représenter au mieux les **Inã** cosmiques.

Aussi la représentation des **ijasò** est-elle accessible à tout individu mâle, dès l'adolescence (**weryrybo**), une fois sorti de la période d'initiation, et peut se poursuivre jusqu'à la vieillesse (**matuari**). Il est toutefois préférable, contrairement à la représentation des entités cannibales, que ce soit des hommes jeunes, mariés ou non, qui interprétent les **ijasò**. Il est également vrai qu'une certaine classification par âge est appliquée aux entités masquées en fonction de leur rythme, de la complexité chorégraphique et du degré d'articulation vocale. Les tout nouveaux interprètes se font ainsi la voix et les jambes avec des **ijasò** qui crient et qui courent.

De façon logique, le recrutement des interprètes se fait par catégorie d'âge, par groupe de jeunes gens ayant subi leur initiation en même temps. La paire de danseurs traditionnellement stable est donc constituée de deux individus de même génération, soit deux frères classificatoires, placés dans un rapport aîné-cadet selon le système terminologique karajá de type hawaïen à la génération 0.

Comme indiqué antérieurement, la mythologie fait référence à cette danse **ijasò** en termes d'échange matrimonial; deux frères classificatoires **jure** (initiants) restés seuls après le massacre de leur communauté échangent leurs sœurs adoptives respectives (perroquets devenus **ijadoma**, jeunes filles pubères), pour en faire des épouses. Selon Dietschy, qui se base sur le fait que «si un rite a souvent son pendant dans le mythe, celui-ci ne s'exprime pas toujours par son reflet direct mais souvent par son antithèse dialectique», «les deux hommes ou les deux jeunes gens (qui dansent) sont souvent des amis perpétuels, **wali**, qui se comportent comme des frères de sang — ne pouvant notamment épouser leurs sœurs réciproques — et sont tenus de s'entraider.» (1960:3)

Cette relation socio-cérémonielle prohibant l'affinité est connue sous l'appellation d'amitié formelle et existe sous une forme institutionnalisée chez les Gê-Bororo. Elle unit deux individus appartenant à deux générations consécutives qui agissent comme médiateurs réciproques dans les processus de socialisation et de désocialisation. Le plus âgé intervient principalement lors du rituel d'initiation du plus jeune, le plus jeune lors des funérailles du plus âgé. Bien qu'asymétrique, cette relation reproduit sur le plan individuel la bipolarité structurelle propre à ces sociétés du Brésil central. L'ami formel représente l'altérité, l'image inversée de soi-même, physiquement tenu à distance par une conduite d'évitement.

Cette relation socio-cérémonielle se distingue du compagnonnage moins formel, existant parallèlement chez les Gê et liant deux individus appartenant à la même classe d'âge et s'étant mutuellement choisis lors du rituel d'initiation. La relation dyadique est dans ce cas-là marquée au sceau de l'identité, de la proximité et de la liberté de comportement. Si l'on en croit Lipkind (1948, box 1, vol.2:75), la relation **wali** (ou **wa biowa**), qui effectivement liait jadis le couple de danseurs, relevait plus du compagnonnage que de l'amitié formelle excluant l'affinité.

Aujourd'hui, les paires rituelles fixes sont difficilement observables; on danse avec «n'importe qui», selon les Karajá. A cela deux raisons essentielles. D'une part, l'état de déliquescence du contexte social dans lequel s'effectue l'appariement initiatique. D'autre part, le désintérêt grandissant des nouvelles générations pour la tradition cérémonielle où sont incarnées des valeurs socio-culturelles qui ne sont plus exemplaires pour les jeunes. La pratique du chant et de la danse **ijasò** par exemple, contrairement à la lutte corporelle, est difficilement récupérable dans le processus de transformation de la société karajá. La participation, notamment masculine, au rituel est par conséquent plus déterminée par le bon vouloir individuel que par des obligations socio-cérémonielles que se partagent différentes catégories sociales. L'assertion de Dietschy n'a donc pu être vérifiée sur le terrain et n'a pas été nettement confirmée par les Karajá eux-mêmes. Toutefois, à la lumière de l'analyse du système terminologique et de l'étude de l'organisation sociale, on sera amené à avancer une hypothèse voisine de la déduction théorique de cet ethnologue suisse.

Il n'existe pas traditionnellement de paires fixes entre les femmes qui participent à la danse **ijasò**. Des paires initiatiques féminines peuvent difficilement se forger dans le cadre d'un rite d'initiation de nature individuelle et domestique, contrastant avec son homologue masculin de nature collective et publique. Ne peuvent danser que des femmes pubères, mariées ou non, généralement jeunes et encore fécondes. Parmi elles, se détache par l'abondance de ses parures l'**ijadoma**, la jeune fille nouvellement pubère, sortant de sa période de réclusion dans la maison maternelle et dansant pour la première fois avec les entités **ijasò**, dont elle est le maître (*cf.* photos 9 et 29).

Dans un contexte initiatique féminin, le rituel **ijasò** peut être considéré comme un rite de clôture. Il met fin à la réclusion et affiche publiquement le retour de la jeune femme au sein du corps social, en tant qu'être reproducteur dont la fertilité est renforcée par l'accouplement symbolique avec les **Inã** cosmiques.

Dans le cadre de l'initiation masculine, le rituel **ijasò**, dont le jeune initiant est également le maître, constitue à l'inverse le rite d'ouverture de l'initiation proprement dite. De fait, il est nécessaire que les jeunes garçons disposent de la protection d'**Inã** cosmiques pour assurer le bon déroulement de leur initiation. Le ou les rituels **ijasò** sont généralement réalisés en grande partie avant le rite d'initiation, de sorte qu'à la clôture de ce dernier, il ne reste plus aux entités surnaturelles qu'à prendre congé de leurs jeunes maîtres. Par voie de conséquence, contrairement à l'**ijadoma** qui doit danser avec ses **ijasò**, le **jure** (initiant) n'est pas encore habilité à endosser le masque des siens. Enfin et ce, cette fois, de façon analogue à la jeune initiante, le jeune garçon bénéficie de l'énergie dispensée par les entités spirituelles dont il est le **wedu**.

RITUEL D'INITIATION MASCULINE

Le rituel d'initiation masculine, ou **heto hykã** (grande maison), est le principal rituel de la saison des pluies. Dans la littérature ethnographique (en particulier Lipkind, 1948:191), il est cité comme étant l'une des deux principales fêtes des morts, la seconde étant consacrée aux esprits des ennemis tués à la guerre et célébrée à la saison sèche. Les commentateurs soulignent également la diversité des entités spirituelles participant au **heto hykã**, en insistant sur la nature animale de nombre d'entre elles.

De fait, il peut être difficile à première vue de définir précisément le rituel **heto hykã**, compte tenu de son déploiement à la fois cosmologique et sociologique. Il met en scène de façon ostentatoire diverses catégories d'êtres surnaturels, esprits des morts karajá et entités cannibales principalement, mais également les **ijasò**. Il nécessite par ailleurs la participation de différents villages karajá et assure enfin la plus grande part du processus de socialisation des jeunes garçons. Mais tous ces aspects ne sont pas contradictoires. Comme dans la plupart des sociétés traditionnelles, le passage du jeune garçon dans le monde masculin signifie sa mise en contact avec le surnaturel. Sans que l'on puisse réellement parler, à l'instar de Lipkind, d'un «culte des morts», ni de la célébration de morts récents visant à faciliter le départ définitif des âmes, comme dans le **kuarup** des Indiens du haut Xingu, la participation des esprits des morts karajá dans le rituel **heto hykã** n'en reste pas moins importante et originale.

Contrairement au rituel **ijasò**, la littérature ethnographique ne renferme aucun témoignage ancien sur le déroulement du **heto hykã**. La première véritable description faite par un chercheur ayant assisté à ce rituel date de 1973. Les informations antérieures ont été obtenues auprès de Karajá. On décrira tout d'abord le **heto hykã** tel qu'il a été observé en mars 1986 dans le village de Sta Isabel do Morro, en complétant les données avec les observations faites ou informations obtenues par d'autres chercheurs. Dans un second temps, on abordera son analyse en essayant de définir la structure socio-cérémonielle mise en œuvre dans ce rituel.

Pour une meilleure compréhension du **heto hykã**, il convient tout d'abord de préciser que le processus de socialisation du jeune garçon comportait jadis les étapes suivantes, séparées par un intervalle de deux ou trois ans:

— le percement, **rurena**, de la lèvre inférieure, **ije**, avec insertion du premier labret en os, qui concerne la catégorie des **weryry hykã**, «garçons grands» (8-9 ans);
— le rite de passage proprement dit, avec entrée dans la maison des hommes et pose du cordon pénien, **noo tehana** (pénis-ce qui serre), qui concerne la catégorie d'âge des **jure** au crâne rasé, puis celle des **bodu** correspondant au temps de repousse des cheveux (10-12 ans);
— l'attache des cheveux en une longue queue serrée par une cordelette de coton, **raotue**, puis l'inscription dans la chair des pommettes des deux petits cercles de la marque tribale, **omarure**[5], et enfin le port des coiffes de plumes rayonnantes **raruna** et **raheto**; c'est alors la catégorie d'âge des adolescents ou jeunes hommes non mariés, **weryrybo**[6].

5 La scarification tribale **omarure** (**rure**, percer, graver) possède une valence nettement aquatique. **Oma** est un terme générique qui désigne les poissons gymnotidés: *tuvira* (*Eigenmannia virescens*), *pira-tamandua* (*Sternachorhumphus*), *sarapo* (*Carapus fasciatus*), exception faite du poisson électrique *poraquê* (*Electrophorus electricus*) dont l'appellation de **woru** renvoie au monde de la sorcellerie. **Oma** désigne également le cercle jaune ornant la nageoire caudale du poisson *tucunaré* (*Cichla sp.*). Enfin, **oma ryti** désigne le dessin circulaire utilisé comme motif de peinture corporelle ou de natte.

6 Les principales catégories d'âge karajá sont les suivantes:

Tohoua	bébé
Uladu wyodu	enfant qui se tient droit
Uladu rabidu	enfant qui s'asseoit
Uladu diradu	enfant qui se déplace à quatre pattes
Weryry riore	petit garçon, à partir des premiers pas
Hirari riore	petite fille,
Weryry hykã	grand garçon, ayant subi le percement de lèvre
Weryry jure)	
Weryry bodu)	garçon initiant, des cheveux rasés aux premières parures
Weryry raruna)	
Hirari hykã	grande fille
Harubodu	jeune fille en réclusion après sa première menstruation (selon Donahue)
Weryrybo	jeune homme
Ijadoma	jeune femme
Hãbu, ijoi tyhy	homme vrai, marié avec enfant
Hawyy, uladusë	femme, mère d'enfant
Matuari	homme âgé
Senãdu	femme âgée

Les deux premières étapes étaient réalisées dans le cadre du rituel **heto hykã**. Le marquage corporel de la socialisation et de l'identification ethnique ayant progressivement disparu dans les trente dernières années, il ne reste plus de nos jours que le rite de passage du jeune garçon dans la maison des hommes. Alors que le cordon pénien a été relayé par le port des vêtements, le pagne de liber féminin, **inã tu**, «plume de karajá», s'est maintenu jusqu'à ce jour. Il est la seule tenue que les jeunes femmes doivent porter pour danser avec les masques **ijasò** et est encore fréquemment utilisé par les femmes âgées sous leur jupe ou leur robe de tissu. Quant à la scarification tribale, elle est aujourd'hui devenue la marque distinctive de la catégorie d'âge des personnes âgées (**matuari**, vieil homme, **senãdu**, vieille femme). A la fin des années cinquante, Fénelon Costa constatait déjà le refus de plusieurs adolescents, tant filles que garçons, de se faire inciser l'**omarure** par crainte de la douleur ou parce que cela allait les enlaidir (1978:31). Pour les jeunes générations, la marque tribale n'est plus qu'une peinture cérémonielle que l'on laisse s'effacer après le rituel comme les autres peintures corporelles.

Description du rituel

Pour la clarté de l'exposé, on peut diviser le rituel en quatre étapes chronologiquement ordonnées et que l'on peut intituler: 1- phase préparatoire, 2- phase inter-communautaire, 3- phase d'isolement initiatique, 4- phase de maîtrise de l'entité cannibale.

Phase préparatoire
Organisation matérielle et mobilisation des participants

C'est sans nul doute la plus longue des quatre. Elle se développe sur plusieurs mois et s'entremêle à un ou deux rituels **ijasò**, eux-mêmes réalisés en préparation du **heto hykã**. Commençant pratiquement au début de la saison des pluies (octobre-novembre), elle s'achève trois ou quatre mois plus tard (février-mars), enchaînée le jour même par la deuxième phase.

Dès le début, elle est sous la responsabilité de l'**ixã wedu**, «maître du groupe», leader traditionnel dont la fonction est aujourd'hui restreinte à un cadre cérémoniel. C'est sous sa direction que la collectivité karajá, tant intra qu'inter-communautaire, exécute les différentes étapes du rituel. Durant la première phase, les invitations successives du chef cérémoniel à la réalisation des préparatifs sont formulées à distance et à voix haute sur le chemin reliant son unité domestique à la maison des hommes, d'où la collectivité masculine lui fait part en chœur de son assentiment. La responsabilité du bon déroulement du rituel d'initiation est également assumée, quoique de façon moins active, par le **deridu**, «enfant favori», traditionnellement cloîtré dans son unité domestique et dont la famille a pour obligation principale la fourniture d'une partie de la nourriture des esprits des morts.

La phase préparatoire comporte deux aspects: l'organisation matérielle et la mobilisation de l'ensemble des participants.

Le **heto hykã** nécessite l'utilisation de divers objets rituels, ainsi que l'érection de plusieurs structures en bois et palmes de buriti sur la place du village. Les premiers requièrent beaucoup plus de temps de réalisation que les secondes et l'avis de construction n'est donné par le chef cérémoniel qu'une fois la fabrication des paraphernalia rituels achevée.

Que ce soit pour le percement de la lèvre ou pour le passage dans la maison des hommes, le jeune garçon doit disposer d'une natte à motifs, **byre hyti** (**byre**, natte étalée sur le sol, à distinguer de celle que l'on suspend[7]; **hyti**: dessin, motif) et d'un petit banc, **orixo rynana** (**orixo**, bois dans lequel est fabriqué le banc, *cf.* ci-après; **rynana**, siège). La natte est traditionnellement réalisée par la mère ou la sœur de mère du jeune intéressé, le banc par le père. Toutefois, la technique de la taille du bois d'une façon générale et du banc cérémoniel en particulier n'étant plus connue que par quelques hommes âgés, c'est le plus souvent un représentant de la catégorie **labie** (père de père ou de mère, réel ou classificatoire) qui se charge de cette fabrication. Le banc est taillé à coups de machette dans le bois dur d'une essence de savane, l'**orixo**, ou *sambaiba-de-Minais-Gerais* (*Curatella americana*), dont les larges feuilles à la texture rugueuse sont également utilisées par les Karajá pour polir le bois.

Ce banc de petites dimensions, environ 90 cm de long, 20 cm de large et 15 cm de haut, est copié, du moins pour la forme, sur celui utilisé par

[7] La natte, fabriquée par les femmes, est un élément culturel important chez les Karajá. Elle possède un double aspect, domestique et cérémoniel. Le sol des maisons est tapissé de nattes; il y a les nattes pour s'asseoir, pour manger et celles pour dormir (jadis les Karajá tissaient des couvertures mais ne fabriquaient pas de hamacs). Dans les campements sur les plages en saison sèche, les nattes servaient de protection contre le soleil ou le vent. La plupart des rituels nécessitent l'utilisation de nattes, qu'elles soient posées à terre ou tendues entre deux poteaux, et parfois la confection de nattes spécifiques (initiation masculine, mariage). La natte peut alors servir à organiser l'espace cérémoniel, à le diviser entre des groupes sociaux distincts (rites agraires). Enfin, c'est enroulé dans sa natte que le défunt est inhumé et protégé du contact avec la terre.

l'**ixã wedu**. Le banc du chef traditionnel était toutefois jadis de dimension plus importante et de facture plus élaborée (Ehrenreich 1948:57). Selon certains observateurs et en fonction de l'angle d'observation, ce banc présenterait une forme animale (oiseau) ou celle d'une embarcation fluviale. Pour les Karajá, il possède la tripartition corporelle de toute représentation humaine (**ra**, tête, **we**, tronc, **ti**, jambe) et la dualité proprement **inã** sous forme de deux têtes (une à chaque extrémité). De forme triangulaire avec un nez en bois, deux yeux de nacre et deux parures de plumes pendant de chaque côté, cette double tête porte le nom d'**ira hykã**, grande tête (*cf.* figure 7). Le même terme est employé pour désigner la partie supérieure, de forme tout à fait comparable, de l'un des deux types de pieux funéraires qui, rappelons-le, allaient toujours par paire.

Le banc et la natte cérémoniels sont des objets initiatiques et ne restent pas la propriété du jeune garçon, ni même de son unité domestique. A la fin du rituel, ils servent de rétribution à la participation, alimentaire ou autre, de cognats proches non résidents, généralement frères et sœurs de père. Il n'en est pas de même pour ce qui concerne les deux principaux responsables du rituel, l'**ixã wedu** et l'enfant **deridu**, dont le banc et la natte font partie des attributs de leur charge.

Ils sont complétés, pour le chef cérémoniel, par un serre-tête (**ra tehana**, tête-ce qui serre), un couteau en bois recouvert et orné de plumes d'ara rouge de différentes tailles (**may so**, couteau rouge) et une baguette de bambou (**obe hetsiwa**), également ornée dans sa partie supérieure du plumage de cette famille de psittacidés (*cf.* figure 8). Ces attributs de la chefferie traditionnelle, à la fois politique et cérémonielle, sont possédés par l'**ixã wedu**, qui les appellent **wa riore**, mes enfants. Nous reviendrons ultérieurement sur la chefferie chez les Karajá et sur l'institution correspondante de l'enfant confiné.

Les maigres parures cérémonielles aujourd'hui utilisées peuvent difficilement rendre compte de l'opulence et de la variété de l'ornementation corporelle traditionnelle karajá, dont Ehrenreich témoignait à la fin du 19e siècle: coiffes rayonnantes de différentes tailles, dont la plus grande est la **ra heto**, «maison de la tête», ou bonnets de plumes, **lori lori**, mariant les tons de pastel des plumages aquatiques aux couleurs vives des oiseaux de forêt, parures de plumes en forme de fleurs s'ouvrant sur des cœurs de nacre à hauteur des oreilles (**dohorywe**), ou tombant en cascade de l'occiput, des bras et des jambes, ceintures de plumes mêlées de coques de fruits rehaussant les jupes de paille de buriti (**we tehana**), etc. (Ehrenreich, 1948:52-55).

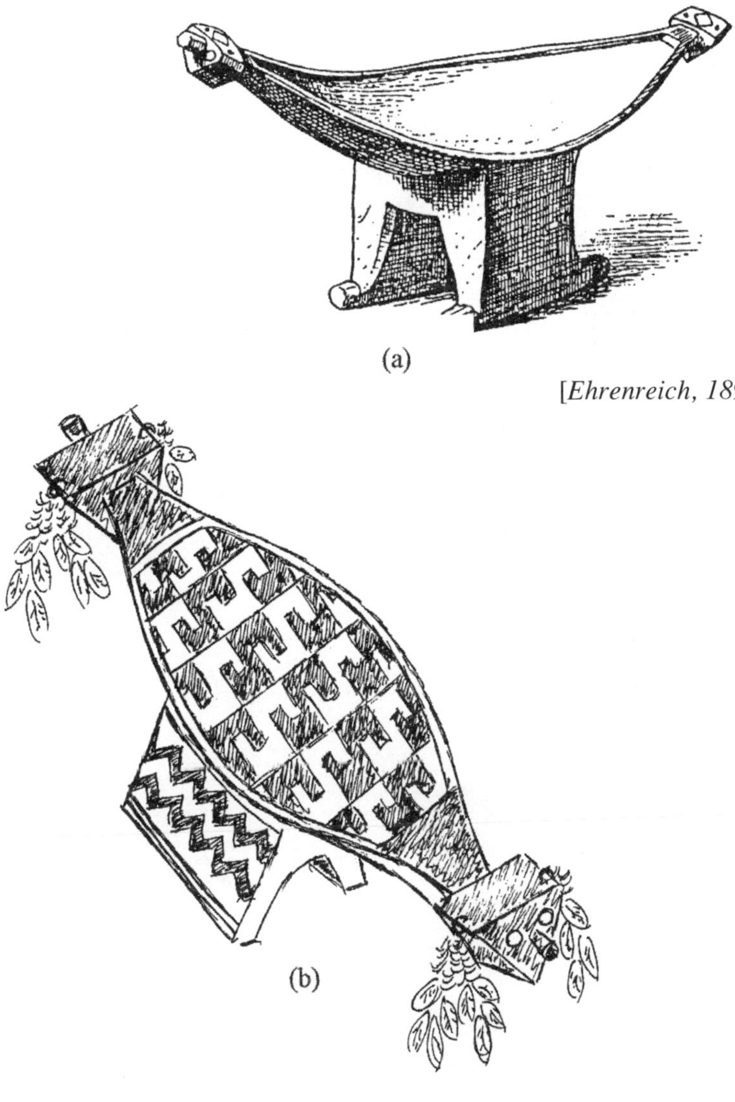

(a)

[*Ehrenreich, 1891*]

(b)

Figure 7 – Bancs
(a) chefferie politique et cérémonielle
(b) initiation masculine

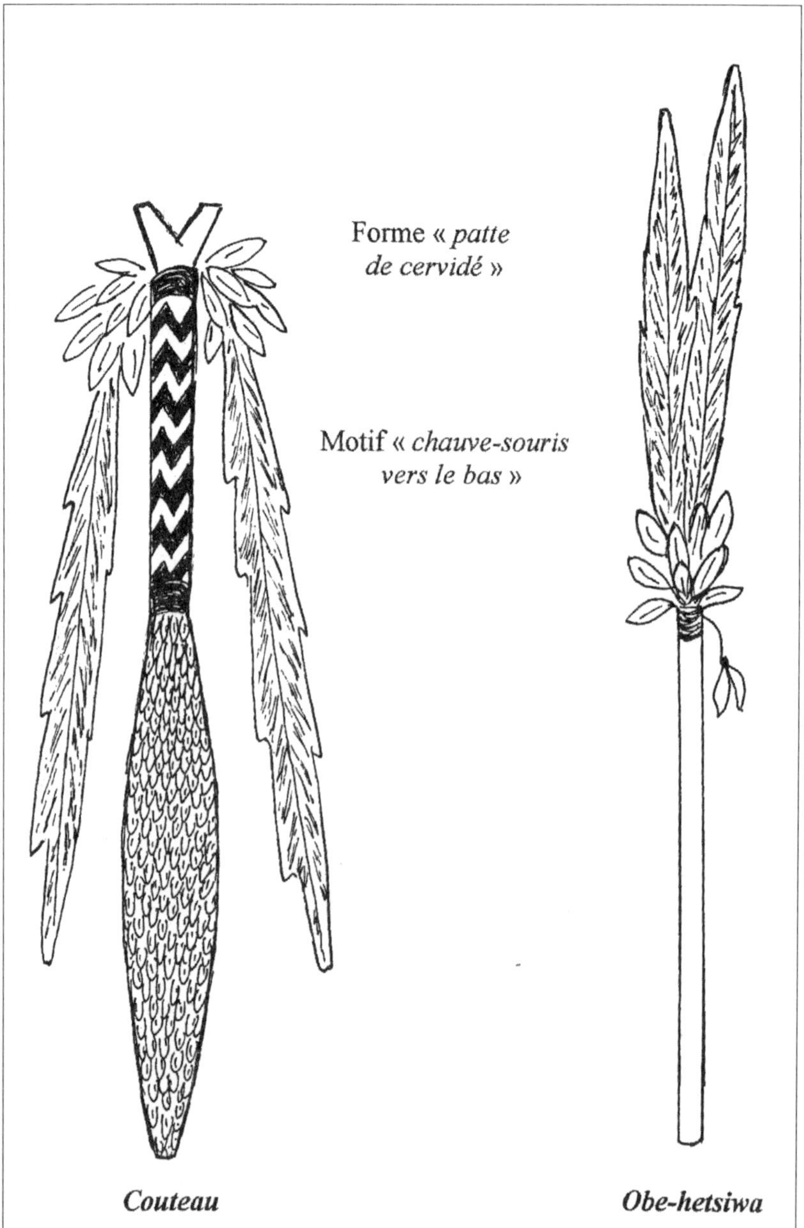

Figure 8 – Attributs de la chefferie politique et cérémonielle

Les ornements de coton sont par contre encore largement utilisés, la matière première pouvant être obtenue auprès des Blancs. Rougis au roucou, ils sont constitués de larges poignets rigides, aux deux extrémités évasées et légèrement enroulées et de bandes étroites serrées de part et d'autre des mollets. Ces deux parures sont complétées par de longues franges pendant du haut des avant-bras ou jusqu'aux chevilles.

Fabriqués avec des perles de verre de toutes couleurs, deux types de colliers complètent l'ornementation corporelle. L'un formé de quelques rangs de perles de différentes longueurs est la pâle copie d'un modèle ancien qui enserrait étroitement le cou sur plusieurs rangées, puis retombait lourdement sur la poitrine. Le second type de collier est de facture récente, n'apparaissant dans les documents ethnographiques qu'à partir des années 50. C'est une pièce rectangulaire constituée d'un entrecroisement de lignes de perles de différentes couleurs représentant un motif karajá traditionnel.

Si l'on excepte les coiffes de plumes rayonnantes uniquement masculines (le bonnet de plumes est utilisé pour les enfants des deux sexes et est également porté par la jeune fille pubère lors de ses premières danses avec les **ijasò**), on constate une certaine uniformisation de l'ornementation corporelle, tant entre les deux sexes qu'entre les catégories d'âge, sans doute renforcée par la paupérisation: mêmes colliers, mêmes attaches et poignets de coton (jusqu'à la puberté certaines attaches et franges de coton sont teintes au génipa et non au roucou), mêmes ornements d'oreilles (le cœur de nacre de l'ornement masculin est remplacé chez les enfants et les adolescentes par une dent du rongeur cabiai (*Hydrochœrus hydrochœrus*).

Ce sont les membres des catégories d'âge **ijadoma** et **weryrybo** (jeunes filles et jeunes hommes célibataires) qui sont le plus richement parés, cumulant la totalité des peintures et des ornements corporels. De fait, jusqu'à la puberté et au rite de passage, les enfants ne sont pas peints au génipa. Puis, à partir du mariage et plus précisément de la naissance du premier enfant, les femmes abandonnent leurs parures et les hommes ne les arborent que lors des rituels, diminuant progressivement leur importance jusqu'à la vieillesse.

Pour plus de détails sur l'ornementation corporelle comme facteur de classification par âge, on peut consulter notamment Fenelon Costa (1978) et Dietschy (1964). Le lecteur peut également se reporter aux photos 4 à 8 illustrant quelques ornements corporels karajá.

Par ailleurs, ni les écrits ethnographiques, ni ce que j'ai pu observer et étudier de mon côté, ne me permet d'affirmer que l'ornementation corporelle karajá (parures et peintures) fonctionne ou a pu fonctionner également de façon significative comme marqueur de classification en groupes de parenté ou formations cérémonielles. Toutefois, certaine allusion de Krause (1940/43:190) au sujet des motifs figurant sur les longs labrets de bois jadis utilisés par ce peuple indigène rejoint la différenciation graphique que l'on a notée sur des représentations humaines proprement karajá (pieux funéraires, masques **ijasò**), exprimant une affectation à des groupes sociaux distincts.

Le **heto hykã** est un rituel masculin. Seules les parentes proches des initiants font une brève apparition sur la place rituelle. Parées de quelques discrètes peintures corporelles, elles contrastent avec la collectivité masculine arborant traditionnellement à cette occasion ses plus beaux ornements. En cela le **heto hykã** s'oppose au rituel **ijasò**, où les seuls participants porteurs de parures cérémonielles sont les **ijadoma**, jeunes filles nouvellement pubères.

Le second temps de la préparation matérielle porte sur la construction de l'infrastructure nécessaire à la réalisation du rituel. Les tâches se font alors collectivement sous la direction préalablement éloignée puis rapprochée du chef cérémoniel et sur la base d'un découpage social (pour l'illustration de la description du rituel, *cf.* figure 9 et photos 30 à 33).

La tâche la plus laborieuse et présentant même quelque danger concerne la coupe, l'acheminement et l'érection sur la place du village d'un **tohò hykã**, «grand tronc» de bois de 10 à 12 m de haut. Ce **tohò hykã**, pris dans les essences de *jatoba* (*Hymenaea courbaril*) ou de *jacaréuba* (*Calophyllum brasiliense*), doit être droit et lisse. Généralement abattu sur la rive gauche du fleuve Araguaia où les arbres sont plus grands, le tronc de bois est transporté jusqu'au village, solidement amarré à la coque du bateau à moteur (*lancha*) appartenant au village de Sta Isabel. L'acheminement du **tohò hykã** était jadis beaucoup plus long et plus difficile lorsque les Karajá devaient l'effectuer avec leurs pirogues, à la seule force de leur bras. Le tronc d'arbre est ensuite érigé dans la partie ouest de la place rituelle, face à la maison des hommes.

Le **tohò hykã** et le trou creusé pour le ficher en terre appartiennent invariablement, dans cette communauté du haut du fleuve qu'est Sta Isabel do Morro, à un groupe d'hommes appelé **iboo ijoi**, groupe de l'amont. Un autre groupe masculin, les **iraru ijoi**, groupe de l'aval, les assiste dans cette tâche délicate. Quelques hommes du village de Fontoura (communauté invitée au rituel et située à environ 40 km en aval du fleuve), venus avec les femmes quelques jours en avance, vont tenter à plusieurs reprises de faire tomber le tronc que les hommes de Sta Isabel élèvent doucement au moyen de grosses cordes de lianes et de fourches en bois de différentes longueurs. Cette opposition relativement faible et rapidement maîtrisée préfigure les luttes intercommunautaires à venir, notamment autour du **tohò hykã**.

Au centre de la place, entre la maison des hommes et le grand tronc, sont ensuite érigées en un alignement orienté nord-sud et parallèle à la ligne des unités domestiques, trois structures en bois et palmes de *buriti* (*Mauritia vinifera*). Ces trois constructions sont de formes différentes et sont installées successivement, ou avec un court décalage, par des groupes d'hommes distincts.

Dans la partie sud de la place, en amont du fleuve, est édifiée la grande maison, ou **heto hykã**, qui donne son nom au rituel, pour être le lieu central du rite de passage. Cette vaste maison d'environ 6 m de haut, 8 m de long et 4 m de large, reproduit de façon simplifiée, avec sa toiture à deux pans allant jusqu'au sol, l'architecture traditionnelle de la maison karajá, aujourd'hui abandonnée au profit de celle utilisée par la population néo-brésilienne. Sur les trois troncs de bois formant l'ossature verticale et auxquels sont reliés deux par deux les six perches latérales, l'un est d'une essence spécifique et, quoique dépouillé de sa ramure, est considéré comme un arbre véritable. C'est le **lenãre**, ou *pindaiba* (*Xylopia aromatica*), à l'écorce odorante et dont les Karajá se servent pour ses propriétés analgésiques. Comme le grand tronc, il doit être droit et lisse. Ultérieurement surmonté de quelques palmes de *tucum* (*Astrocaryum sp.*), il est situé à l'extrémité nord de la grande maison, celle ouvrant sur les deux autres constructions, et constitue en fait l'élément charnière articulant la **heto hykã** à la structure centrale.

Principal édifice du rituel, bien qu'occupant une position latérale dans l'espace cérémoniel, la grande maison est construite par le groupe de l'amont, **iboo ijoi**, et elle leur appartient.

Face à la **heto hykã**, à une dizaine de mètres de celle-ci, soit dans la partie septentrionale de la place, en aval du fleuve, est érigée la **heto riore**, petite maison. De facture également rudimentaire due à son caractère provisoire, elle se distingue de la grande maison à la fois par sa taille et par sa forme non traditionnelle. Elle est pour sa part construite et possédée par le groupe de l'aval, **iraru ijoi**.

Une fois terminés, ces deux édifices sont présentés au chef cérémoniel. Ce dernier, qui jusqu'alors dirigeait la préparation du rituel à distance, lançant ses instructions depuis le chemin reliant son unité domestique à la maison des hommes, est alors porté sur les épaules de l'un de ses affins (mari de fille, à défaut mari de sœur) jusqu'à la place rituelle. Là, assis sur son banc posé sur sa natte à motifs, et muni des différents attributs de sa charge, il invite la collectivité masculine à réaliser l'étape suivante, avant d'être ramené de la même façon jusqu'à sa maison.

Finalement, au centre de cette composition asymétrique et disparate, est érigée le jour suivant une galerie (**hererawo**) basse et conique, soutenue sur toute sa longueur par cinq petits arbres d'espèces différentes, plantés à égale distance les uns des autres. Leur mise en terre successive et alignée, de la grande à la petite maison, fait intervenir pour chacun d'entre eux, à la demande du chef cérémoniel, des représentants d'un groupe d'hommes distinct.

Alors qu'un membre des **ijoi hykã ijoi**, «hommes du grand groupe» (ou de façon simplifiée, «grand groupe»), grimpe en haut du **lenãre** situé à l'entrée de la grande maison pour y attacher les palmes de *tucum*,

— des **mahadu ijoi**, «hommes des habitants d'origine» (ou de façon simplifiée «groupe des anciens») plantent le **toriwahosina** (arbre du toucan; *Didimopanax morototoni*);

— puis des **uraura ijoi**, «groupe de l'aigrette» (pour d'autres informateurs, il s'agit des **rarahesa ijoi**, «groupe du vautour-pape») plantent le **nawiitobo** (arbre du nandou, dont le nandou mange les fruits; *Virola sebifera*);

— puis des **hiretu ijoi**, «groupe aux plumes de *carancho*» (falconidé *Polyborus tharus*), plantent le **hemãta** (espèce non identifiée);

— puis des **wokatu ijoi**, «groupe aux plumes de *mergulhão*» (oiseau plongeur *bigua*, *Phalacrocorax olivaceus*) plantent le **koodio** (*Tapirira guianensis*);

— enfin des **saura ijoi**, groupe **saura** (traduction de **saura** non obtenue) plantent le **õrihosina** (arbre du tapir; *Diospyros sp.*)[8].

Ces petits arbres sont également choisis pour leur tronc droit et sont tous utilisés (écorce, feuille) dans la pharmacopée karajá pour combattre la douleur. Contrairement au **lenãre**, arbre de la grande maison, ils conservent leur feuillage. Jusqu'à mi-hauteur des cinq arbres est montée une fine armature conique que l'on recouvre ensuite de palmes de *buriti*, afin de donner forme à la galerie reliant la grande maison à la petite.

[8] Nous empruntons l'identification de cet arbre et des trois précédents à Ferreira Lima Filho (1994:88).

Figure 9 – Rituel d'initiation masculine

1. *Maison des hommes*
2. *Grande maison*
3. *Petits arbres (galerie)*
4. *Petite maison*
5. *Grand tronc*
6. *Initiants et leurs parents*
7. *Lieu d'accostage principal*

Nous verrons plus loin dans l'analyse du rituel que l'identification des groupes rituels et leur affectation aux petits arbres varient d'un ethnologue à l'autre chez les Karajá et les Javaé. Soulignons seulement pour l'heure et pour en terminer avec la mise en place de l'infrastructure cérémonielle, que trois foyers pour la cuisson de la nourriture sont ensuite installés: un légèrement à l'extérieur de la grande maison pour les hommes de l'amont, un autre dans la petite maison pour les hommes de l'aval et un troisième à l'extrémité de la galerie, près de l'emplacement du **toriwahosina** correspondant aux **mahadu ijoi**, groupe des anciens, également appelés **itya ijoi**, groupe du centre.

Les participants masculins au rituel **heto hykã** sont appelés **woràsã**, esprits des morts karajá. Du début à la fin du rituel, le chef cérémoniel ne dirige pas des êtres vivants, mais la représentation collective et anonyme de morts karajá, tout d'abord regroupés puis divisés en deux groupes antagonistes.

Durant la période préparatoire, le village organisant le **heto hykã**, en l'occurence Sta Isabel do Morro, regroupe les esprits des morts des cimetières jalonnant l'ancien territoire karajá dans sa partie sud, soit en remontant le fleuve à partir de Sta Isabel. Ces cimetières correspondent à l'emplacement d'anciens villages permanents (de saison des pluies), installés sur la berge haute de l'Araguaia et du bas Rio das Mortes. Les **iboo woràsã**, esprits des morts de l'amont, incarnés par les hommes de Sta Isabel, arrivent en bateau au village dans les premiers temps de la période préparatoire et leur réception donne lieu à des luttes corporelles d'entraînement entre jeunes hommes mariés et adolescents.

Fontoura, le village invité, est censé regrouper de son côté les **iraru woràsã**, les morts de l'aval. Par deux fois durant la période préparatoire, ces derniers viennent en petit groupe à Sta Isabel se mesurer à leurs adversaires. A ces deux occasions, la lutte des **woràsã**, qui oppose ceux de l'amont à ceux de l'aval et qui a lieu en fin de journée, est relayée jusqu'à l'aube par la danse des **ijasò**, à laquelle les invités participent.

Notons dès à présent le glissement d'identité s'opérant au sein de la dualité socio-cérémonielle amont / aval, lors du passage d'un niveau intracommunautaire à un niveau intercommunautaire. Face aux représentants des villages de l'aval, les **iraru ijoi**, groupe de l'aval de Sta Isabel, incarnent aux côtés des **iboo ijoi**, groupe de l'amont du même village, les **iboo woràsã**, esprits des morts des villages du haut du fleuve. Le glissement d'identité est inverse pour les hommes de Fontoura.

Rappelons également que tout au long du rituel le chef cérémoniel s'adresse aux **woràsã** en utilisant le terme de **wedu**, maîtres.

Phase intercommunautaire
Affrontement des morts et rite de passage

La seconde phase du **heto hykã** est la partie spectaculaire du rituel, celle à laquelle assistent les **tori** (Blancs). Outre des représentants de la population locale et quelques touristes de passage, chaque village organisateur d'un rituel d'initiation cherche à inviter un ou plusieurs «hôtes de marque», généralement des représentants de l'administration de tutelle indigène de Brasilia, ainsi que des hommes politiques — conseiller municipal, député, voire même exceptionnellement gouverneur d'Etat —. La contribution matérielle, sous forme de produits alimentaires et objets d'usage courant, est de fait proportionnelle au nombre et au statut des invités, de même que la couverture médiatique. Les Karajá profitent de l'occasion pour exposer leurs requêtes, par l'intermédiaire de leurs porte-parole (vieux chefs traditionnels et jeunes leaders); les fonctionnaires ou les politiques les assurent en retour de leur totale compréhension et de la résolution rapide de leurs problèmes...

Comme pour le rituel **ijasò**, la nourriture servie au **heto hykã** est en grande partie achetée. Lors de la phase intercommunautaire, la part fournie par les invités (riz, farine de manioc, jus de fruit, friandises, café) est complétée par celle de l'administration indigène locale, essentiellement sous forme de viande de bovin. En fonction du nombre de participants, deux ou trois bêtes appartenant au cheptel du Parc Indigène de l'Araguaia sont abattues. La viande est grillée dans un coin de la place rituelle, non loin du grand tronc, où tout le monde vient se servir.

Jadis, au cours de cette phase du rituel, la fourniture et la préparation de la nourriture étaient assurées par les unités domestiques des jeunes initiants, aidées par celle de l'enfant **deridu** et par l'ensemble des hommes du village, au moyen d'expéditions de chasse et de pêche collectives. Les aliments étaient ensuite répartis entre la grande et la petite maison.

Cette phase intercommunautaire du rituel se déroule en grande partie de nuit. Elle débute à l'arrivée des esprits des morts de l'aval, au coucher du soleil (**bede so**, terre rouge), et se termine le lendemain matin, le soleil déjà levé (**txuu rati rariereri**, tête de soleil avance; le lever du soleil se disant **biu ra so**, tête de ciel rouge).

Quelques heures avant l'arrivée des esprits des morts de l'aval, ceux de l'amont, revêtus de leurs ornements corporels, font deux fois en courant le tour de la place rituelle, passant par la grande maison puis par la petite (la galerie intermédiaire n'est alors pas encore installée), puis parcourent également d'amont en aval la ligne des unités domestiques, s'arrêtant devant la maison de l'enfant **deridu** et devant celle du chef cérémoniel. Ce dernier les attend debout sur sa natte cérémonielle à côté de son banc. Les **woràsã** se passent alors sur le corps une décoction de racines amères préparée par le chef cérémoniel dans un récipient en terre cuite et qui est censée les protéger durant le rituel.

Les **woràsã** effectuent ce parcours d'amont en aval dans l'espace cérémoniel, puis dans l'espace domestique, deux par deux, en se tenant par la main et l'avant-bras, les uns derrière les autres. La paire de **woràsã**, comme la paire d'**ijasò**, était traditionnellement fixe et se recrutait dans la même catégorie d'âge (*cf.* photo 8). Représentés par les hommes de l'amont et ceux de l'aval, ces esprits des morts de l'amont se déplacent en un seul groupe et ont à leur tête un **mahadu ijoi**, un membre du groupe des anciens, ou du centre, incarnant l'entité terrestre **arabobo**.

Comme lors de leurs deux précédentes visites, les morts de l'aval venant en bateau du village de Fontoura font halte sur une berge basse, à quelques centaines de mètres de Sta Isabel. De là, ils annoncent à grands cris leur arrivée à leurs hôtes et finissent de se préparer, ajustant en particulier leurs coiffes de plumes. Cela laisse le temps aux invitants de se regrouper au point d'accostage principal, ou **woràsã beà** (point d'accostage des morts), donnant sur la partie centrale du village, dans l'axe de la maison des hommes.

En surplomb de cette large brèche ouverte dans la berge haute du fleuve, s'installent les femmes et les enfants, dont certains sont de Fontoura, venus quelques jours plus tôt à Sta Isabel. Il est dit dans la mythologie que les femmes ne peuvent pas voir les esprits des morts, ni savoir ce qu'ils font. Souvenons-nous que c'est la curiosité de l'une d'entre elles qui fut la cause du massacre par le feu du peuple karajá. Ne sont admises à les approcher que les parentes des jeunes garçons au moment du rite de passage et, selon le témoignage de Dietschy (1957), femmes et enfants étaient jadis écartés de la vue des esprits des morts dès leur arrivée au village.

Face à la berge du fleuve, un peu en retrait, alignés en plusieurs rangs serrés, les hommes de Sta Isabel, ou morts de l'amont, attendent leurs homologues de l'aval. **Woràsã irurudu**, «esprits des morts qui s'élancent, qui forcent»; l'affrontement des entités spirituelles s'opère dès l'accostage du bateau. Les hommes de Sta Isabel se précipitent vers le fleuve en poussant des cris menaçants, puis reculent pour laisser débarquer ceux de Fontoura qui s'élancent sur la rive tout aussi agressifs et bruyants. Puis face à face, en lignes compactes, les deux groupes s'immobilisent quelques instants. Deux par deux, les esprits des morts de l'amont se mettent à danser (**taumã ixe**, danse du corps) en poussant des sons inarticulés, en direction de leurs opposants, lesquels les rejoignent rapidement pour composer un ensemble chorégraphique et vocal des plus discordants.

S'arrêtant les premiers, les invitants se dirigent vers la place du village, où substituant leurs coiffes de plumes par de simples serre-tête de *buriti*, censés les rendre plus forts et plus légers, ils se placent du côté sud (amont) de la place, attendant leurs invités qu'ils défieront à la lutte corporelle. Entre-temps, ces derniers sont retournés sur le bateau afin de décharger les longues cordes de lianes et les lourds crochets de bois, dont ils se serviront pour tenter de faire tomber le grand tronc. Ayant déposé leurs affaires (coiffes de plumes et matériel) à l'intérieur ou près de la petite maison, ils en ressortent deux par deux en passant par la galerie couverte, jusqu'à la grande maison (parcours inverse à celui des esprits des morts de l'amont effectué antérieurement) et reviennent se placer face aux hommes de Sta Isabel, du côté nord (aval) de la place.

La lutte corporelle karajá, **ijesu** (**ije**, lèvre inférieure; **su**, terre, sol), se développe en trois temps:

— Le défi: quelques membres de l'un des deux groupes s'avancent en ligne en poussant des cris perçants et balançant les bras vers le groupe opposé. Ce dernier répond de la même façon. Du premier groupe se détachent ensuite un ou deux lutteurs qui se placent au centre, le haut du corps penché vers l'avant, les jambes écartées et les mains posées sur les cuisses, dans l'attente de l'adversaire.
— La lutte: les deux lutteurs se saisissent à bras le corps, les mains solidement nouées dans le dos de leur opposant. Le renversement de ce dernier peut être obtenu de deux façons: soit en accentuant la pression des bras sur le corps jusqu'à pouvoir le soulever de terre et le faire basculer lourdement sur le sol; soit en lui faisant perdre l'équilibre par une prise de jambes.
— La chute: le vainqueur se retire, laissant l'adversaire sur le sol entouré de quelques membres du groupe opposé, qui manifestent par des petits sauts et des cris la victoire de leur lutteur.

Les luttes opposent des membres de la même catégorie d'âge, d'où se détachent progressivement les plus forts. La lutte se termine lorsque ces derniers n'ont plus d'adversaires osant se mesurer à eux. Ces «champions» de lutte sont ceux qui endosseront les masques **ijasò** pour «étirer» les corps des initiants, quel que soit le groupe, amont ou aval, auquel ils appartiennent. Jadis, le lutteur vainqueur d'un adversaire prestigieux gagnait la coiffe de plumes (**lori lori**) et la jupe (**we tehana**, serre-ventre) de son adversaire. On peut sans doute rapprocher cette pratique cérémonielle de celle qui, selon le mythe, avait cours dans un contexte de guerre intra-ethnique; le groupe territorial vaincu, ou voulant éviter l'affrontement, offrait des biens précieux au groupe vainqueur.

Après une courte pause utilisée pour se restaurer, l'affrontement entre **woràsã** reprend avec pour enjeu le grand tronc. La distinction assaillants / défenseurs, déjà apparente lors de la phase d'accueil, prend à partir de là toute sa dimension. Les esprits des morts de l'aval vont en effet attaquer des possessions, puis des membres de la communauté de l'amont, que les esprits des morts correspondants devront protéger.

Planté sur la place rituelle, au cœur du village, le grand tronc est le symbole de la force, de la grandeur communautaire et de la croissance harmonieuse des jeunes initiants. Rappelons qu'il doit être droit et sans trop de nodosités. Le but des hommes de l'aval, toujours placés du côté de la petite maison, est de faire tomber le grand tronc, en exerçant de puissantes tractions au moyen d'un crochet de bois prolongé d'un long câble de lianes tressées. Repoussant tout d'abord les assauts des morts de l'aval au prix de violents corps à corps, les morts de l'amont sont ensuite obligés au moyen de leur propre crochet de retirer celui des attaquants, qui fait balancer dangereusement le **tohò hykã**. Si la manœuvre réussit, l'affrontement se transforme alors en une gigantesque traction à la corde, par laquelle les morts de l'amont cherchent à entraîner ceux de l'aval vers le fleuve, afin d'y jeter leur matériel.

Pour accroître la traction exercée sur le grand tronc, les attaquants font monter leur crochet en se servant de longues fourches. Pour le faire descendre, il peut être nécessaire qu'un homme de l'amont grimpe au **tohò hykã**, entreprise hautement périlleuse et très valorisée par les Karajá. Les ruptures de câbles, plus rarement de crochets, aménagent quelques pauses dans cette lutte bruyante, où les invectives se mêlent aux encouragements et qui peut durer la nuit entière jusqu'à épuisement des participants, si le grand tronc n'est pas abattu avant. La chute du grand tronc porte atteinte à la vitalité du groupe, en compromettant la bonne croissance de ses jeunes garçons en cours d'initiation. Nous y reviendrons.

Vers quatre heures du matin, alors que la plupart des **woràsã** éreintés se reposent sur les feuilles de palmiers tapissant le sol à l'intérieur et aux abords de la grande et de la petite maisons, les jeunes initiants font leur apparition sur la place rituelle, accompagnés de leurs parents maternels et portés sur les épaules du frère de leur mère. Ils arrivaient jadis cachés sous des couvertures pour ne pas être vus dans le village; c'était encore le cas en 1973, selon Souza Filho. Ils sont ensuite installés sur leur natte et banc respectifs, disposés dans la partie ouest de la place rituelle en un alignement parallèle aux trois structures en bois, le dos tourné aux unités domestiques. Seuls les membres féminins de leur parenté maternelle prennent place à côté d'eux, assis sur les nattes.

Avec l'arrivée de ces femmes et de ces enfants issus de l'espace domestique, l'opposition rituelle change de direction, opérant en quelque sorte un quart de tour. La bipolarité masculine amont / aval, représentée spatialement par la grande et la petite maison et dans l'axe de laquelle ont été réalisées la lutte corporelle et celle du grand tronc, est alors transférée sur la dualité est / ouest, espace masculin (**ijoi**) / espace féminin (**ixã**). Les morts de l'aval, qui vont à présent s'attaquer aux initiants et à leurs parentes, se placent du côté est, face aux morts de l'amont qui eux s'installent du côté ouest, devant ces femmes et ces enfants, afin de les protéger.

Le premier affrontement nécessite l'installation à quelques mètres en avant du parterre des initiants et de leur entourage, d'une haie d'une dizaine de pieux (**tohò sàmo**, petits troncs) d'un mètre cinquante à deux mètres de haut, espacés d'environ vingt à vingt cinq centimètres. De part et d'autre de cette haie, les morts de l'amont et de l'aval se placent en deux doubles rangées d'hommes; d'une part, deux lignes opposées de **woràsã** allongés à terre, tête contre tête, dans chaque intervalle aménagé entre les pieux; d'autre part, deux lignes opposées de **woràsã** debout, s'efforçant soit de maintenir, soit d'écarter les pieux par le haut. Les hommes de l'amont, placés du côté du parterre des femmes et des initiants, doivent empêcher les hommes de l'aval de franchir cette barrière en bois.

Le même principe règle le dernier affrontement, pour la réalisation duquel les morts de l'amont, placés en une seule ligne de défense, tiennent entre les mains une longue liane sous laquelle les attaquants, ou morts de l'aval, doivent tenter de passer. Amaral de Toral assista à une version javaé de ce rite d'opposition, réalisée dans le cadre d'un rituel **ijasò**. Le groupe des assaillants utilisait un tronc de neuf mètres de long pour forcer la défense, en tentant également de passer sous la corde de liane (*cf.* figure 10).

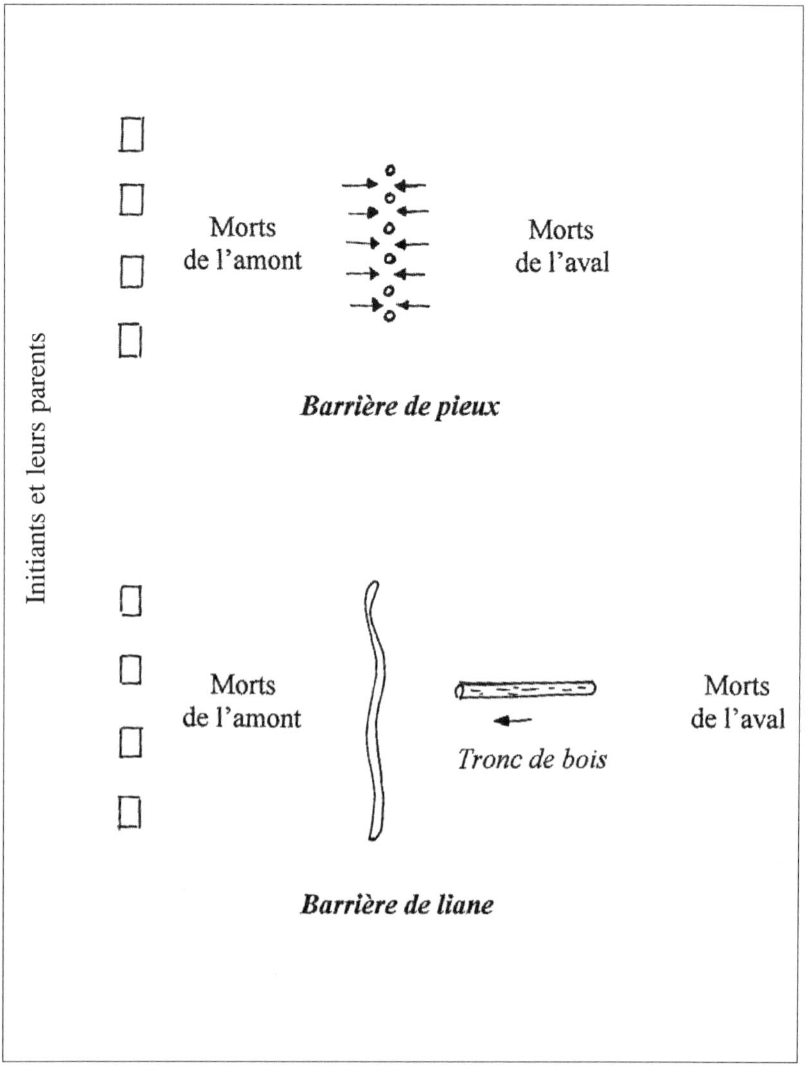

Figure 10 – Rituel d'initiation masculine
Rites d'opposition

Le caractère sexuel que revêt ces deux affrontements entre le monde masculin et le monde féminin devient ensuite plus explicite, lorsque quelques hommes de l'aval, utilisant des bâtons pour symboliser des pénis en érection et représenter le personnage priapique d'origine aquatique du nom de **wabe**, s'approchent des femmes de l'amont et simulent un coït anal.

Selon Souza Filho, la séquence suivante était consacrée au percement de la lèvre du ou des jeunes garçons **weryry hykã** et à la pose du premier labret. Cette opération était effectuée par un spécialiste, **ije rure dàãdu** (lèvre-percer-celui qui sait) situé dans la catégorie **labie** (père de mère ou de père), alors que le jeune garçon couché sur sa natte avait la tête maintenue entre les mains du frère de sa mère. La lèvre était percée avec un os effilé tiré de l'avant-bras d'un singe hurleur. Rappelons que cet animal, appelé **asã**, est un des principaux représentants de l'ancienne humanité terrestre jadis détentrice du feu, de la pirogue et des outils agricoles et est ainsi proche de la famille, **sã**, des Karajá de la terre.

Selon Krause, les premiers labrets sous forme de pointes de quatre à onze centimètres de long étaient aussi taillés dans des os de singe hurleur (1940/43:188)[9]. La fabrication du labret était à la charge du père de l'enfant, de même que la confection du cordon pénien. La pose du cordon était également effectuée par le père.

Toujours assis sur leur banc, les initiants futurs **jure** (de même que les jeunes garçons dont la lèvre jadis venait d'être percée) sont ensuite mis en contact avec les **ijasò**. Ces derniers sortent par paires de la maison des hommes, ou maison des masques, s'approchent de leurs jeunes maîtres respectifs et les soulèvent dans leurs bras. Ils sont censés «étirer leur corps», afin de faciliter leur croissance.

[9] La forme du labret et le matériau dans lequel il est fabriqué variaient avec l'âge de son porteur. Selon Krause (1940/43:188-190), les différents labrets étaient les suivants, du percement de la lèvre à la vieillesse:

— en os de singe, sous forme d'une pointe effilée de 4 à 11 cm de long;

— en nacre tirée de la coquille de mollusques fluviaux, plutôt courts, de forme plate et parfois terminés par une pointe recourbée;

— en bois léger, taillés sous forme de fines lamelles et enroulés en spirales, puis, à partir de l'application de la scarification tribale, sous forme de longues plaques étroites pouvant mesurer jusqu'à 30 cm de long et terminées par une petite pointe; lors des grands rituels, ces labrets étaient ornés de motifs;

— en quartz de forme phallique; ils étaient obtenus auprès des Tapirapé (le plus grand exemplaire de la collection d'Ehrenreich mesure 17,5 cm, 1948:31-32);

— avec l'âge, les labrets de bois diminuent de longueur pour se réduire à de gros boutons de 2 cm de diamètre, terminés ou non par une petite pointe.

Ce contact bénéfique avec les entités cosmiques contraste avec l'agression que les esprits des morts leur ont précédemment fait subir. Revenons sur les derniers assauts des esprits des morts visant la personne des initiants. Il m'a été dit que dans le cas où le barrage était forcé, les **woràsã** faisaient mine de battre les jeunes garçons. Ayant assisté dans les années 50 au rite de passage de jeunes initiants réalisé dans le cadre d'un rituel **ijasò** (le **heto hykã** n'ayant pu être organisé), Dietschy donne une version différente de cette phase rituelle:

> «Trois garçons furent emmenés à dos d'hommes jusqu'à la périphérie de la place rituelle. Là les mères et d'autres parents, également de sexe masculin, les rejoignirent derrière un tronc de bois disposé horizontalement sur le sol. [...]. Les occupants de la maison des hommes passèrent alors à l'attaque, alors que le groupe qui attendait souleva le tronc horizontalement, le maintenant devant lui en guise de défense. Finalement, le front fut rompu, les trois garçons enlevés à leurs défenseurs et emmenés dans la maison des hommes.» (1964:71-72).

La version de Dietschy substitue le «rapt» des initiants à leur agression physique dans notre version, laquelle fait écho à l'agression sexuelle dirigée contre les femmes qui les accompagnent. Bien que cela ne soit pas exprimé par l'ethnologue suisse, la version **ijasò** met en lumière un autre aspect de l'opposition espace masculin / espace féminin dans ce contexte d'initiation masculine, à savoir un affrontement entre parents patrilatéraux et parents matrilatéraux. Les premiers, en tant qu'**ijoi**, et représentés par les hommes de l'aval, doivent arracher aux seconds, en tant qu'**ixã**, et représentés par les hommes de l'amont, les garçons dont ces derniers ne veulent pas se séparer. De fait, ainsi qu'il a été constaté, c'est sur les épaules de frères de pères que les futur **jure** sont ensuite emmenés jusqu'à la grande maison, alors que les jeunes garçons, qui jadis venaient de subir le percement de la lèvre, repartaient vers leur unité domestique comme ils en étaient venus, sur les épaules du frère de leur mère. Nous le verrons, cette opposition parents patrilatéraux / parents matrilatéraux s'affirme dans la suite du rituel.

Les initiants sont ensuite installés dans la grande maison avec leurs nattes dont on tapisse le sol et leurs bancs sur lesquels ils doivent rester assis durant leur réclusion.

Clôturant la seconde phase du rituel, est organisé dans la grande maison en présence des jeunes garçons, un petit rite propitiatoire de nature halieutique et cynégétique. Il s'agit, au moyen d'un arc et de flèches miniatures, de faire tomber deux figurines de cire: l'une, zoomorphe, de quelque dix centimètres de long et six centimètres de haut, représente un

brore, un cervidé de savane (*Dorcelaphus dichotomus*), qui constitue la plus grande espèce de cervidé d'Amérique du Sud; l'autre, de forme géométrique, est un disque d'environ huit centimètres de diamètre appelé **axikroro** (un jeu comparable, réalisé dans le cadre d'un rituel **ijasò** javaé, a été décrit précédemment).

Selon l'issue du jeu, on passe sur les bras du participant la pointe brûlée d'une plume, soit d'oiseaux de proie, tel l'*açaua*, **kulele** (*Urubitinga urubitinga*), soit du vautour, **rara**, (*Catharista atratus brasiliensis*), ou de la *cigana*, **ratana** (*Opisthocomus cristatus*), oiseau non prédateur vivant en bandes sur les berges des fleuves et se nourrissant de feuilles. Les plumes des oiseaux prédateurs sont censées donner de la chance à la chasse et à la pêche, les autres feront fuir les animaux. A ces dernières, on ajoute un morceau de bois tiré de l'arbre **besoi** (espèce non identifiée), dont les feuilles ont un aspect mou et chétif et dont le contact affaiblit le corps.

La chance ou la malchance donnée par l'application de ces objets sur le corps est définitive et peu d'hommes se risquent à participer à ce rite. L'arc et les flèches miniatures, ainsi que les figurines de cire, ne peuvent être fabriqués que par un membre du groupe des anciens, **mahadu ijoi**, qui, une fois le rite terminé, les attache en haut du tronc **lenãre** dans la grande maison, en attendant de les utiliser pour la fabrication du masque du grand monstre ou de les enterrer avec ce dernier.

Après avoir reçu de la nourriture, les membres de la communauté invitée repartent vers leur village en aval du fleuve. Leur départ, contrairement à leur arrivée, ne donne lieu à aucune manifestation particulière. Les Blancs retraversent le fleuve ou reprennent l'avion vers Brasilia ou Goiania. Le rituel entre dans sa phase initiatique, secrète voire dangereuse.

Phase d'isolement initiatique

La phase initiatique proprement dite — ou enseignement au jeune garçon du savoir masculin portant principalement sur le surnaturel — était jadis entourée d'un maximum de précautions visant à empêcher, d'une part, que l'intéressé ne se dérobât à cette formation, d'autre part, qu'il eût le moindre contact avec les femmes. La mythologie rappelle les conséquences dramatiques que de telles infractions avaient entraînées dans un lointain passé. Dans le premier cas, plusieurs **jure** s'enfuirent de la grande maison et, s'égaillant dans les arbres pour échapper à leurs gardiens, se transformèrent définitivement en singes capucins. Dans le second cas, sollicité par la curiosité d'une de ses parentes proches, un initiant révéla le secret des esprits des morts et entraîna en représailles le massacre par le feu du peuple karajá. Durant cette période de réclusion, la surveillance était donc assurée de jour et de nuit, notamment par le masque **ijasò lateni**, dont on a précédemment signalé le rôle de gardien des règles sociales.

Cette phase initiatique débute par la transformation physique du jeune garçon **weryry hykã** en **jure**: ses cheveux coupés très ras ne laissent qu'une mince couronne de deux à trois centimètres tout autour du visage et son corps débarrassé de toute parure est entièrement recouvert de génipa. Noir de peau et le poil ras, l'initiant est ainsi censé ressembler à l'animal éponyme **jure**, la loutre (*Pteronura brasiliensis*), laquelle, ne l'oublions pas, est également l'avatar principal des esprits des morts karajá. Comme il sera confirmé par la suite avec le monstre **aõni hykã**, l'altérité du jeune garçon en cours de socialisation est ainsi métaphoriquement soulignée par son rapprochement avec d'autres types d'altérité représentés dans le rituel d'initiation.

Une fois sorti de sa réclusion initiatique et jusqu'à ce que ses cheveux atteignent la longueur suffisante pour réaliser la coiffure masculine, l'adolescent sera maintenu dans cette liminarité sociale, servant d'intermédiaire, de porteur ou de messager, entre la maison des hommes et les unités domestiques, notamment lors de rituels **ijasò**.

Des parents proches, tant patrilatéraux que matrilatéraux (la participation de ces derniers étant toutefois plus importante), l'accompagnent un temps dans cette exclusion en se faisant couper légèrement les cheveux et en se passant du génipa sur le visage et les membres. Ces cognats sont des germains croisés du père et de la mère du jeune garçon, lesquels ne participent pas à cette identification physique et sociale avec leur enfant initiant. Ce sont des affins qui coupent les cheveux des adultes et des parents patrilatéraux (frères de père, fils de frères de père), voire le père lui-même, qui ôtent les ornements corporels du jeune garçon (les coupent pour ce qui concerne les bandes de coton serrées de part et d'autre des mollets), et le transforment en **jure**. S'affirme ainsi de nouveau l'opposition parents matrilatéraux / parents patrilatéraux, déjà observée dans la phase précédente du rituel; les premiers, en communion avec les jeunes enfants, subissent l'initiation, les seconds la conduisent.

Souza Filho rapporte qu'une fois prêts, la teinture noire de génipa ayant séché sur leur corps, les **jure** étaient jadis enveloppés de la tête aux pieds dans une couverture et emmenés au village par leurs cognats respectifs, pour être présentés (sans toutefois être vus) de maison en maison. Puis ils étaient reconduits à la grande maison, tandis que leurs parents recueillaient la nourriture obtenue lors de ce tour de village.

La réalisation de cette pratique prouve qu'en 1973 la réclusion initiatique était encore effective, les **jure** ne pouvant avoir aucun contact, ni être vus par les femmes et les enfants durant une période traditionnellement fixée à six jours et six nuits. Ecoutant l'enseignement de leurs aînés dans une position assise ou debout, ils devaient être continuellement adossés le dos bien droit au **lenãre** de la grande maison. Il y a lieu de supposer que dans la structure cérémonielle originelle du rituel **heto hykã** — à savoir une seule grande maison, au lieu de trois édifices séparés — qui semble être encore conservée chez les Javaé, les **jure** étaient affectés à l'espace correspondant au groupe socio-cérémoniel de leur père, notamment à la division amont / aval.

Chacun des six jours de la réclusion initiatique est, encore aujourd'hui, consacré à honorer successivement par un don de nourriture chacun des six petits arbres. Sur les six groupes d'hommes correspondants et cités précédemment, cinq sont chargés de fournir la nourriture par des expéditions de chasse ou de pêche quotidiennes. Le sixième, le groupe du centre (**mahadu ijoi**) assure la répartition, puis la cuisson et l'offre alimentaire successive aux six arbres en commençant par celui de l'amont, le **lenãre**. Si l'existence de ces six groupes est affirmée au moment de la coupe en forêt et de l'installation des six arbres sur la place rituelle, voire même jadis lors des chasses ou des pêches collectives, elle est beaucoup plus implicite lorsqu'il s'agit de la répartition, de la cuisson et de la consommation de la nourriture. Il est d'ailleurs fait mention d'une certaine compétition entre les différents groupes lors des expéditions réalisées autrefois. Au retour, les chasseurs et pêcheurs ayant attrapé les plus belles pièces avaient coutume de danser face à la ligne des arbres avec l'animal sur le dos, avant de le remettre aux **mahadu ijoi**.

Le partage de la nourriture effectuée par le groupe du centre est en effet tripartite: l'avant-train de l'animal pour la grande maison, l'arrière-train pour la petite maison et le milieu (les parties les plus grasses) pour eux. Ces trois parts sont cuites sur les trois foyers respectifs. C'est sur la part des **mahadu ijoi** qu'est prélevé le don de nourriture aux six arbres.

A l'aube du septième jour de leur réclusion initiatique, les **jure** sont ramenés à leur unité domestique. A partir de ce moment les jeunes garçons, dont l'initiation va se poursuivre jusqu'à l'apposition de la marque tribale et l'acquisition de tous les attributs masculins, ont accès à la maison des hommes, tout en servant d'intermédiaires entre cette dernière et les unités domestiques. Jadis, de l'initiation à la naissance du premier enfant, la maison des hommes constituait la résidence principale du jeune garçon puis du jeune homme, l'un et l'autre ne se présentant à l'unité matrilocale que pour se nourrir.

Notons par ailleurs le caractère intermédiaire, spatialement et socialement parlant, de la grande maison, structure initiatique provisoire, assurant le passage entre les deux pôles des unités domestiques et de la maison des hommes. Il convient toutefois de se demander si cette structure est originelle et ne pallie pas la disparition de la grande maison des hommes traditionnelle.

Après le départ des jeunes garçons, la **heto hykã** devient alors le théatre d'une autre représentation, celle de l'**aõni hykã**, le grand monstre.

Phase de maîtrise de l'entité cannibale

Dans cette dernière partie du rituel, les esprits des morts, bien que toujours présents, cèdent le devant de la scène aux **bede rahy mahadu**, les êtres de la terre inhabitée. L'expression la plus élaborée et la plus redoutable de ces entités terrestres, le grand monstre, est laissée à la charge de quelques initiés appartenant obligatoirement au groupe des anciens. Ce sont eux qui en confectionnent le masque, l'incarnent, l'alimentent et finalement l'enterrent sur la place rituelle. Les différentes étapes de ce délicat processus doivent être assurées à plusieurs, afin d'éviter toute erreur ou omission qui déclencherait inexorablement la fureur meurtrière de l'**aõni hykã**. Cette dernière se porte indifféremment, tant sur les femmes et les enfants que sur les hommes, tant sur les Karajá que sur les Blancs. Afin de m'empêcher d'approcher trop près du grand monstre, les Karajá m'ont plusieurs fois raconté la mort d'une jeune femme blanche, épouse d'un fonctionnaire de la FUNAI vivant près du village de Sta Isabel et qui lors d'un rituel d'initiation aperçut de loin l'**aõni hykã** et mourut brusquement d'hémorragie.

Pas plus d'une demi-douzaine de curieux, surtout des jeunes gens, assistent quelque peu inquiets à la porte de la grande maison à la confection du masque par les **mahadu ijoi**. Ces derniers, tendus, le visage grave, imposent le silence et la retenue nécessaires à la bonne réalisation de leur tâche.

Lors de la sortie nocturne du grand monstre, les hommes regroupés sur la place rituelle sont assis sur des nattes, le dos tourné aux trois structures cérémonielles. L'entité surnaturelle commence à se mouvoir dans la grande maison en poussant des grognements, puis se déplace de la grande à la petite maison, avant de se diriger vers le village qu'elle parcourt également d'amont en aval munie d'un long bâton. A ce moment-là, aucun Karajá censé ne s'aviserait de croiser son chemin, ni même de l'observer de loin. Puis brusquement, le grand monstre ayant regagné la **heto hykã**, les hommes se précipitent sur lui en poussant de grands cris et se frottent le dos contre son corps de fibres végétales.

Le lendemain, une chasse collective était traditionnellement réalisée afin d'alimenter le grand monstre. La viande est grillée puis offerte à l'entité surnaturelle par le groupe des anciens. Ce sont eux également qui se chargent de son inhumation à l'emplacement de leur foyer, une fois la galerie centrale démontée. Le monstre est enterré face contre terre, avec l'arc et les flèches miniatures ayant servi au jeu **axikroro** et recouvert des cendres de ce foyer pour neutraliser tout effet nocif de cette entité spirituelle, qui retourne ainsi à son milieu naturel, la terre.

Apparaît alors **ajuesani**, une autre entité terrestre non masquée et incarnée collectivement par quelques hommes de l'amont et de l'aval. Beaucoup moins dangereux que l'**aõni hykã**, bien que faisant fuir femmes et enfants lorsqu'il parcourt le village armé d'une longue perche, il piétine et se roule sur la tombe du grand monstre, pour renforcer dit-on l'innocuité de ce lieu funéraire pour les Karajá. Cette représentation de l'**ajuesani** se fait dans l'hilarité générale, tout au moins masculine, contrastant avec la gravité ayant présidé à la manipulation de l'entité cannibale.

Libérée de tous les dangers incarnés par cette altérité extrême, la communauté humaine sort renforcée et s'est assurée par ailleurs, au profit de ses jeunes garçons et futurs hommes, tout au long du rituel d'initiation, la protection ou la neutralité bienveillante de l'ensemble du monde surnaturel.

Analyse du rituel

Identité versus altérité

Un rituel d'initiation, en tant que processus de socialisation, est fondamentalement un mode d'intégration au cœur du socius d'éléments extérieurs ou périphériques qui assureront sa reproduction. Le rite de passage met donc en scène l'Altérité sous différentes formes qui, tantôt se confondent métaphoriquement, tantôt se distinguent hiérarchiquement. L'altérité juvénile, cette étrangeté des adolescents qui fait place progressivement à l'identité adulte, est ainsi soulignée au moyen d'un procédé mimétique qui associe les jeunes initiants aux esprits des morts, par le biais de l'avatar animal de ces derniers, la loutre. Ce sont par ailleurs les mèches de cheveux des jeunes garçons, dont le crâne a été rasé, qui servent à conférer au masque de l'entité monstrueuse **aõni hykã**, incarnant l'altérité radicale, un de ses aspects les plus sauvages, sa forte pilosité.

C'est en fait dans la capacité de la société à manipuler, domestiquer, assimiler ce qui lui est différent, étranger, que réside la garantie d'une bonne intégration de ses nouvelles recrues masculines. A l'image du grand tronc fiché sur la place rituelle et qui a résisté aux assauts des entités extérieures, les adolescents grandiront robustes et sans défaut, assurant à la société sa continuité. Ces processus d'incorporation ne sont évidemment pas exempts de danger. S'ouvrir à l'altérité, que ce soit celle des adolescents ou celle du grand monstre, c'est s'exposer à basculer dans la sauvagerie, le chaos. Le mythe est là pour fixer les règles et rappeler que les frontières avec la barbarie sont faciles à franchir. La moindre inattention, le moindre faux-pas dans le déroulement liturgique, et le désordre s'établit; les jeunes garçons fuyant l'initiation s'ensauvagent sous l'apparence de singes, ou la communauté humaine est brusquement frappée de folie meurtrière et s'autodétruit.

Il me semble que ce péril d'inversion dramatique, de transgression des frontières, de passage du même à l'autre, est parfaitement exprimé par la figure de l'**aõni hykã** et le type de relation spéculaire qui s'instaure avec cette entité masquée. Outre son unicité, cet esprit terrestre est caractérisé par un faciès particulier, aux traits bien détaillés, qui n'est attribué qu'exceptionnellement aux entités duelles proprement karajá. C'est cette singularité faciale qui est porteuse de mort. Il faut tourner le dos au grand monstre, éviter de croiser son regard. C'est également face contre terre que le groupe des anciens a soin de l'enterrer. Le danger émane de l'incomplétude identitaire, d'une altérité à la recherche d'identité. Dans le croisement de regards avec l'**aõni hykã**, l'humain est ainsi face à face avec l'Autre, dans sa singularité radicale. Cette manifestation extrême de l'altérité, qui peut être neutralisée au niveau communautaire, se retourne contre l'identité au niveau individuel. La mort par le regard du monstre terrestre fait basculer l'humain de l'autre côté du miroir. Mort dans le sang que fait couler l'**aõni hykã** par la manducation de son foie, l'individu est en effet condamné à intégrer la horde des esprits malfaisants, peuplant la surface de la terre aux confins de l'œkoumène.

En analysant la charge symbolique du grand monstre chez les Karajá, comment ne pas faire référence aux représentations masquées de l'altérité chez les Grecs anciens? Prisonnier du regard dionysiaque ou gorgonéen, l'homme grec pénètre, selon Vernant «dans un univers différent, où l'autre règne, non le même» (1990:230). Alors que le regard de Dionysos captant celui de l'homme, le fascinant pour le posséder, fait basculer ce dernier du côté du bestial, «comme si l'altérité radicale qu'incarne l'idole au masque ne pouvait être atteinte que sous la forme d'une sortie de l'humain, d'un ensauvagement, total ou partiel» (1990:214), dévisager Gorgô, «l'extrême altérité, l'horreur terrifiante de ce qui est absolument autre, l'indicible, l'impensable, le pur chaos» (1985:12), «c'est cesser d'être soi-même, d'être vivant, pour devenir comme elle puissance de mort» (1990:115).

Par contre, contrairement à d'autres entités monstrueuses participant aux rituels d'initiation amazoniens, comme les **aije** des Indiens Bororo par exemple, porteurs de rhombes et dont la vue est également mortelle, l'**aõni hykã** n'est pas mis en présence des jeunes initiants à la fin du rituel. La parousie de l'altérité radicale chez les Karajá ne constitue donc pas une épreuve pour les adolescents, dont la propre étrangeté est métaphoriquement caricaturée par l'entité terrestre, mais pour la société elle-même qui se doit de la neutraliser. Le grand monstre, encore une fois, c'est la figure du chaos, du désordre social, de l'autodestruction, c'est ce que les premiers **Inã** terrestres n'ont pas su éviter et ce que le mythe à travers la dramaturgie rituelle doit régulièrement rappeler à leurs descendants.

Intéressons-nous à présent à l'altérité incarnée par les esprits des morts, ou **woràsã**, lors de ce rituel d'initiation des jeunes garçons. Nous avons vu précédemment que la communauté des morts karajá, expurgée de ses singularités maléfiques dérivées des male-morts, ne constitue pas une altérité dangereuse, tant que le contrat passé avec elle est respecté. Plutôt qu'une image inversée de la société des vivants, la collectivité des morts apparaît sous différents aspects (répartition ordonnée dans l'espace obituaire du cimetière, participation cérémonielle sur la place du village) comme sa duplication. Aussi dans le rituel d'initiation, les morts ne s'opposent-ils pas aux vivants mais, se substituant à eux, reproduisent leur organisation interne. On assiste ainsi à un glissement d'identité, les morts calqués sur les vivants passent d'une altérité extérieure à la société humaine à la représentation des divers niveaux de différenciation structurant cette collectivité socio-culturelle, de l'ethnie (ou tout au moins du sous-groupe ethnique) au village.

Dans la phase préparatoire du rituel d'initiation, nous avons pu constater qu'une première division des **woràsã** s'opère au niveau du village organisateur du rituel, distinguant d'un côté les hommes de l'amont, de l'autre les hommes de l'aval. Cette opposition duelle, qui s'affirme spatialement et matériellement parlant par l'occupation des deux parties nord et sud de la place rituelle et la construction de deux structures différentes, ne se traduit pas à ce niveau d'organisation communautaire par une conduite d'affrontement. Au contraire, sous la conduite unificatrice du chef cérémoniel, la collaboration s'instaure, notamment pour la coupe, l'acheminement et l'érection du grand tronc, devenant une véritable association, voire identification, dans la seconde phase du rituel. Le caractère résolument asymétrique de cette dualité cérémonielle amont / aval, ainsi que sa subdivision tripartite, seront abordés par la suite.

L'antagonisme amont / aval se durcit lorqu'il s'applique à un niveau supérieur d'organisation: les villages de l'amont, ou cimetières correspondants, opposés aux villages-cimetières de l'aval. Cette division territoriale opérant au sein du sous-groupe ethnique de l'amont de l'Araguaia (soit les Karajá proprement dits qui se distinguent, rappelons-le, du sous-groupe de l'aval, les Xambioá, et du sous-groupe oriental, les Javaé), ne possède pas, du moins sur un plan cérémoniel, une ligne de démarcation fixe, semblant dépendre des positions relatives le long de l'Araguaia des principaux villages, ou groupes de villages protagonistes du rituel.

De nos jours, dans le sous-groupe ethnique du haut du fleuve, le rituel d'initiation masculine n'est plus réalisé que dans les deux plus gros villages de Fontoura et Sta Isabel do Morro. Ces deux communautés sont, dans un contexte cérémoniel, mises en opposition, Fontoura regroupant les esprits des morts de sa zone territoriale en aval du fleuve, Sta Isabel ceux de sa zone territoriale en amont du fleuve. Un glissement d'identité entre les deux pôles de la dualité verticale s'effectue alors de façon inversée au sein des deux villages concernés mis en présence; la dichotomie interne hommes de l'amont / hommes de l'aval s'efface pour faire face à une altérité amont ou aval extériorisée.

Ainsi que nous l'avons constaté dans la description de la seconde phase du rituel, l'opposition verticale est, à ce niveau d'organisation, traitée sur le mode de l'affrontement. Ce dernier s'apparente en bien des aspects à une attaque d'ennemis que les assiégés tentent de repousser, puis à laquelle ils leur faut résister durant toute une nuit.

Dans le mythe de l'anéantissement du peuple karajá par le feu lors d'un rituel **heto hykã**, on peut constater que ce balancement identitaire au sein de la dyade amont / aval est également opérant. Deux grands guerriers, l'un **iboo**, l'autre **iraru**, se chargent ensemble d'appliquer la sanction exemplaire en précipitant dans les flammes hommes, femmes et enfants. Enfin leur tour arrive; ils s'affrontent et s'entretuent en se tirant une flèche dans le foie. Notons à ce propos deux choses importantes: ces deux guerriers mythiques s'appellent réciproquement **wali**, mon ami; le chant désespéré de ces deux hommes, une fois le massacre accompli, est interprété lors du rituel d'initiation par deux **mahadu ijoi** (groupe des anciens).

A l'entrée des jeunes initiants sur la scène cérémonielle, la dualité change de direction. Opérant un quart de tour, elle passe de la dimension verticale, amont / aval, à la dimension horizontale, ligne domestique / place rituelle. Les deux groupes de **woràsã** se placent alors sur le second axe de structuration de la société karajá, opposant l'espace féminin à l'espace masculin, les unités uxorilocales à la maison des hommes.

Cette dualité, que nous avons vu fonctionner dans le rituel **ijasò** sous son aspect de complémentarité harmonieuse par l'accouplement chorégraphique des entités tutélaires masculines avec les jeunes femmes du village, apparaît dans le rituel d'initiation sous un aspect fortement antagoniste. Socialement et ontologiquement parlant, il ne s'agit plus d'une union reproductrice, mais d'un passage entre deux pôles, entre les **ixã** et les **ijoi**. Les jeunes garçons doivent être extirpés du monde féminin, soit de leur «ixãcité» originelle de Karajá terrestres, pour pouvoir pénétrer dans le monde masculin et devenir de véritables **Inã**. A ce stade du rituel, l'antagonisme dyadique atteint son paroxysme, en présentant les traits principaux de la violence guerrière — affrontement entre deux groupes, enlèvement des enfants —, propre à rendre compte de l'intensité dramatique présidant à ce moment de rupture physique et sociale que tout adolescent karajá doit subir pour devenir un homme.

Par ailleurs, la valence sexuelle de l'antagonisme à ce stade du rituel ne doit pas être élidée. Elle est tout d'abord subtilement suggérée par l'opposition, puis la mise en contact (suivie ou non de pénétration) d'un élément féminin souple (liane, barrière de pieux flexibles), du côté des assiégés, et d'un élément masculin dur (tronc de bois, têtes), du côté des assiégeants. Elle est ensuite clairement affirmée par le port de substituts phalliques dressés en direction des femmes, parentes des initiants. A une sexualité consentie, mise en scène dans le rituel **ijasò**, s'oppose ainsi dans le rituel **heto hykã** une sexualité imposée par la violence, qui renvoie encore une fois à l'altérité de l'ennemi.

Les groupes cérémoniels

Si la dualité s'impose dès le début du **heto hykã** et semble dominer jusqu'au terme du rituel, il ne faut pas oublier de prendre en compte d'autres lignes de partage qui, tantôt semblent rompre l'équilibre dyadique, tantôt le complètent en le subdivisant.

Reportons-nous à l'édification des structures en bois et palmes sur la place rituelle. Collaborant tout d'abord dans l'érection du grand tronc, significativement fiché dans la zone centrale de la place rituelle, côté ligne domestique, face à la maison des hommes, les deux groupes de l'amont et de l'aval affirment ensuite leur rapport antithétique, fortement teinté d'asymétrie, par la construction en vis-à-vis de la grande et de la petite maison. Cette polarité spatiale matériellement soulignée est toutefois rapidement atténuée par l'édification d'une troisième structure, reliant les deux précédentes sous la forme d'une étroite galerie basse et conique.

Cette galerie n'aurait d'autre utilité que d'aménager un moyen de passage couvert entre les deux maisons — permettant notamment de soustraire aux yeux des Karajá le grand monstre lors de ses allées et venues nocturnes — si elle n'était soutenue par cinq arbres qui, avec le **lenãre** de la grande maison, sont associés à six groupes cérémoniels différents. Le nombre, l'identification, la caractérisation et la localisation de ces formations rituelles, ainsi que leur lien avec les groupes de l'amont et de l'aval, ont posé problème aux ethnologues qui assistèrent au **heto hykã** ou, le plus souvent, recueillirent des données sur le rituel d'initiation chez les Karajá de l'amont.

Sur la base du témoignage de ses informateurs, Dietschy fit le premier référence à ce découpage de la zone intermédiaire entre la grande et la petite maison. Trois groupes sont alors identifiés, **ijoi hykã, wokatu et saura ijoi**. Les deux premiers sont assimilés respectivement aux groupes de l'amont et de l'aval, tandis que le troisième prend place «dans» le corridor près d'un poteau nommé «maison des **mahadu».** Un seul arbre est cité, le **hemãta**, sans association à un groupe cérémoniel (Dietschy 1959, 1962).

Il s'agirait également de trois arbres et de trois groupes, d'après les notes peu précises prises par Lipkind en 1938 dans ses carnets de terrain, avec toutefois des dénominations quelque peu différentes: **saura ijoi**, **mahadu ijoi** et **hiretu ijoi**, respectivement affectés à l'amont, au milieu et à l'aval.

Par la suite, Souza Filho qui, rappelons-le, fut le premier à assister au rituel d'initiation masculine, mentionne l'existence de cinq + un arbres, sans les identifier, et représentant chacun un esprit animal qu'il faut alimenter. Trois groupes se partagent l'organisation du rituel: **iboo**, **mahadu**, et **iraru ijoi** (1973).

Cette tripartition rituelle est confirmée par Bauer (1985), lequel identifie en outre les six arbres, sans leur associer toutefois de formations cérémonielles. L'emplacement indiqué pour les six arbres diffère quelque peu de ce que j'ai pu observer, notamment en ce qui concerne le **lenãre**, qui m'a été désigné comme étant le premier de la file, en tant que **heto hykã tohò**, pilier de la grande maison.

Selon Amaral de Toral (1978, 1992:117-132), il existerait chez les Karajá une douzainc de groupes cérémoniels différents, mais six seulement seraient représentés lors du rituel d'initiation. De plus, leur affectation aux six arbres ne serait pas fixe et varierait d'un rituel à l'autre. Le même ethnologue constate chez les Javaé qu'il n'existe que trois groupes — **saura ijoi, itya ijoi, hiretu ijoi** — affectés à trois portes (**ijo**) ouvertes dans l'unique structure rituelle qui serait la propre maison des hommes réaménagée. Ces trois ouvertures donnent sur la place rituelle, alors qu'en principe la maison des hommes ne possède qu'une seule grande ouverture dans le sens opposé à la place et à la ligne domestique.

D'après Bauer (1985), il s'agit de façon un peu plus précise de **saura ijo**, porte des **saura**, **arabobo ijo**, porte de **arabobo** (entité spirituelle de nature terrestre incarnée par les **mahadu ijoi** et semblant remplacer l'**aõni hykã** chez les Javaé) et **hiretu ijo**, porte des **hiretu**. Les données recueillies par Bauer font aussi état de plusieurs piliers / arbres installés dans la grande maison et visibles de l'extérieur.

Enfin Ferreira Lima Filho n'a pu obtenir de renseignements précis sur cette subdivision rituelle et conclut qu'elle n'existe plus (1994:158-159).

Ces divers témoignages reflètent deux choses. Tout d'abord une grande imprécision dans les descriptions, qui traduit la difficulté de l'enquête directe ou indirecte à rendre compte de façon détaillée d'une organisation cérémonielle qui n'apparaît pas (ou plus) de façon explicite, tant sur le plan visuel que dans les commentaires des informateurs. Le second élément qui ressort des divers témoignages ethnographiques est l'existence et le fonctionnement d'une triade cérémonielle, même si elle n'est pas toujours nommée de la même façon. La difficulté de caractérisation de cette organisation socio-cérémonielle se situe à la fois dans l'identification de chacun des groupes — leur nature et leur fonction — et dans la définition des différents niveaux de structuration.

Revenons au déroulement du rituel d'initiation masculine, lors de l'édification de la galerie intermédiaire. Dans un premier temps, ce troisième élément struturel, tant au niveau des différents éléments de construction qu'à celui des groupes qui leur sont associés, n'apparaît pas comme indépendant des deux précédents, mais plutôt comme leur continuité réciproque. Les petits arbres sont placés à intervalles réguliers, dans l'alignement de l'ossature centrale de la grande maison et notamment du

lenãre, qui sera surmonté par quelques palmes de *tucum*. En outre, ils sont installés, moitié par des hommes de la grande maison, moitié par des hommes de la petite maison. Ainsi la dualité structurelle semble un instant s'atténuer par la jonction de ses pôles.

Examinons tout d'abord les différents arbres. Bien qu'appartenant à des espèces distinctes, ils sont choisis de façon à former un ensemble relativement homogène et uniformisé. De hauteur et grosseur sensiblement égales, ils doivent tous être droits et lisses. Par ailleurs, ils sont tous les six utilisés, d'une façon ou d'une autre (feuille, fruit, écorce, liane), dans la confection de remèdes contre la douleur. Par exemple, l'écorce du **õrahosina** (*Diospyros*), dont le bois mort est consommé par le tapir (animal réputé pour avoir une forte dentition), est employé contre les maux de dents.

Sans toutefois rompre cette uniformité végétale, le **lenãre** se distingue des autres arbres par le fait d'être le pilier de la grande maison. Rappelons qu'il est surmonté de palmes de *tucum* et que c'est à son tronc que sont attachés, après le petit rite halieutico-cynégétique, l'arc et les flèches miniatures, ainsi que les figurines de cire qui entreront, pour ces dernières, dans la confection du masque du grand monstre. C'est également contre cet arbre que les initiants, debout ou assis sur leur banc, doivent régulièrement s'adosser, afin de s'assurer une croissance harmonieuse. Enfin, le **lenãre** est le premier à recevoir les offrandes de nourriture. On peut donc en induire qu'une certaine supériorité est conférée au **lenãre** dans l'alignement égalisé des différents arbres. Cet ordonnancement végétal est-il représentatif de la structure cérémonielle à laquelle il est associé?

Les trois premiers arbres, apparemment situés dans la sphère de la grande maison, sont le **lenãre**, le **toriwahosina** et le **nawiitobo**. Le premier, dont on vient de souligner la prééminence, est spécifiquement associé au grand groupe (**ijoi hykã ijoi**). Ce groupe, ou sous-groupe, est dans la bouche des Karajá, dans le cadre du rituel d'initiation, constamment assimilé aux groupe de l'amont (**iboo ijoi**). Il lui est attribuée une nature forte, robuste, qui se manifeste essentiellement dans la lutte et dans la guerre. Les **ijoi hykã ijoi** constituaient jadis l'avant-garde des expéditions guerrières contre les tribus voisines.

Au **toriwahosina**, arbre du toucan, est associé le sous-groupe des **mahadu ijoi** (groupe des anciens). Cette formation cérémonielle est à la fois la plus déroutante pour l'observateur et la plus importante dans le contexte du rituel d'initiation. C'est tout d'abord l'imprécision de son appellation qui pose problème. **Mahadu** est un terme collectif qui désigne les habitants, l'ensemble des gens regroupés en un même lieu, comme par exemple, **bero hati mahadu**, habitants du fond des eaux, **hawalo mahadu**, habitants de la colline (village de Sta Isabel). Non seulement ce groupe d'hommes n'est pas nominalement caractérisé, contrairement aux autres **ijoi**, mais renvoie avec le terme de **mahadu**, qui se situe à un niveau d'organisation supérieur, à une collectivité humaine tout aussi anonyme sans marquage spatial défini. Compte tenu de leur affinité avec les entités terrestres et de leur âge avancé, on peut supposer que ce terme de **mahadu** fait référence à l'humanité première et indifférenciée, existant sur terre avant l'arrivée des Karajá aquatiques.

La seconde appellation appliquée à ce groupe, soit **itya ijoi**, hommes du milieu, n'est pas moins déconcertante. De fait, si elle confère à cette formation une position spatiale, elle semble bouleverser l'équilibre binaire de l'architecture cérémonielle. Constatons tout d'abord que la place des **mahadu ijoi**, marqué physiquement par l'arbre **toriwahosina**, n'est pas située au centre de la galerie, mais à son extrémité amont. A ce stade de l'analyse, deux premières raisons peuvent être avancées pour expliquer ce décalage spatial. D'une part, la nécessité pour ce groupe de disposer d'un foyer pour la cuisson de nourriture, qui ne pourrait être installé à l'intérieur de la galerie; d'autre part, la préférence donnée au côté amont de l'ensemble architectural, là où se trouve la grande maison, à la fois cœur du rituel d'initiation et espace alloué à la communauté organisatrice.

Cette appellation de groupe du centre place le sous-groupe des **mahadu ijoi** à un niveau supérieur de structuration, à hauteur de la division entre le groupe de l'amont, et le groupe de l'aval. Comme ces deux **iheti ijoi**, groupes des extrémités, les **mahadu ijoi** possèdent un foyer au pied de leur arbre, alors que les autres sous-groupes n'en possèdent pas. Les deux foyers amont et aval sont significativement assignés aux deux maisons, à distance du premier et du dernier arbre.

Rappelons quel est le rôle dévolu au groupe du milieu dans le rituel d'initiation. Les membres de ce groupe sont principalement des distributeurs de nourriture et des prêtres. Toute la nourriture traditionnellement chassée ou pêchée dans ce cadre cérémoniel est répartie par ces hommes du milieu, qui doivent respecter une règle immuable en ce qui concerne les plus grosses prises: la partie avant de l'animal pour les hommes de l'amont, la partie arrière pour ceux de l'aval. La partie ventrale, soit la plus riche en graisse, et sur laquelle est prélevée l'alimentation du grand monstre, leur est réservée.

Ce sont par ailleurs les officiants exclusifs du culte dédié à l'incarnation de cette altérité radicale. Cela comporte la fabrication du masque, la représentation de l'entité terrestre, son alimentation et son enterrement. N'oublions pas également que ce sont eux qui réalisent les objets rituels (arc et flèches miniatures, figurines de cire) censés attribuer la chance ou la malchance dans les activités de chasse et de pêche, en fonction de leur manipulation lors du rite **axikroro**.

Contrastant avec l'imprécision de la désignation, le statut et la charge des **mahadu ijoi** lors du rituel d'initiation sont nettement définis et confèrent à cette formation une nature et une position spécifiques, qui les singularisent au sein de la relative uniformité des autres sous-groupes. Ces hommes du milieu manient ce qu'il y a de plus dangereux dans l'univers karajá, l'altérité radicale, la puissance de mort monstrueuse et cannibale. Ce faisant, ils sont menacés d'être possédés et dévorés et de devenir eux-mêmes des esprits malfaisants. Ce danger contamine tout ce qui leur appartient dans le cadre cérémoniel: leur nourriture, leur boisson, le bois de leur foyer, etc. Cette affinité avec le monde de la mort les empêche même d'avoir une vie normale, en particulier de chasser et de pêcher; les animaux s'enfuient à leur approche, effrayés par la charge spirituelle dont ils sont porteurs. Cette fonction à risques use rapidement l'individu et requiert un maximum de soin et d'expérience.

Les tâches les plus délicates, telle la représentation de l'**aõni hykã**, sont confiées à des personnes âgées; la fabrication du masque ou la cuisson de la nourriture destinée à cette entité peuvent être assurées par des hommes plus jeunes, restant toutefois sous le contrôle des plus expérimentés. D'une façon générale, quelle que soit l'activité ayant trait au grand monstre, elle n'est jamais réalisée par un individu seul. Pour vêtir le masque notamment, l'interprète doit être assisté de trois ou quatre autres **mahadu**. En comparant les quelques témoignages existant sur la phase **aõni hykã** dans le cadre de rituels d'initiation réalisés de 1978 à 1986 à Sta Isabel do Morro, on peut constater que les différentes tâches sont toujours assurées par les mêmes personnes.

Notons enfin que la nature terrestre de ce groupe du milieu est démontrée *a contrario* dans la mythologie. Ayant échoué dans la préparation d'une boisson de manioc (nourriture légère opposée à la viande animale lourde en graisse qui leur est attribuée), lors d'un **heto hykã**, un groupe de **mahadu** se dirigea vers le fleuve et se transforma en dauphins blancs. Ce groupe du milieu sera désigné dans la suite de cet ouvrage sous l'appellation de prêtres **mahadu**.

Le troisième arbre, placé du côté amont, ainsi que le quatrième et le cinquième placés du côté aval, sont chacun affectés à une formation cérémonielle qui porte le nom d'un oiseau. Le **nawiitobo** (l'arbre sucé par le nandou) correspond, selon les informateurs, soit aux **rarahesa ijoi**, groupe du vautour-pape (*Gypagus papa*), soit aux **ura ura ijoi**, groupe de l'aigrette blanche (*Casmerodius albus egretta*); le **hemãta** est associé aux **hiretu ijoi**, groupe aux plumes du falconidé carancho (*Polyborus tharus*) et le **koodio** aux **wokatu ijoi**, groupe aux plumes d'oiseau plongeur (*Phalacrocarax olivaceus*). Ces espèces de l'avifaune ne sont pas consommées par les Karajá, mais utilisées pour leurs plumes ou leur duvet dans la fabrication des masques **ijasò** et l'ornementation corporelle.

L'aigrette blanche, **ura ura** («blanc-blanc») est valorisée pour la couleur de son plumage. Le blanc est associé à l'identité culturelle, la parenté proche, en opposition au noir exprimant la liminarité sociale, l'altérité. La supériorité statutaire suggérée par la couleur blanche de l'aigrette est explicitement affirmée avec le vautour-pape. Dans la mythologie karajá, cet oiseau est directement associé à la chefferie et à certains de ses privilèges, comme la possession des plus belles parures corporelles (pour les couleurs vives de sa tête), et la préséance dans le partage de la nourriture. En bons observateurs des conduites animales, les Karajá ont en effet pu constater que les membres de la famille des charognards (vautour noir, vautour à tête rouge) attendent généralement pour se nourrir que l'animal soit dépecé par le vautour-pape, qui assigne à chacun, pour ainsi dire, sa part respective. La symbolique du vautour-pape est commune à d'autres sociétés du Brésil central, comme les Timbira orientaux, servant à souligner la supériorité statutaire de certains groupes socio-cérémoniels (Nimuendaju, 1946; Crocker, 1958).

Les plumes du falconidé et de l'oiseau plongeur s'inscrivent dans une autre symbolique; c'est l'habileté de ces prédateurs à la chasse et à la pêche qui est valorisée. Nous avons vu dans le rituel **axikroro** que les capacités ou les incapacités animales peuvent être transmises à l'homme par le frottement des plumes sur le corps. La valeur de la plume, comme élément métonymique de l'espèce, est soulignée par l'emploi du terme **tu**, plume, accolé au nom de l'oiseau dans l'appellation des deux groupes cérémoniels. Il convient également de noter que le **woka**, oiseau plongeur, est surtout apprécié pour son duvet utilisé dans l'ornementation corporelle, principalement des enfants et des adolescents. Or, le **wokatu ijoi** est associé au **koodio**, arbre dont la résine odorante est utilisée pour faire adhérer sur le corps ce duvet d'oiseau.

Tout comme celle des prêtres **mahadu**, l'appellation des **saura ijoi** pose problème. Le terme de **ura**, blanc, dont elle est composée, a fait dire à Dietschy qu'il s'agissait de «familles blanches, ou de prestige» (1976). Cette assertion n'a pu être confirmée, ni sur le terrain, ni dans d'autres écrits. A ma connaissance, c'est le terme **sã** qui signifie famille, parents, et je n'ai pu obtenir aucune traduction, ni explication au sujet de cette dénomination.

Toutefois la mythologie associe les **saura ijoi** à une espèce animale, le singe capucin. Ce mythe, auquel il a déjà été fait référence, relate la fuite des jeunes initiants de la grande maison et leur transformation en singes de cette espèce. Selon les Karajá, les quelques **jure** qui, n'ayant pu être rattrapés, grimpèrent aux arbres, étaient tous des **saura riore**, fils de **saura**. Pour sa part, Amaral de Toral appelle cette formation cérémonielle, «groupe du singe». Enfin les **saura ijoi**, qui sont affectés au **õrahosina**, arbre du tapir, situé à l'extrémité aval de la rangée végétale, sont constamment assimilés à la formation supérieure de l'aval, s'opposant ainsi au **ijoi hykã ijoi** (grand groupe), lui-même étroitement associé à la formation de l'amont.

La relative uniformité de la rangée d'arbres ne rend donc pas compte de la prééminence donnée à trois sous-groupes sur six (**ijoi hykã, mahadu et saura**) par leur relation quasi isomorphique avec la triade **iboo, itya et iraru** (amont, milieu, aval). Les Karajá prêtent un rôle secondaire aux deux sous-groupes **hiretu et wokatu** et sont partagés, sinon confus, en ce qui concerne les **ura ura** ou **sinon rararesa ijoi**.

Rien aujourd'hui ne permet d'établir l'existence de connivences dyadiques entre ces six formations, liant par exemple individuellement les trois sous-groupes «dominants» aux trois autres, ce qui ne veut pas dire que cette organisation tripartite n'ait jamais existé. La tentative de reconstitution de cette structure cérémonielle présentée dans un article précédent (Pétesch, 1987) et qui a fait l'objet de quelques critiques (Ferreira Lima Filho, 1994) ne sera donc pas reprise ici.

Dualité / tripartition: version ***heto hykã***

Nous retrouvons dans ces variations binaire et ternaire de l'organisation cérémonielle le schéma cognitif soutenant l'édifice cosmologique; une dualité asymétrique de type vertical (amont / aval), médiatisée par un troisième élément qui, par sa nature spécifique, est placé en opposition diamétrale vis-à-vis des deux premiers. Sur le plan ontologique, nous notons également la même affectation de la dimension verticale du système à l'«inãcité», ou identité karajá, et de la dimension horizontale à l'«ixãcité», ou altérité terrestre. Les esprits des morts de l'amont et de l'aval, revêtus des attributs de l'identité ethnique, constituent le reflet eschatologique au sein du rituel d'initiation des **Inã** cosmiques du ciel et du fond des eaux et se distinguent collectivement du monstre cannibale, figure radicale de l'altérité terrestre.

Il avait également été suggéré dans l'analyse du système cosmique l'existence de deux types de dualité articulant le schéma ternaire. L'une érigée sur l'axe vertical est traitée sur le mode de l'identité de nature couplée à l'asymétrie de statut, l'autre déployée sur l'axe horizontal est régie par le principe de l'opposition équipollente. La trilogie amont / milieu / aval semble confirmer cette suggestion et autoriser une meilleure caractérisation.

Reprenons le couple **iboo / iraru**. Aucune opposition de nature ne distingue les deux groupes de l'amont et de l'aval dans le déroulement du rituel **heto hykã**. Ils représentent les mêmes entités spirituelles, les **woràsã**, ils portent les mêmes ornements corporels, ils partagent les mêmes activités. Au sein de l'identique, la distinction s'opère par décalage statutaire, la dualité s'établit sur une relation asymétrique supérieur / inférieur. Souvenons-nous, les hommes de l'amont sont les maîtres de la grande maison, les hommes de l'aval, ceux de la petite maison; les premiers sont aussi les maîtres du grand tronc, les seconds participant néanmoins à son érection sur la place rituelle; dans la distribution de la nourriture, le groupe de l'amont reçoit la partie antérieure de l'animal, la plus riche en viande et en graisse, le groupe de l'aval, la partie postérieure; enfin les hommes de l'amont sont considérés comme les plus forts, les plus solides, les hommes de l'aval, les plus rapides.

Ce «plus», ce supplément statutaire, cette maturation à la fois physique et sociale, distinguant un élément par rapport à l'autre au sein d'une communion d'identité, nous renvoie également au traitement de la dualité verticale dans la paire de masques **ijasò**; une légère distinction ornementale et vocale affecte les deux éléments de la dyade masquée à deux catégories d'âge consécutives, ou plus précisément les place dans un rapport de germanité aîné / cadet.

Le critère de l'âge devient encore plus explicite dans la caractérisation du tiers élément, le groupe du milieu, les prêtres **mahadu**. La charge que ces hommes doivent assumer, la nourriture qu'ils doivent absorber les font vieillir prématurément. Ne pouvant plus ni chasser ni pêcher, ils doivent avoir atteint un âge où les obligations économiques sont réduites.

Le savoir, l'expérience et le soin indispensables à la réalisation de leurs tâches ne peuvent être assurés qu'au stade du grand âge.

Toutefois, le groupe du milieu, à l'instar des deux autres groupes, ne constitue pas une classe d'âge. L'affiliation à cette triade socio-cérémonielle se fait, ou du moins se faisait, par transmission patrilinéaire. Sur cela, cependant, une différence oppose encore une fois les hommes de l'amont et ceux de l'aval, d'une part, aux hommes du milieu, d'autre part. Alors qu'un homme naît pleinement **iboo** ou **iraru** et le demeure jusqu'à sa mort, il n'est que susceptible, en tant que **mahadu riore** (enfant de **mahadu**) ou **mahadu riore riore** (enfant d'enfant de **mahadu**) de devenir dans son grand âge un véritable **mahadu**, intégrant le groupe du milieu.

Or aujourd'hui, si l'on se renseigne sur l'origine des quelques **mahadu** et l'identité de leur descendance, le groupe de l'amont est dans la plupart des cas désigné. Le cas unique, à ma connaisance, dans le village de Sta Isabel, d'un homme membre de la formation de l'aval qui se dit **mahadu** est intéressant à relever. C'est en effet le chef (politico)-cérémoniel, celui qui dirige le rituel d'initiation, en commande les différentes phases, distribue la nourriture entre les groupes, fait l'offrande de nourriture aux différents arbres. Par contre, il n'intervient pas dans tout ce qui touche à la manipulation du grand monstre, à la représentation de laquelle le groupe des **mahadu ijoi** est spécifiquement associé.

Deux hypothèses peuvent être avancées; soit les **itya ijoi** ont constitué jadis un groupe séparé des **iboo** et des **iraru** — c'est la thèse proposée par Dietschy, qui parle des «familles de prestige» déjà disparues dans les années 50 (1977:298) —, soit ils n'étaient qu'une extension socio-cérémonielle de la dyade amont / aval, sous forme d'une nucléarisation centralisatrice des enjeux politiques fondamentaux que représentent les charges hautement valorisées et symboliquement associées de la prêtrise et de la chefferie politique et cérémonielle et dans la dynamique de laquelle, nous le verrons, la distinction aîné / cadet jouait un rôle important.

Le marquage des pieux funéraires, jadis fichés de part et d'autre de la tombe, semble favoriser la seconde hypothèse. Selon les données recueillies, il existait *deux* types de tête de pieux et *trois* types de motifs ornant le corps de ces objets funéraires (*cf.* figure 11). Les seconds étaient indifféremment et individuellement associés aux deux premières. La tête de pieu **irahykã** (grande tête), associée au motif **tureherio biu oru** (chauve-souris-vers le haut), était affectée au groupe de l'amont, alors que la tête de pieu **brorewa** (patte de cervidé), associée au motif

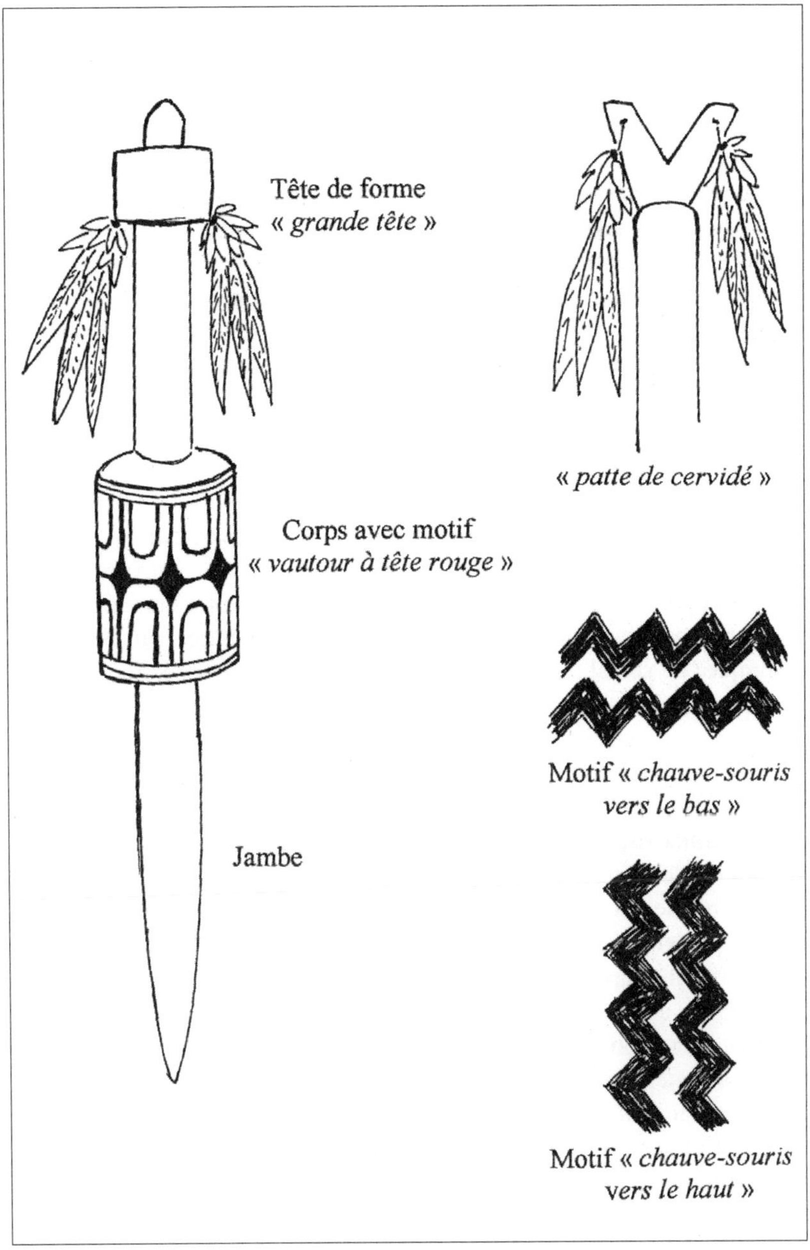

Figure 11 – Pieux funéraires

tureherio bede oru (chauve-souris-vers le bas), était affectée au groupe de l'aval. Le motif **raradie** (vautour à tête rouge), associé aux deux types de tête, constituait l'emblème du groupe du milieu.

Tout en se distinguant graphiquement des **iboo** et des **iraru ijoi**, les **itya ijoi** attestaient morphologiquement — tête de pieu du haut (tête) / tête de pieu du bas (patte) — de leur affectation à l'un des deux éléments de la dyade sociale. A noter également la référence au vautour pour identifier les hommes du milieu; moins coloré que le vautour-pape, le vautour à tête rouge (*Cathartes aura*) lui est néanmoins proche par sa grande taille et ses mœurs non grégaires, contrairement au vautour commun (*Catharista atratus brasiliensis*).

RITES AGRAIRES

Deux rites à caractère agraire étaient jadis réalisés par les Karajá. Ces deux pratiques cérémonielles, intrinsèquement liées, correspondaient à deux périodes de transition dans le cycle écologique et socio-économique. Traitées dans un même cadre structurel sur les plans cosmique et social, elles étaient toutefois placées dans un rapport d'inversion symbolique.

La fête du miel

Le premier rite agraire a lieu traditionnellement au début de la saison des pluies, annoncée au firmament par l'apparition des Pléiades. A l'approche des fortes pluies et des crues fluviales consécutives, les Karajá passent des berges basses (plages) aux berges hautes et se sédentarisent dans les grands villages, aux alentours desquels sont ouverts les abattis de terre ferme. Entre la préparation de la terre (abattage des arbres, brûlis) et les plantations, au moment de la première récolte de miel, est organisé le **bedi uri** (miel-mélange) ou **iweru hykã**, grand **iweru** (boisson de manioc; *cf.* note 3, chapitre III). Ce rite est destiné à attirer la bienveillance des **biu mahadu**, habitants de la pluie, sur les futures plantations et y participe l'ensemble de la communauté, hommes, femmes et enfants.

Sur la place du village, dans un grand récipient en terre spécifique (**iweruna**) posé sur une natte à motifs (**byre hyti**), est préparée une boisson composée de toutes les plantes cultivées, sous forme de tubercules râpés — manioc doux et amer, igname, patate douce —, de semences de potiron et de pastèque et de grains de maïs, mélange longuement bouilli puis additionné d'une bonne quantité de miel. Tous ces ingrédients sont fournis par l'ensemble du village, ainsi que des plats de poissons et de tubercules, également nappés de miel.

La préparation de cette boisson, ainsi que la médiation avec les **biu mahadu**, sont assurées par un seul officiant. Si les Javaé le désignent comme étant un chamane, **hyri** (Amaral de Toral, 1978-1979), les Karajá de l'amont font référence au «maître des **ixã**», chef traditionnel du village, dont les charges sont aujourd'hui réduites au cadre cérémoniel. Nous avons vu que le chamane et le leader cérémoniel interviennent différemment auprès des entités surnaturelles dans les rituels **ijasò** et **heto hykã**. La capacité propre au **hyri** de médiation spirituelle avec les autres niveaux cosmiques est requise dans le **bedi uri** javaé. De fait, grimpé en haut d'une précaire échelle en bois, le chamane est censé recevoir les nouvelles semences des mains des entités célestes. Ce n'est pas le cas chez les Karajá proprement dits où l'officiant, en tant que responsable de la communauté, fait le don de la nourriture cuite en échange des nouvelles plantes qui seront ultérieurement apportées par des oiseaux, messagers des Karajá célestes. Dans les deux cas toutefois, l'offrande de nourriture et le discours de l'officiant s'adressent spécifiquement au **hyri hykã**, grand chamane céleste, souvent incarné par la figure mythique et nourricière de **Xibure**.

La mise en scène élaborée et le soin apporté au contact médiatisé avec les **Inã** du ciel afin d'obtenir d'abondantes récoltes, contrastent avec les relations individuelles directes que les Karajá entretiennent avec les **Inã** aquatiques pour réaliser de bonnes pêches. Cette distinction relationnelle trouve son explication, tant dans la supériorité statutaire reconnue aux êtres célestes, que dans les circonstances mythiques de la double séparation opérée au sein des Karajá cosmiques. Si dans un premier temps, la scission eau / terre est occasionnée par l'impossibilité de nature physique (ventre trop gros pour sortir du trou) pour un groupe d'**Inã** primordiaux d'accompagner leurs parents dans leur ascension terrestre, dans un second temps il s'agit d'une rupture intentionnelle du ciel avec la terre, par suite d'une erreur humaine, déterminant consécutivement la condition laborieuse des **Inã** terrestres.

Le traitement relationnel dans sa symbolique rituelle rappelle, tout en s'attachant à la compenser, la faute ancestrale. Tout d'abord et ce, uniquement dans le cas des **Inã** célestes, l'échange de nourritures crue / cuite, se substituant au partage originel et marquant la distension du lien de parenté, se double d'un rite propitiatoire, d'une offrande préliminaire visant à s'assurer la bienveillance d'entités jadis offensées. La véritable compensation, nous le verrons, intervient au moment des récoltes. Par ailleurs, la relation est obligatoirement médiatisée par un homme adulte expérimenté qui ne peut pas faire d'erreur, contrairement aux jeunes enfants, protagonistes mythiques responsables de l'incident. Enfin, au plat d'excréments jadis demandé puis refusé par les enfants, s'oppose métaphoriquement une nourriture sucrée, non fermentée et adoucie par du miel, offerte puis acceptée par les êtres célestes, avant d'être distribuée en priorité aux enfants participant au rituel. Précisons qu'il s'agit là d'honorer l'aspect transcendant des entités célestes, ces maîtres de la pluie qui régulent le cycle végétatif et agricole. Dans le rituel **ijasò**, c'est la part mi-humaine, mi-animale de ces **Inã** cosmiques qui évolue au cœur de la société karajá.

Arrêtons-nous un instant sur la symbolique du miel dans la culture karajá. Quoique de nature terrestre (le terme **bedi**, miel, est dérivé de **bede**, terre), le miel est associé par sa douceur et sa consistance à l'élément liquide, au monde aquatique, au même titre que la plupart des produits végétaux, sauvages ou domestiques, également doux (**aõbreke**) et que l'on peut sucer (**tò**, **tobò**). Avec le poisson, les tubercules et le maïs, le plus souvent intégré dans la préparation de la boisson traditionnelle, le miel est la nourriture des **Inã** cosmiques, en totale antinomie avec la chair animale ou humaine, les entrailles, voire les excréments, tout ce qui sent fort (**irò**) et que consomment les différentes catégories d'êtres terrestres. Rappelons que le mammifère terrestre est appelé **iròdu**, «celui qui sent fort» et le terme **rò** signifie «manger de la viande».

Mais le miel est plus qu'un aliment. Ses vertus lénitives en font un antidote contre des substances nocives, tel que le sang féminin. Durant la couvade, la consommation de miel contribue à évacuer le reste de sang du ventre de la mère. Toute autre nourriture, notamment carnée (poisson), entraînerait le gonflement du ventre par putréfaction et l'éventuelle transformation de la contrevenante à la prohibition alimentaire en un être cannibale.

Le père d'un nouveau-né ne peut ainsi renouer ses relations avec le milieu naturel, reprendre ses activités de chasse et de pêche, que s'il a été préalablement chercher du miel. Dans le cas contraire, les animaux ne se laissent pas capturer. Il est intéressant de souligner à ce propos le traitement inversé que fait subir la couvade karajá au père du nouveau-né. Tenu également d'éliminer le reste de sang accumulé dans son ventre, il utilise à plusieurs reprises pour se faire vomir un émétique à base de piment — aliment classé dans la même catégorie que le manioc fermenté —, complété par la pénétration jusqu'à l'estomac d'une longue tige végétale.

Les vertus lénitives du miel, facilitant, «adoucissant» les relations de l'homme avec son environnement naturel ou spirituel sont largement sollicitées durant le rituel **bedi uri**. L'écume de miel qui se forme à la surface du grand **iweru** et que les hommes se passent sur le corps est censée leur donner de la chance dans leurs prochaines activités agricoles. A l'inverse, nous avons vu auparavant dans le cadre des rituel **ijasò** et **heto hykã** que la protection corporelle contre les agressions extérieures est obtenue par l'application d'une décoction de racine amère (*cf.* chapitre III).

Le **bedi uri** est par ailleurs le seul rituel auquel participent les tout jeunes enfants des deux sexes. Richement parés, ils sont amenés sur la place rituelle par leur **lana**, frère de mère, qui leur donne un peu de cette nourriture sucrée. D'après Donahue, l'oncle maternel se contente de tremper son doigt dans l'**iweru** sucré et de le faire sucer par son ou ses neveux (1982: 287). Cette nourriture, distincte du grand **iweru** offert aux **Inã** célestes, est fournie et préparée par les parents des enfants. Elle est ensuite répartie entre la maison des hommes et les unités uxorilocales.

Cette participation des enfants ne se fait pas de façon désordonnée mais suivant la division amont / aval, matérialisée sur la place rituelle par deux grandes nattes où sont disposés les plats de nourriture. La même division structurelle prévaut avant le rituel, lors des expéditions masculines de pêche et de collecte de miel.

La fête du manioc roui

Ce rituel coincide avec la récolte du manioc, six à sept lunes (ou mois lunaires) après les plantations. Il clôt les rituels de la saison des pluies, avant le reflux des eaux fluviales et la descente des Karajá vers les terres basses, annoncés au firmament par la disparition des Pléiades. En positions symétriques, les deux fêtes agraires semblent bien constituer des rites de transition, de passage, dans le cycle de reproduction liant étroitement la société humaine à son univers naturel.

La symétrie temporelle des deux rituels est complétée par une opposition de nature, où s'exprime de façon subtile cette dualité symbiotique proprement karajá entre l'aquatique et le terrestre. Alors que le **bede uri**, d'affectation terrestre (**bede**, terre), bascule du côté de la douceur aquatique (boisson sucrée, participation des enfants), le **bero uri** (**bero**, eau, manioc roui, **uri**, mélange), associé à l'univers fluvial, présente à différents égards une nature plus forte.

Tout d'abord, la nourriture cérémonielle est plus solide et se compose de poisson ou de tortue, accompagné de manioc fermenté à partir de tubercules entiers mis à rouir. La fermentation du manioc amer (**yjiura**) s'obtient en effet par un traitement aquatique. Les tubercules sont immergés dans l'eau du fleuve pendant quelques jours. Ramollis, ils sont ensuite pressés manuellement pour en extraire le suc toxique, puis séchés au soleil et épluchés. Le manioc ainsi traité donne à la nourriture un goût aigre (**txubrere**) qui, bien que contrastant avec la boisson sucrée du **bedi uri**, ne s'inscrit pas dans la catégorie antinomique du pourri (**irò**). La dualité alimentaire doux-liquide / aigre-solide propre aux **Inã** cosmiques et déjà observée dans le rituel **ijasò**, est donc également opérante dans les rites agraires.

Par ailleurs, ne participent au **bero uri** que les hommes adultes et adolescents, dirigés de la même façon par le chef traditionnel qui offre les premiers fruits de la récolte aux entités célestes, en plaçant la communauté sous leur bienveillante protection. La même division structurelle s'établit entre les hommes de l'amont et les hommes de l'aval qui, d'une part vont pêcher séparément, d'autre part sont affectés à deux espaces opposés (sud / nord) sur la place rituelle, comme dans le rituel d'initiation.

La matérialisation de cette dualité spatiale, tout en utilisant le même support que dans la fête du miel, à savoir la natte cérémonielle, présente des connivences avec celle du rituel d'initiation. De fait, il s'agit d'une très grande natte dressée verticalement (**welo**) entre deux poteaux face à la maison des hommes. Le poteau sud est dressé par les hommes de l'amont, le poteau nord par ceux de l'aval.

Sous une forme réduite et simplifiée, on retrouve la même «architecture» alignée dans la verticalité amont / aval que celle du rituel **heto hykã**. Cette correspondance s'exprime aussi terminologiquement à travers les appellations des deux structures cérémonielles: **hererawo** (alignement des arbres entre la grande et la petite maisons), **welourawo** (natte tendue entre les deux poteaux). Le terme de **welourawo** est la seconde appellation donnée au rituel du manioc roui.

Les enfants ne participent pas au **bero uri**, mais la référence à ces derniers est implicite. Si dans le premier rituel les principaux protagonistes sont les frères de mères qui alimentent leurs neveux utérins, dans le second rituel ce sont les jeunes hommes récemment mariés et futurs pères qui doivent aller dans les unités domestiques offrir la nourriture cérémonielle aux germains classificatoires de leurs pères et mères respectifs. Ce faisant, ils assurent à la naissance de leurs enfants un grand nombre de donneurs de noms potentiels, classés selon la règle de dation nominative dans la catégorie de grands-parents classificatoires par rapport aux receveurs.

Quelques commentaires sur les rites agraires

Soulignons tout d'abord la place relativement importante dans le complexe cérémoniel karajá d'une liturgie à caractère agraire, qui se manifeste aux deux moments charnières de l'activité agricole, les plantations et les récoltes. Cela est d'autant plus étonnant que ces Indiens sont généralement décrits dans la littérature ethnographique comme de piètres agriculteurs, en particulier le sous-groupe ethnique de l'amont, et que l'on ne trouve pas trace d'un dyptique cérémoniel équivalent chez les groupes voisins du Brésil central, notamment dans le contexte socio-culturel gê-bororo. Pas de rite propitiatoire au moment des plantations; quant aux pratiques liées aux premières récoltes — offrande alimentaire aux entités **bope** chez les Bororo, rituels de nomination chez certains Gê —, elles ne concernent pas le manioc, mais le maïs.

Ces deux rituels aujourd'hui disparus et dont on ne possède malheureusement que des descriptions partielles sont également importants sur le plan social, car ils mobilisent l'ensemble d'une communauté villageoise, réactivant son système d'organisation, tant au niveau de l'articulation structurelle qu'à celui du tissu relationnel.

Que constatons-nous? La division amont / aval que nous avons vu opérer dans le rituel d'initiation ordonne de la même façon l'espace cérémoniel et différencie en deux grandes formations les participants au rituel. Au centre, le chef cérémoniel agissant au nom de la communauté toute entière, c'est-à-dire se démarquant des deux groupes. Distributeur de la nourriture entre les deux moitiés cérémonielles, il est également celui qui prépare — dans le cas du grand **iweru** — et qui offre à titre propitiatoire ou compensatoire les aliments cuits aux entités célestes. Nous retrouvons là les charges principales dévolues aux **itya ijoi**, hommes du centre, lors du rituel d'initiation masculine (répartition de la nourriture, médiation avec les entités spirituelles), même si ceux-ci ne semblent pas agir en tant que groupe dans les deux rites agraires.

Il est important de noter l'affectation des jeunes enfants des deux sexes dans les moitiés cérémonielles de leurs pères, matérialisées par les deux nattes étalées sur la place rituelle. Cette affectation amont / aval est confirmée ultérieurement pour les jeunes garçons lors du rituel d'initiation, soit à l'intérieur de la maison des hommes pour les Javaé, soit dans les deux structures de la grande et de la petite maison pour les Karajá proprement dits.

Comme dans le rituel d'initiation, la bilatéralité du système relationnel n'en reste pas moins opérante, alternativement soulignée dans les deux rites agraires. Dans la fête du miel, l'accent est mis sur le rôle du frère de mère, en tant que médiateur entre l'espace domestique et l'espace rituel, entre les **ixã** et les **ijoi** — fonction parfaitement illustrée dans le rituel **heto hykã** et que l'on retrouvera dans le rituel des esprits des morts ennemis —. Dans la fête du manioc roui, est mis en lumière le rôle du père, ou du futur père, dans l'activation de liens de parenté, de relations d'échange — responsabilité qu'il développe principalement dans le rituel d'initiation et le rituel **ijasò** — et dont les bénéfices, nous le constaterons, sont essentiellement tirés par son enfant aîné.

RITES DE MORT

Rituel des morts ennemis

> «Une autre fête importante intervient à la saison sèche et est consacrée au contrôle des esprits des ennemis. [...] Lors de ce rituel il y avait deux esprits tapirapé, trois xavante, un kayapó et un néo-brésilien.» (Lipkind, 1948:188,191)

Ce grand rituel que Lipkind situe à la saison sèche est, selon Donahue qui eut la chance d'y assister en deux occasions dans le village de Macauba, organisé deux ou trois fois par an, «aux périodes indiquées par le chamane pour apaiser les esprits des Indiens non-karajá tués à la guerre.» (1982:283). Il m'a également été indiqué que ce rituel n'est pas marqué dans le temps et qu'il est organisé en réponse à la demande de nourriture des esprits des ennemis.

Selon certains informateurs, c'est le chamane qui enregistre cette demande, selon d'autres, ces entités spirituelles s'adressent directement à leurs maîtres respectifs sous une forme animale généralement menaçante (serpent). Donahue précise encore que c'est le chamane qui choisit entre tous les possesseurs d'esprits ceux qui assureront la charge de l'alimentation, déterminant ainsi de rituel en rituel une sorte de rotation entre les différents maîtres. Comme dans le cas des esprits **ijasò**, il y a lieu de penser que le choix du ou des responsables du rituel n'est pas dû au hasard, ni au bon vouloir du chamane.

Les esprits des morts ennemis, bien que domestiqués, ne perdent pas leur altérité. Contrairement aux esprits **ijasò**, leurs masques de fibres végétales sont dépouillés de tout ornement, ils ne dansent ni ne chantent dans l'espace rituel, ils ne sont pas hébergés dans la maison des hommes et enfin, ils conservent leur caractère menaçant, en particulier pour les femmes et les enfants:

> «Les jeunes gens s'habillent comme des Tapirapé et hurlent comme des Tapirapé. Le chamane leur parle, leur disant qu'il va les alimenter et qu'ils ne doivent pas attaquer son peuple.» (Lipkind, 1938:box 1, vol.2:117)

> «La nuit précédant la fête, les jeunes gens ont couru à travers le village en hurlant, terrifiant les femmes et les enfants qui étaient dans les maisons. Ils disaient qu'ils étaient venus pour enlever les enfants.» (Donahue, 1982:284)

Une fois alimentés, les esprits disparaissent et les masques sont immédiatement brûlés.

Il convient tout d'abord de relativiser la version actualisée, sinon résiduelle, d'un rituel qui n'est plus alimenté à sa source, celle de la guerre inter-tribale, tarie depuis plus d'un demi-siècle. Pour les Karajá les plus âgés, les raids guerriers lancés en représailles contre les razzias meurtrières des Xavante ou des Kayapó dans les jardins et les campements de plages en saison sèche, ou les pièges sournois posés aux Tapirapé visant à enlever femmes et enfants, sont des faits glorieux qui ont illustré les générations antérieures. Ces actes guerriers font partie des souvenirs de leur enfance, ou ont alimenté les récits qui ont bercé leurs jeunes années. Il est donc à supposer que ce rituel d'alimentation des esprits des morts ennemis ne constitue qu'un élément résiduel, qu'une phase d'un complexe cérémoniel lié à la guerre et qu'à ce titre, il ne rende pas compte de l'ensemble du traitement symbolique de la violence chez les Karajá.

Examinons tout d'abord la terminologie karajá sur la guerre. Elle comporte une connotation négative importante: **aõ bina**, «chose mauvaise»; **aõ bina du** étant le guerrier, «celui de la chose mauvaise». Ce terme ne semble pas relever d'un jugement de valeur récent dû à une cœxistence prolongée des Karajá avec les Blancs, notamment missionnaires, puisque Lipkind le désigne également comme traduction de la guerre dans ses carnets de notes datés de 1938.

Le terme polysémique de **wou** est central dans cette terminologie guerrière. Dans son sens restreint, il désigne les Indiens Tapirapé, dans son sens large, l'ennemi. Cela s'accorde avec le fait que, dans les siècles derniers, ce groupe tupi a constitué pour les Karajá proprement dits (sous-groupe de l'amont) le principal partenaire dans l'aire d'échanges inter-ethniques, sur un mode autant pacifique que polémique. Reste à savoir si, avant l'arrivée des Tapirapé dans le bassin de l'Araguaia (sans doute dès le 16e siècle), le terme générique de **wou** était appliqué à un autre groupe ethnique.

L'appellation de **wou uni**, esprits de morts **wou**, est ainsi utilisée pour désigner la parousie rituelle de l'ensemble des esprits des ennemis tués à la guerre. Complété par des désinences nominales ou verbales, ce mot **wou** désigne la rage, l'apparence menaçante, l'attaque. Il est à ce titre amusant de le retrouver dans l'appellation de **korowoude** appliquée au crapaud de l'espèce *Ceratophrys ornata* qui, lorsqu'il est irrité (ou agressé) prend un air menaçant en augmentant de volume et en faisant apparaître sur la tête deux appendices cornus. Dans sa forme verbale, **wou** exprime le comportement de l'ennemi qui attaque. Pour les guerriers karajá, les radicaux habituellement utilisés dans les formes verbales traduisant l'acte de guerre sont **wyhy**, flèche ou **ohote**, massue.

Si la guerre était **aõbina**, chose mauvaise, pour le guerrier karajá mort qui, privé de funérailles, ne pouvait intégrer la communauté des **worasã** (esprits des morts) et était condamné en tant qu'**uni** à errer solitaire aux confins des zones habitées, il ne semblait pas en être de même pour le guerrier vivant, tueur d'ennemis. Le **ràbu dàã du** (tuer-faire/savoir-celui qui) arborait sur la poitrine les marques de ses exploits sous forme de scarifications qui, selon Krause, étaient appliquées en l'absence des femmes et par un autre guerrier appelé **wali**, mon ami. Nous retrouvons là la relation d'amitié formelle qui était censée fonctionner entre les deux danseurs de la paire **ijasò** (*cf.* chapitre III).

Par ailleurs, en prélevant un os du pied de sa victime, le meurtrier était capable de maîtriser l'esprit, ô combien dangereux, de cette dernière et de le rapporter dans son village. Cette capacité de contrôle d'une entité spirituelle élève le guerrier au niveau du chamane ou du prêtre **mahadu** dans le rôle que ces deux derniers jouent, quoique différemment, auprès des esprits **ijasò** ou du grand monstre. Le parallèle existant dans la société karajá entre le chamane et le guerrier se poursuit une fois de retour dans le village. A l'instar du chamane accompagné d'un ou plusieurs esprits **ijasò**, le guerrier remet l'esprit du mort ennemi entre les mains d'un enfant. Le receveur d'un **wou uni** doit être un fils de sœur.

Il est fort probable que le retour d'un raid guerrier ayant fait plusieurs victimes entre les rangs de l'ennemi devait déployer jadis un important rituel communautaire, visant à assurer pour le bien de la communauté la réintégration ou l'incorporation au sein du corps social d'une double altérité; celle des guerriers souillés par l'acte homicide et celle des esprits des morts ennemis rapportés par leurs meurtriers. Comme dans d'autres sociétés des basses terres d'Amérique du Sud, le rite d'homicide karajá s'assimilait à une couvade avec son isolement, ses prohibitions alimentaires et sexuelles et ses pratiques de purification corporelle par élimination de sang (scarifications sur la poitrine et éventuellement expulsion du sang de l'Autre de l'intérieur du ventre, comme après l'accouchement). Mais après avoir engendré de façon symbolique une nouvelle identité spirituelle, le guerrier abandonnait la responsabilité de la paternité adoptive socialisante au mari de sa sœur, en remettant l'esprit de l'ennemi entre les mains de son neveu utérin.

Il me semble intéressant d'éclairer le mode d'incorporation sociale de l'altérité spirituelle en opérant une comparaison avec un modèle tupi, celui des anciens Tupinamba de la côte atlantique. Rappelons que le guerrier tupinamba cherchait à rapporter de son expédition un ennemi vivant qu'il remettait de préférence entre les mains de son (futur) beau-frère, ou frère de femme. Engraissé quelque temps comme un animal domestique, le captif était ensuite exécuté par son maître qui s'octroyait plusieurs noms sur la tête de sa victime (Viveiros de Castro, 1986, Combès, 1992). Contrairement au modèle karajá, il y avait donc dédoublement entre le guerrier et le tueur. Le guerrier tupi introduisait l'altérité physique de l'ennemi au sein du corps social, le guerrier-tueur karajá y introduisait l'altérité spirituelle. Dans les deux cas, cela se traduisait pour le tueur ou sa famille par un accroissement statutaire, un enrichissement du patrimoine symbolique, que ce soit sous forme onomastique ou noologique.

Un parallèle peut également être opéré au niveau du tissu relationnel concerné par l'introduction de l'ennemi. Pour échapper à l'uxorilocalité, le guerrier tupinamba cherchait à échanger son captif contre la fille de sa sœur. C'était par conséquent avec son (futur) beau-frère — frère de femme et également fils de sœur — qu'il ouvrait une créance, ou réglait une dette matrimoniale, en remettant l'ennemi. Ce dernier, livré aux alliés et effectivement marié à une femme de ce groupe, était en quelque sorte «uxorilocalisé» à la place du guerrier.

L'intégration de l'esprit du mort ennemi chez les Karajá s'inscrit dans un même schéma relationnel, mais avec un traitement symbolique plus accentué du côté de l'affiliation. Le guerrier offre aussi l'entité spirituelle à son neveu utérin, mais transfère les obligations de cette

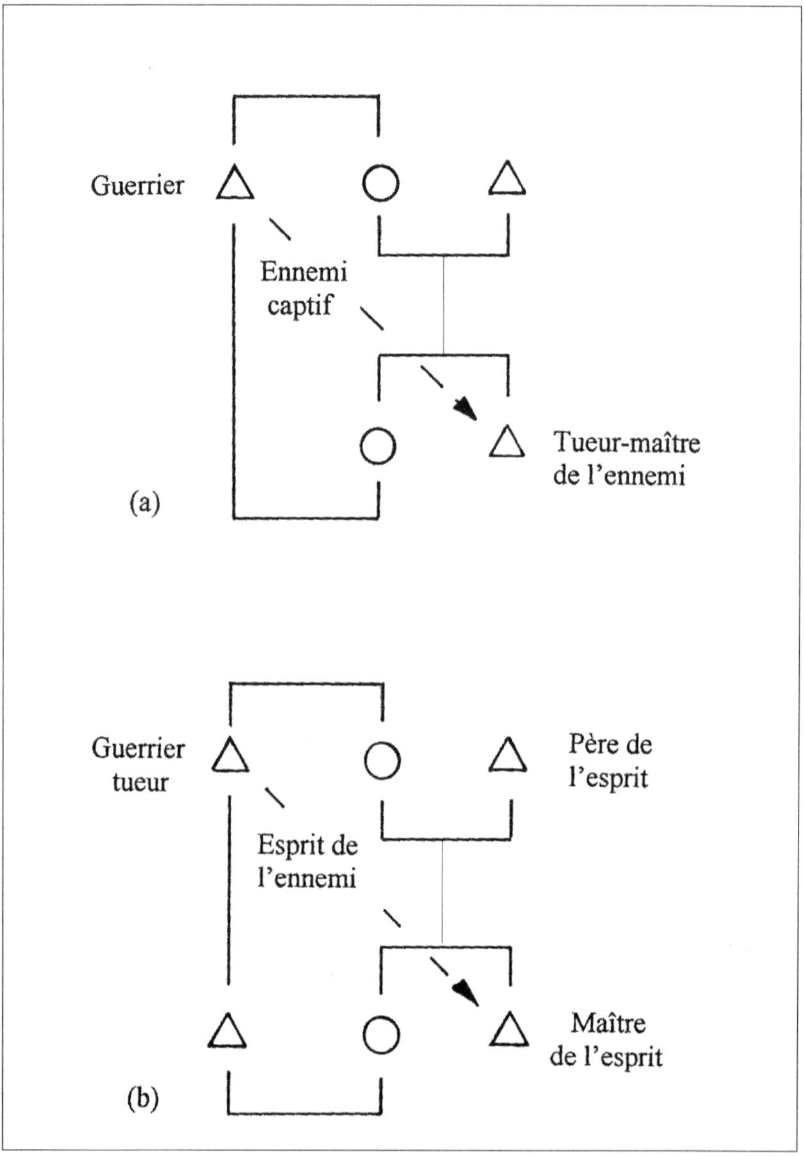

Figure 12 – Modes d'échange ou de transmission de l'ennemi
(a) chez les Tupinamba
(b) chez les Karajá

possession symbolique, sous forme d'une «paternité spirituelle», au mari de sa sœur, appellé par exemple **aralahu uni tàby**, père de l'esprit du mort kayapó. L'acquisition d'une épouse à la génération suivante par le fils du guerrier pourrait être conçue comme une compensation matrimoniale différée, si elle ne découlait pas de l'application du mariage préférentiel karajá avec la cousine croisée patrilatérale (*cf.* figure 12). On peut toutefois faire observer que le pourcentage non négligeable — entre 7 et 8 % — de mariages avunculaires réalisés actuellement chez les Karajá autorise à ne pas écarter la possibilité d'une stratégie ancienne de virilocalisation (sur le modèle tupinamba), privilège que pouvait s'accorder le guerrier et qui appartenait de droit au chef politique.

Constatons par ailleurs que le mode d'intégration par affiliation de l'altérité spirituelle **wou** est comparable à celle de l'entité noologique **ijasò**. Toutes deux sont possédées par des enfants et sont alimentées par des parents qui les appellent **wa nohõ riore** (ma possession-enfant). Par contre, l'affinisation symbolique est traitée sur un mode distinct dans chacun des deux cas, soulignant l'écart socio-culturel existant entre des entités **inã** et des entités **ixã**. Les **ijaso** s'unissent par la danse aux femmes karajá et sont censés les féconder; les **wou uni**, bien que domestiqués, restent des ennemis qui les font fuir en menaçant de les enlever avec leurs enfants. Nous retrouvons là la distinction entre une sexualité consentie et une sexualité imposée par la violence, mise à jour dans l'analyse du rituel d'initiation masculine.

La transmission en ligne croisée de l'esprit du mort ennemi, qui s'oppose à une transmission en ligne directe de la part proprement karajá du patrimoine symbolique, confirme par ailleurs sur le plan sociologique la distinction entre les deux dimensions structurelles de l'identité **inã** et de l'altérité **ixã**.

Soulignons enfin le rôle du frère de mère qui prend toute sa dimension dans cette socialisation de l'ennemi. Il confirme sa fonction de médiateur, de lien entre les zones périphériques (espace domestique féminin, **ixã**, tribus voisines, **ixãju**) et le centre du système social, entre l'altérité et l'identité, l'«ixãcité» et l'«inãcité». C'est par lui que transite ce qui vient de l'extérieur terrestre ou horizontal, en opposition à un extérieur cosmique ou vertical avec lequel le chamane est l'intermédiaire.

Jeu des pieux funéraires

A l'instar des sociétés gê-bororo, les Karajá pratiquaient autrefois ce que l'on appelle les doubles funérailles concernant, d'une part, la partie charnelle du défunt, de l'autre, sa partie osseuse (*cf.* chapitre II). Ces rituels funéraires, sur lesquels il n'existe que peu d'informations, ne semblaient pas mobiliser les formations sociales que nous avons vu opérer dans le rituel d'initiation masculine, en particulier la dyade amont / aval, se distinguant en cela des cérémonies mortuaires bororo. Toutefois, un petit rite classé dans la catégorie **lyrena** (jeu) par les Karajá, donc aménageant une rupture dans le déroulement cérémoniel, et concernant la paire de pieux funéraires, faisait ressurgir cette division sociale sous forme de deux têtes de pieux funéraires (**itxeò**) distinctes et de deux équipes masculines mises en compétition.

Pour chaque défunt — homme, femme ou enfant —, on fabriquait en fait deux paires de pieux funéaires. La plus grande, **itxeò hykã**, mesurant environ 1 m de haut, était celle qui était fichée aux deux extrémités de la tombe. Représentation symbolique du mort, elle exhibait les mêmes attributs de l'humanité karajá que le masque **ijasò**, à savoir, ainsi que l'illustre la figure 11:

— la tripartition corporelle: tête (**ra**), tronc (**umã**, **we**), jambe (**ti**);
— des ornements et dessins corporels, sous forme de:
  . deux parures de plumes tombant de chaque côté de la tête;
  . un motif incisé dans le corps de l'**itxeò**; jadis, comme pour les têtes de masques **ijasò**, ce dessin était composé suivant la technique de la mosaïque, à l'aide de petites plumes collées sur le bois avec de la cire d'abeille (*cf.* Ehrenreich, 1948:68);
— l'appariement de deux éléments identiques (ou pratiquement identiques dans le cas de l'entité **ijasò**).

En outre, le pieu funéraire affichait l'identité sociale du défunt, soit son affiliation à un groupe social spécifique, par un signe morphologique et graphique. Comme indiqué précédemment, il existait deux types de tête de pieux distincts, **irahykã** (grande tête) et **brorewa** (patte de cervidé), respectivement affectés au groupe de l'amont et à celui de l'aval, et sur les trois motifs corporels indifféremment et individuellement associés à ces deux têtes, l'un constituait l'emblème du groupe du milieu.

Les **itxeò riore**, petits pieux funéraires, mesurant entre 30 et 40 cm de long, étaient ceux utilisés dans le jeu. Totalement recouverts de teinture rouge de roucou et ne portant aucun motif, ils devaient arborer le type de tête opposé à celui des **itxeò hykã**, incarnant de la sorte une identité sociale contraire à celle du défunt.

Comme les masques **ijasò**, les deux paires de pieux funéraires étaient fabriquées dans la maison des hommes, semble-t-il par des parents paternels du mort.

Le jeu des pieux funéraires intégrait les premières funérailles, celles concernant la dépouille charnelle du défunt. Ce jeu marquait la fin du deuil communautaire, permettant la reprise éventuelle d'un rituel interrompu par le décès. C'est la proche famille du défunt qui en donnait l'autorisation, environ dix jours après la mort (ce délai variait en fonction du statut de la personne décédée). Ce jeu, qui n'est plus pratiqué, a été décrit comme étant une course disputée par deux équipes masculines appartenant aux deux groupes de l'amont et de l'aval, se relayant chacune un **itxeò riore**. Cette compétition s'effectuait à l'intérieur de l'espace social, dans ses parties publique et domestique.

Si l'on en croit le principe du jeu tel qu'il se manifeste notamment dans le rituel **ijasò**, celui des pieux funéraires auquel tout le village pouvait assister (puisqu'il n'était pas confiné à l'espace masculin interdit aux femmes et aux enfants), était réalisé dans la plus grande décontraction, ayant justement pour but de rompre la gravité du deuil et de redonner vie aux activités communautaires. On peut même le considérer comme un rite d'inversion par sa nature cathartique, désacralisante et l'utilisation «anormale» de la représentation d'un mort.

Rapprochons ce jeu funéraire karajá de la course de troncs réalisée dans la plupart des sociétés gê. Elle met aussi en compétition des membres de groupes sociaux opposés (moitiés de classes d'âge ou moitiés de groupes de la place chez les Timbira orientaux, moitiés de classes d'âge chez les Xavante, équipes sportives spéciales chez les Xerente), et est généralement réalisée pour marquer l'ouverture ou la clôture d'un rituel important (initiation masculine, nomination). Cette course de relais (un tronc par équipe) est effectuée sur un parcours d'une distance variant de 2 à 12 km, partant du lieu de fabrication des troncs en forêt-galerie et se terminant sur la place du village. Les troncs portés sur les épaules des coureurs sont de longueur, de forme et d'ornementation diverses selon les rituels; les plus courants mesurent environ 1 m de long, ont 30 à 40 cm de diamètre et pèsent quelque 100 kg.

Chez les Timbira orientaux, une course de troncs est réalisée lors du rituel de fin de deuil. Les troncs sont alors appelés «troncs du mort». Chez les Canela en particulier, des formats miniatures de troncs, censés appartenir aux morts, étaient jadis utilisés dans des courses de relais, ou accrochés à des colliers ou à des ceintures.

Selon Stalhe (1972), les courses de troncs chez les Gê possédaient à l'origine un caractère uniquement thanatique, ayant pour fonction la mise en contact régulière des vivants avec les morts, ces derniers étant représentés par les troncs de bois. Il pourrait donc exister une origine commune entre l'**itxeò lyrena** karajá aujourd'hui disparu et la course de troncs gê qui, dans la plupart des cas, a perdu son caractère funéraire.

Une fois l'**itxeò lyrena** réalisé, on pouvait installer les grands pieux funéraires dans le cimetière. Selon Amaral de Toral qui a pu assister à cette phase du rituel chez les Javaé, deux parents paternels du défunt (en l'occurence un enfant d'un an) sortent de la maison des hommes portant chacun un **itxeò** et la tête cachée sous une couverture[10]. A mi-chemin entre la maison des hommes et l'unité matrilocale du défunt, ils s'arrêtent et attendent la représentante féminine de cette unité domestique en la personne de la grand-mère maternelle de l'enfant décédé. Ils lui remettent la paire d'**itxeò**, qu'elle emporte chez elle. Quelques instants plus tard, les deux hommes reviennent jusqu'à la maison du défunt pour emporter les pieux funéraires au cimetière, accompagnés de la famille du mort. Le même processus était réalisé dans le cas d'un adulte décédé.

Avant d'être installé au cimetière, le mort est ainsi symboliquement «rendu» à son unité domestique d'origine, refaisant en sens inverse le parcours que l'enfant mâle initiant, jadis également recouvert d'une couverture, effectuait sur les épaules de son oncle maternel afin d'être intégré dans la maison des hommes (ou son substitut, la grande maison) par ses parents paternels.

ACTEURS SOCIAUX, LOGIQUES STRUCTURELLES

Le rapprochement des différents rituels constitutifs du complexe cérémoniel karajá, tel qu'il se manifeste de nos jours, permet de préciser les traits les plus saillants du système d'organisation de ce groupe indigène du Brésil central, tâche qui sera poursuivie dans le chapitre suivant. Attachons-nous tout d'abord à une meilleure définition des principaux rôles et charges socio-cérémonielles.

[10] Selon un témoignage obtenu chez les Karajá, ce sont les pieux funéraires qui sont recouverts et ainsi occultés à la vue des membres du village.

La possession-paternité cérémonielle: le maître-père, l'enfant-maître et le bien-enfant

La possession d'entités spirituelles, entre autres biens symboliques, est à plus d'un titre intéressante à étudier chez les Karajá. L'association maître-père est courante dans les systèmes de possession des sociétés amazoniennes. Ce qui l'est moins, c'est le dédoublement entre les deux fonctions et leur affectation à un père et à son enfant; le premier est considéré comme le père de l'entité possédée, le second comme le véritable maître. Enfin, le bien possédé est appelé «mon enfant» et traité comme tel. Replaçons cela dans le système de classification des biens chez les Karajá, en mettant en évidence les différents liens d'appartenance existant entre le possesseur et le possédé. Quatre catégories de possession ont pu être identifiées:

La première, ou **wa horõ renã** (**wa**: possessif, **horõ**: substantif «bien», **renã**: pluriel), regroupe ce qui appartient en propre à chaque individu, fruit d'une fabrication ou d'un échange personnel et qui sera à sa mort détruit ou enterré avec lui. Ce sont globalement tous les objets attachés à la vie économique et domestique de l'homme et de la femme. C'est dans cette catégorie, la plus «matérielle», que figurent les produits manufacturés obtenus auprès des Néo-Brésiliens, même si leur nature étrangère et leur moins grande facilité d'acquisition contribuent à leur conservation après le décès de leurs possesseurs.

La seconde catégorie, ou **wa nohõ renã**, correspond peu ou prou à celle de **nekret** chez les Kayapó (Léa, 1986), ou celle d'**egu** chez les Txicão (Menget, 1977). Elle réunit et assimile les ornements corporels, les chants rituels (**ijasò**, notamment), certains rôles cérémoniels, les animaux familiers et les captifs de guerre (femmes et enfants exclusivement) et sans doute également les noms. Socialement plus valorisés que les **wa horõ renã**, les **wa nohõ renã** restent toutefois des «choses», ou sont considérés comme telles, simplement utilisés par leurs maîtres. C'est en particulier le cas des femmes et des enfants enlevés à l'ennemi, qui ne faisaient pas l'objet d'une socialisation intégrale et étaient traités comme des serviteurs.

Les biens de la troisième catégorie sont constitués par les entités spirituelles proprement karajá, ou assimilables dans le corps social, tels les **ijasò** et les esprits des ennemis tués à la guerre. Bien qu'objets de manipulations (transmission, échange, vol), ces possessions ne sont pas réifiées et possèdent une identité propre, une personnalité qui requiert lors de leur appropriation un processus de socialisation comparable à une affiliation, ainsi que l'exprime leur appellation de **wa nohõ riore renã** (mes biens-enfants). A ce niveau de possession, le lien d'appartenance substitue la relation d'échange à l'utilisation matérielle, le rapport équilibré à la dépendance. C'est en contrepartie d'une alimentation régulière que ces biens spirituels, évoluant masqués dans l'espace cérémoniel, assurent aide et protection à leurs maîtres respectifs. Le terme de **wedu**, maître, réalise alors cette pluralité sémantique que l'on retrouve dans la plupart des sociétés amazoniennes: usage, connaissance et responsabilité du bien, cette dernière étant souvent assimilée à une paternité.

La quatrième catégorie de possesssion intéresse également des biens spirituels, mais réservés à une minorité de spécialistes. Ce sont les attributs et les instruments de la charge chamanique et de la chefferie politique et cérémonielle, qui permettent à ces responsables d'acquérir et d'utiliser le savoir nécessaire à la réalisation de leurs tâches, d'entrer en contact avec le monde surnaturel, de dompter ou de s'allier les esprits malfaisants. Ces instruments sont personnifiés, parfois même anthropomorphisés; c'est le cas en particulier du hochet utilisé par les chamanes les plus puissants, représentant un visage muni de deux yeux et d'une bouche. En échange du savoir et de la capacité d'agir qu'ils dispensent, ces biens sont également nourris par leurs maîtres et pères, qui les appellent **wa riore renã** (mes enfants) ou **wa riore dàãdu renã** (mes enfants qui savent), pour les plus puissants.

Plus on monte dans la hiérarchie de valeurs de cette classification de la possession, plus la personnification du bien est accentuée, faisant évoluer le lien d'appartenance vers une relation de filiation jusqu'à entraîner l'inversion du rapport possesseur-possédé. Le maître-père finit par être dominé par le bien-enfant.

La personnification de certains biens ne nuit pas nécessairement à leur circulation au sein de la société. Il faut que la charge spirituelle soit importante pour que la possession devienne l'apanage de quelques groupes d'initiés et se transmette au sein de ces derniers. De fait, les biens des trois premières catégories sont échangeables sur la base d'une table d'équivalences pré-établie. D'une façon générale, ce sont les biens matériels de la première catégorie qui permettent, en plus ou moins grande quantité, d'acquérir les possessions symboliques des deux autres. Aussi, les biens les plus rares et socialement les plus valorisants sont-ils proposés de préférence aux familles les plus productives, les plus riches en objets d'échange.

De retour de son voyage cosmique, le chamane offre les entités spirituelles qui l'accompagnent à un ou plusieurs hommes susceptibles, avec l'aide de leurs familles, de lui régler le prix de ces possessions et d'assurer la lourde charge d'alimenter ces esprits sur plusieurs mois. De la même façon, le guerrier de retour de son expédition devait probablement remettre l'esprit de sa victime à celui de ses fils de sœur (réel ou classificatoire), dont le père était le plus à même de lui donner la contrepartie et d'assurer la responsabilité de la paternité adoptive.

C'est cette capacité matérielle d'acquisition des biens symboliques qui a été modifiée avec l'introduction des produits manufacturés. Armes, outils et ustensiles divers fabriqués par les Néo-Brésiliens ont progressivement remplacé leurs équivalents indigènes et sont plus recherchés en tant que monnaie d'échange. De nos jours, avec la diminution importante de la production en objets matériels et en aliments, seuls les hommes salariés peuvent assumer la charge de la possession symbolique pour le compte de leurs enfants.

L'enfant ou l'adolescent est de fait au centre du système de possession chez les Karajá. C'est vers lui que convergent les biens symboliques les plus précieux et socialement les plus valorisants, tels les plus beaux ornements corporels, les entités spirituelles et les principaux rituels. Le concept de «richesse» attaché à ce type de possessions s'exprime terminologiquement à travers une métaphore physique; **wedu**, maître, signifie littéralement «celui (qui a) de la graisse» (**we** désigne la graisse ventrale; chez l'animal, c'est la partie la plus convoitée). L'antonyme **wetxu** désigne l'enfant captif ravi à l'ennemi, sans famille, sans possessions, et traité en serviteur.

L'enfant **wedu** est un enfant aimé, entouré d'une importante famille qui lui donne les moyens de s'assurer une bonne socialisation, c'est-à-dire, tant pour une fille que pour un garçon, de réaliser un processus complet d'initiation. Cela inclut dans les deux cas un rituel **ijasò**, qui se poursuit pour l'enfant mâle par le rituel de la Grande Maison et représente une très lourde charge alimentaire courant sur plusieurs mois de fêtes successives intra et inter-communautaires, sans compter l'acquisition des matériaux nécessaires à la confection des masques, des ornements corporels et autres paraphernalia rituels, ainsi que la rétribution des différents services rendus par des parents éloignés et des spécialistes (chamane, chef cérémoniel).

L'initiation complète d'un enfant est de nos jours considérée par les Karajá comme un privilège que ne peuvent s'offrir qu'un petit nombre de famille «riches», parce que salariées de la FUNAI. Si jadis la réalisation d'un **ijasò** et d'un **heto hykã** pour l'initiation d'un jeune garçon était plus généralisée, elle ne s'avérait indispensable que pour l'enfant aîné, noyau central du système de possession et de transmission des biens dans la société karajá. L'enfant aîné confère à l'homme adulte son plein statut social en le faisant accéder à la catégorie teknonymique et sociologique de **tàby**, «père de».

La fonction de maître-père responsable succède à celle de maître-enfant bénéficiaire dans la vie d'un individu karajá. Avant même la naissance de son premier-né, l'homme doit préparer le patrimoine onomastique de ce dernier en offrant aux donneurs de noms classificatoires une première rétribution sous forme de nourriture. Cela s'effectuait jadis collectivement dans le cadre du rituel du manioc roui décrit précédemment. Autrefois également, quelque temps après la naissance de son aîné, l'homme karajá devait organiser un rituel **ijasò** et commencer ainsi à endosser la responsabilité de la paternité spirituelle, qu'il confirmait ensuite lors de l'initiation de son enfant. C'était aussi la plupart du temps son premier-né qui, recevant l'esprit de l'ennemi tué par le frère de son épouse, lui permettait d'assumer la paternité de cet autre type d'entité spirituelle.

Cette paternité sociale à double dimension, assumée aux niveaux domestique et cérémoniel, s'exprime nominativement. A la naissance de son premier-né, l'homme (comme la femme) perd son nom personnel et est désigné par le teknonyme de «père de + nom de l'enfant», qu'il gardera jusqu'à ce que cet enfant soit lui-même désigné de façon teknonymique et lui donne alors celui de «grand-père de + nom du petit-enfant». Seul l'enfant aîné, s'il reste vivant, peut «nommer» ses parents et ses grands-parents. C'est sous la même appellation teknonymique de **ijaso tàby** (père d'**ijasò**), ou de **wou uni tàby** (père d'esprit de mort ennemi), qu'un père d'enfant est désigné dans un cadre cérémoniel.

La centralité de l'enfant, en particulier aîné, dans le système de possession karajá trouve son expression institutionnelle au sein même de la chefferie politique et cérémonielle, à travers les deux statuts de **iolò** et de **deridu**.

La chefferie politique et cérémonielle

Dans la littérature ethnographique, les statuts éminents de **iolò** et de **deridu**, conférés à des enfants, ne sont pas clairement différenciés et semblent donc coïncider. Sous la plume de Krause, Baldus, Lipkind et Dietschy, qu'il soit **iolò** ou **deridu**, cet enfant se caractérise comme une personne confinée dans sa résidence matrilocale, particulièrement choyée par son entourage, et préparée à de futures responsabilités de chef. Selon certains, il n'y a traditionnellement qu'un enfant **iolò** ou **deridu** par village, selon d'autres il y en a plusieurs, parmi lesquels le chef politique ou, à défaut, le village doit choisir le successeur. Enfin ce statut ne concerne pas seulement des enfants mâles, mais également des «filles de la lignée du chef pareillement choisies pour un traitement spécial; chacune étant connue comme la femme cachée» (Dietschy, 1974:37).

Qu'observe-t-on aujourd'hui? Si le terme de **deridu** correspond encore à un statut assumé essentiellement par un enfant, celui de **iolò** a perdu sa charge statutaire et est devenu un simple nom propre. Selon Lipkind, confirmé ensuite par Dietschy, il y a association sémantique entre **deridu**, «enfant favori» (**de** ou **dee**: enfant, **riore**: petit, favori, **du**: suffixe référentiel) et **iolò**, «beau». La traduction du premier terme me semble valable; nous retrouvons les deux radicaux **dàà** (enfant de sexe masculin), ou **dee** (enfant de sexe féminin), et **ri** dans une expression proprement féminine **wadàrina**, «mon enfant chéri», répétée notamment dans les psalmodies funéraires. La traduction de «beau» pour **iolò**, plus analogique que sémantique, paraît en revanche insuffisante.

La valeur symbolique du terme **iolò** est plus riche que celle du **deridu**. Dans la mythologie, le premier est associé à un statut de préséance, d'autorité, voire même de richesse. C'est ainsi qu'est nommé notamment le vautour-pape, auquel le héros mythique **Kanaxiwe** soutire sous forme de grandes coiffes de plumes les lumières du soleil, de la lune et de Vénus. En tant que **iolò**, le vautour-pape ne recherche pas sa nourriture; ce sont les membres de sa famille d'oiseaux qui s'en chargent et ne se servent qu'une fois l'animal dépecé par son redoutable bec. Un autre mythe nous apprend que l'enfant **iolò** ne pouvait sortir du village, participer notamment à des expéditions de chasse et de pêche, et que ses sorties exceptionnelles devaient être effectuées sur le dos d'un de ses parents.

Par ailleurs, si le statut de **deridu** admet une version féminine sous l'appellation de **hawyy deridu** (**hawyy**: femme), celui de **iolò** renvoie exclusivement à une personne de sexe masculin. Toutefois, certains informateurs nous ont parlé de façon confuse du statut ancien uniquement féminin de **hiwote**, distinct de celui de **hawyy deridu**, et qui consistait pour une femme de «lignage noble» à rester recluse chez elle jusqu'au mariage, sans assurer apparemment de charge socio-cérémonielle particulière.

La charge de **deridu** apparaît aujourd'hui de nature essentiellement cérémonielle. Elle est opérante lors du rituel d'initiation et dans les deux rites agraires, c'est-à-dire lorsque se manifeste la division sociale amont / aval, puisque le ou les **deridu** doivent être les représentants de ces deux groupes opposés. Dans le village de Sta Isabel, le seul enfant **deridu**, de sexe féminin, appartient au groupe de l'amont. La charge de la famille du **deridu** consiste, à chacun des rituels précités, à fournir de la nourriture aux entités spirituelles concernées (esprits des morts karajá, entités célestes).

Afin de mieux comprendre ces charges socio-cérémonielles assignées à des enfants karajá, hasardons-nous à opérer des rapprochements avec des institutions comparables chez des tribus voisines du bassin de l'Araguaia.

Il existait chez les Timbira orientaux le statut de **vu'te** qui concernait deux enfants de sexe féminin associés aux deux moitiés de classes d'âge et dont les familles remplissaient des rôles cérémoniels importants, notamment lors du rituel d'initiation. Comme chez les Karajá, on associait à ce statut un comportement sage et réservé, ainsi qu'un relatif isolement. Pour la famille et notamment le père, cela se traduisait par une lourde charge de fourniture de la nourriture cérémonielle.

Ce statut était assumé jusqu'à la puberté ou jusqu'au mariage de la jeune fille, et bien qu'il ne soit pas fait mention par les observateurs (Nimuendaju, Crocker) d'une transmission de la charge, cette dernière était attribuée au sein d'une classe de statut, **hamren**, regroupant les chefs de village, les leaders de classes d'âge et les membres du groupe du vautour-pape. Les membres de cette classe avaient «quelque chose de spécial, supérieur, plus raffiné, qui les distinguait du reste de la population» selon les termes de Nimuendaju (1946:97). Les maisons maternelles des deux **vu'te** étaient intégrées dans l'espace cérémoniel timbira, comme lieu de regroupement des membres des moitiés de classes d'âge respectives et de fin de la course de troncs. Lors du rituel d'initiation karajá, les esprits des morts des deux moitiés parcourent la ligne des unités domestiques pour s'arrêter et évoluer plus ou moins longuement devant la maison de l'**hawyy deridu** et du chef cérémoniel.

Un autre parallèle peut être établi avec une institution tapirapé, celle du **anchirikakantu**, «enfant favori», selon Baldus, «bel enfant» selon Wagley. Voyons ce que dit ce dernier à ce sujet:

> «**Kamairaho** déclarait que, en tant que fils de chef, il avait été élevé comme un 'bel enfant'(**anchirikakantu**). Ces enfants recevaient un traitement spécial durant leurs plus jeunes années. On leur fournissait une natte pour qu'ils ne soient jamais en contact avec la saleté du sol. Ils étaient nourris particulièrement bien. Quand ils commençaient à marcher, ils

> n'avaient pas à aller au fleuve pour se baigner; on leur apportait de l'eau dans des récipients à la maison. Ils portaient des ornements spéciaux, des colliers de perles, des parures de plumes sur leur tête et aux oreilles. [...] Garçons et filles pouvaient bénéficier de ce statut qui était généralement transmis, un homme à son fils aîné, une femme à sa fille aînée. Jadis, chaque moitié Oiseaux avait son **anchirikakantu**. [...] Ces deux enfants étaient au centre des rituels **Kao** au début de la saison sèche. L'institution est tombée en désuétude vers 1939-40.» (1977b:121)

H. Baldus note qu'en 1935 il n'y avait qu'un seul enfant favori, de sexe féminin, qui devait se partager entre les deux moitiés cérémonielles (1970:341).

Les caractéristiques des statuts timbira et tapirapé de **vu'te** et **d'anchirikakantu**, semblent correspondre à celles du statut de **deridu** chez les Karajá: charge exclusivement cérémonielle, idéalement conférée à deux enfants associés à deux groupes opposés et abandonnée au passage à la vie adulte; statut préférentiellement transmis par un père à son fils aîné et par une mère à sa fille aînée. La conservation de ce bien statutaire chez les Karajá, comme sans doute chez les deux groupes gê et tupi, est toutefois conditionnée par la capacité des familles à pouvoir assumer la lourde charge matérielle correspondante. L'enfant **deridu** doit être encore plus beau et plus riche que les autres enfants **wedu** (maîtres). En cas de défection de la famille, le statut de **deridu** est offert à un autre enfant sur décision communautaire.

Malgré l'association assez souvent faite entre le **deridu** et le **iolò**, on peut raisonnablement supposer que le second statut était supérieur au premier et constituait l'enjeu ultime de la compétition pour l'appropriation des biens symboliques et statutaires, à savoir la chefferie politique et cérémonielle, la charge d'**ixã wedu** (maître du village), soit littéralement la possession de l'unité territoriale.

Un enfant **iolò** était en principe le fils aîné d'un chef. Confiné dès sa naissance dans son unité domestique, il était préparé très tôt aux futures responsabilités d'une chefferie au caractère unique et quelque peu sacré. Il ne devait pas fouler le sol de ses pieds et se déplaçait à dos d'homme. Ne pouvant se baigner dans le fleuve, il disposait d'un récipient en terre particulier, que l'on remplissait d'eau pour qu'il puisse se laver. Son banc et sa natte à motifs le suivaient dans tous ses déplacements. Il était accompagné d'une importante escorte lors de ses visites à d'autres villages, lesquelles visites étaient annoncées au son d'instruments à vent.

Ce confinement et cette protection duraient jusqu'à sa maturité, plus précisément jusqu'à sa paternité, lorsqu'il devenait à la fois **ixã wedu**, en succédant à son père et en assumant effectivement la chefferie, et **iolò tàby** (père d'**iolò**), lorsqu'il transmettait le statut d'**iolò** à son fils aîné.

Bien statutaire le plus valorisé et le plus convoité, la chefferie présentait donc également, à travers le dédoublement de sa charge, les deux figures de la possession symbolique chez les Karajá; d'une part, l'adulte assumant la responsabilité du statut, de l'autre, l'enfant en assumant la représentation. Plus le poids statutaire et emblématique de l'enfant est important, plus sa représentativité sociale est grande, plus il doit être physiquement protégé contre tout péril extérieur[11].

Le statut social d'un homme karajá est donc évalué à l'aune de la beauté, de la richesse et de la sagesse de son enfant aîné. En tant que père, il gère le patrimoine symbolique de son enfant et investit sur sa tête dans la compétition pour le pouvoir politique et cérémoniel. Certes, plus la charge est élevée, plus sa possession est déterminée par la transmission héréditaire, notamment entre aînés, mais la structure sociale est suffisamment souple pour permettre la compétition et conférer à cette dynamique de l'appropriation des biens une fonction d'intégration sociale.

Précisons enfin la nature de la chefferie traditionnelle chez les Karajá. L'**ixã wedu** est à la fois un leader politique et un leader cérémoniel, le maître du village et le maître des cérémonies. A ce double titre, il exerce un rôle de médiation et d'union au sein de la grande famille des **Inã**. Porte-parole et responsable de son groupe, il doit maintenir une bonne entente dans les relations intra et intercommunautaires, ainsi qu'un bon contact avec les entités surnaturelles que sont les **Inã** cosmiques et les esprits des morts karajá.

Cette médiation passe par la responsabilité de distribuer la nourriture, d'assurer, en temps rituel ou non, la bonne répartition des aliments ou

[11] Notons le parallèle, sinon le prolongement, existant entre le jeune initiant et l'enfant cloîtré. Le temps du rituel d'initiation, le **jure** devient un **deridu** ou un **iolò** par son isolement et son immobilisation dans la Grande Maison, l'utilisation d'un banc et d'une natte à motifs et son déplacement sur les épaules de son oncle maternel. Toutefois, l'un est confiné dans le maison des hommes, ou son équivalent, les autres dans leurs unités domestiques. Si dans le premier cas on peut dire, paraphrasant Lévi-Strauss, que le confinement a pour but de protéger le jeune homme contre les entreprises du monde féminin, dans le second cas et notamment pour le **iolò**, le maintien dans sa résidence néolocale le protégeait contre les entreprises ultérieures du «monde affin» et le passage consécutif dans la maison de son épouse. La virilocalisation faisait ainsi partie intégrante du complexe symbolique attaché à la chefferie traditionnelle karajá. Comme chez la plupart des Gê-Bororo, la maison des hommes est un lieu de résidence provisoire entre deux unités domestiques distinctes. Ainsi que le dit Lave pour les Krĩkati (1979), le rite de mariage constitue la phase terminale du rituel d'initiation masculine. C'est sur les épaules de son oncle maternel que le jeune initiant karajá est emmené de la maison de sa mère; c'est sur celles d'un de ses affins que le jeune homme est amené à la maison de son épouse.

des différentes parties corporelles d'un animal (poisson ou gibier) entre les groupes sociaux. L'attribut spécifique de sa charge est d'ailleurs, de façon significative, un grand couteau en bois (**may sò**), emblème du partage et de la communion. Ses autres attributs (serre-tête et baguette de bambou), comparables à ceux du chamane sans être aussi puissants, lui servent à entrer en contact avec les entités spirituelles[12] (*cf.* figure 8).

En tant que «maître du village», le chef traditionnel est aussi responsable des biens territoriaux de sa communauté. C'est à lui que les membres d'autres villages doivent s'adresser pour tirer de façon régulière ou occasionnelle certaines ressources terrestres ou aquatiques du territoire communautaire (expédition de pêche dans un lac, collecte de certaines espèces végétales ne poussant pas dans d'autres territoires, etc.).

Moins protégé que son fils aîné, l'**ixã wedu** disposait néanmoins de certains privilèges qui visaient à limiter ses déplacements et à éviter toute agression physique. Toute activité de prédation (raid guerrier, chasse, pêche) lui était interdite. Il n'était pas soumis à la règle de l'uxorilocalité et disposait, grâce à la polygamie, d'une nombreuse famille qui lui permettait d'assumer la charge matérielle correspondant à son statut social élevé. Dans certaines occasions (comme encore aujourd'hui lors du rituel d'initiation), il se déplaçait sur les épaules d'un de ses affins (généralement mari de fille).

Par cet aspect statique, la chefferie politique et cérémonielle se rapproche de la charge de prêtre **mahadu ijoi**, deux fonctions qui, ne

[12] Le **obi-hetsiwa** est possédé par le chef traditionnel et par le chamane. Dans les mains du premier, c'est une baguette de bambou d'environ 2 cm de diamètre et 50 cm de long, prolongée à l'une de ses extrémités par des plumes d'ara rouge, de préférence caudales. Elle permet à son détenteur, lors du déroulement des rituels, de garder la maîtrise sur les entités spirituelles participantes, notamment celles issues du milieu terrestre. Dans les mains du chamane, le **obi-hetsiwa**, comme la plupart des instruments chamaniques, possède une nature ambivalente que semble souligner sa duplication physique en deux fines baguettes de *candiuba (Anonacée)*, l'une de couleur blanche (**ura**), l'autre de couleur noire (**làby**). Dans sa version bénéfique, cet instrument chamanique assume les fonctions suivantes:

— il apaise ou repousse les éléments atmosphériques menaçants, tels la pluie et le vent sous leurs aspects violents;

— il maîtrise les entités spirituelles les plus difficiles à domestiquer;

— il extrait l'élément pathogène du corps du malade «fléché» par un autre chamane.

Dans sa version maléfique, le **obi-hetsiwa** servirait à lancer la maladie dans le corps de la victime sous la forme difficilement déterminable de vent (**yhy**) ou de flèche (**wyhy**), dans la mesure où ces deux éléments sont fortement assimilés en tant que mouvement, plus ou moins manipulable. Un arc et des flèches miniatures munies d'un dard de raie peuvent être également utilisés, ainsi que des représentations humaines et animales en cire mélangée à de la poudre d'os de chamanes morts, de dents de piranhas ou de serpents, et à des excréments d'animaux.

l'oublions pas, sont réunies au sein de la formation socio-cérémonielle d'**itya mahadu**, groupe du milieu. L'appartenance à cette formation contribue à souligner la position centrale occupée par le chef traditionnel dans la société karajá.

Le chamane, le guerrier, le chef et le prêtre

Les Karajá semblent répartir sur quatre statuts distincts des fonctions sociales, politiques et cérémonielles habituellement cumulées dans les basses terres d'Amérique du Sud par deux protagonistes, voire un seul. Basant le pouvoir politique dans les sociétés amazoniennes sur la maîtrise des moyens «mystiques» de reproduction de l'ordre social et cosmique, Santos Granero souligne ce cumul statutaire et fait la distinction entre deux types de sociétés: celles où c'est la fonction chamanique qui détient ces moyens d'accéder à la chefferie politique (Piaroa, Panare, Barasana) et celles où c'est la fonction guerrière (Jivaro, Xavante) (1986).

Si l'on considère les quatre protagonistes karajá aux places qu'ils occupent respectivement dans la double dimension sociale et cosmique, il faut admettre qu'ils remplissent chacun le même rôle fondamental de médiation, de jonction entre les principales catégories d'êtres physiques et spirituels peuplant l'univers de ce groupe indigène, ainsi que le rappelle le tableau suivant.

	Etres physiques	*Etres immatériels*	*Fonction*
Eau	Karajá aquatiques (ciel-fleuve)	Entités tutélaires	Chamane
	Karajá terrestres	Morts karajá	Chef
	Ennemis	Morts ennemis	Guerrier
Terre	Cannibales	Monstres	Prêtre

Tableau 3 – Principaux acteurs sociaux dans leur rôle de médiation

Les lieux d'affectation sont néanmoins bien différenciés et sont associés à des natures et à des modes d'actions distincts, que l'on peut repréciser sur le mode de l'analogie-opposition. Analysons tout d'abord les fonctions chamanique et guerrière.

Le chamane évolue dans la totalité cosmique et rétablit le lien rompu entre les trois peuples du ciel, de l'eau et dc la terre, originellement confondus. En assurant régulièrement la venue de représentations issues de l'ensemble des Karajá cosmiques, sous forme d'esprits **ijasò**, et le rétablissement de la relation sociale par le choix de pères et de mères qui assureront leur alimentation, il contribue à maintenir l'ordre de l'univers et la pérennité de la société.

Le guerrier évolue dans le champ terrestre, cet espace également bouleversé et différencié par l'irruption des premiers Karajá sur terre. De certaines altérités, les **ixãju**, Indiens non Karajá, le guerrier récupère des entités spirituelles qu'il intègre de la même façon dans le corps social, en choisissant des pères et mères nourriciers. Ce faisant, il contribue également à garantir la continuité sociale en augmentant le nombre d'entités protectrices.

Le chamane et le guerrier œuvrent ainsi pareillement, mais séparément, dans la double dimension cosmologique et ontologique de l'univers karajá. Le premier réactive le champ vertical de l'identité, de l'«inãcité»; le second amortit le champ horizontal de l'altérité, de l'«ixãcité». Pour ce faire, ils sont dotés tous deux d'une grande mobilité, physique ou spirituelle, et de la capacité de maîtriser le principe de mouvement animant tout individu, au moyen notamment d'un prélèvement osseux (os du pied de l'ennemi, pour le guerrier; os du bras de la dépouille d'un collègue puissant, pour le chamane). Ces deux fonctions socialement complémentaires mènent toutefois à des devenirs eschatologiques opposés qui entérinent leur affectation spatiale respective. Le chamane rejoint définitivement les **Inã** cosmiques. Sa résidence *post-mortem* est généralement située au niveau céleste, en un lieu privilégié d'abondance et d'oisiveté. Le guerrier, mort dans le sang et dont la dépouille est souvent privée de sépulture, rejoint la cohorte des démons terrestres, des **uni** malfaisants condamnés à errer sans trêve à la recherche de nourriture.

Chamane et guerrier sont des pourvoyeurs d'esprits protecteurs, d'entités tutélaires socialement intégrables par les procédures de la paternité cérémonielle et de la représentation masquée, qui sont toutefois assumées par d'autres membres de la communauté. Le chamane et le guerrier ne disposent donc pas de la maîtrise exclusive d'êtres spirituels qui, pour reprendre les termes de Santos Granero, assurent la continuité des processus de reproduction physique et sociale. C'est en effet de la maîtrise des **ijasò**, représentant les **Inã** cosmiques, que dépendent la croissance des plantes et l'abondance de la faune aquatique, la vigueur des jeunes garçons et la fécondité féminine. D'autres maîtres gèrent les possessions spirituelles dont le guerrier et le chamane sont les fournisseurs et d'autres entités spirituelles puissantes, que sont les êtres cannibales, échappent à la maîtrise guerrière ou chamanique; le guerrier ne peut contrôler l'esprit d'un ennemi cannibale et le prêtre se substitue au chamane pour traiter avec les monstres mangeurs d'homme.

Le couple guerrier / chamane ainsi précisé peut être placé dans un rapport d'opposition avec le couple chef / prêtre. La mobilité des deux premiers contraste avec le statisme des deux seconds; à la lourde charge de maîtrise (**wedu**, maître de) des possessions symboliques et/ou spirituelles du chef et du prêtre, s'oppose la fonction plus «légère» de fourniture de la plupart de ces biens dévolue au chamane et au guerrier. Cela n'est sans doute pas étranger au fait que la chefferie et la prêtrise font l'objet d'une transmission héréditaire, idéalement réalisée entre aînés, alors que les fonctions guerrière et chamanique sont accessibles à n'importe qui (même si cela suppose une formation ou une initiation) et, par voie de conséquence, principalement aux cadets.

Rappelons que cette opposition entre statisme et mobilité est également opérante au niveau cosmologique, comme un des critères de distinction entre les habitants de l'eau (ciel et fleuve) et les habitants de la terre et constatons alors l'inversion opérée entre les deux niveaux structurels; alors que le centre de l'édifice cosmique est de nature mobile (terre), celui de l'édifice social est de nature statique (chef, prêtre).

Si l'on utilise d'autres critères de distinction, on peut modifier les appariements et les rapports d'analogie-opposition entre les quatre fonctions sociales. Le chef et le chamane œuvrent dans le champ interne de l'identité, au sein de la vaste communauté sociale et surnaturelle des **Inã**; ils facilitent les échanges et entretiennent la cohésion communautaire. Le prêtre et le guerrier, à l'inverse, opèrent dans le champ externe de l'altérité parmi les tribus hostiles et les esprits malfaisants; ils évoluent dans un monde de violence, risquent la mort et sont même, pour certains, obligés de la donner. Ces modes de vie contrastés déterminent des destins *post-mortem* opposés; le chef et le chamane retournent au milieu aquatique originel, dans l'en deçà fluvial pour le premier, dans l'au delà céleste pour le second, tandis que le prêtre et le guerrier sont condamnés à poursuivre sur terre une funeste existence.

Regroupons sous forme de tableau les principaux points de cette analyse.

	Identité	Altérité	
Mobilité	***Chamane***	***Guerrier***	Accès libre
Statisme	***Chef***	***Prêtre***	Hérédité
	Devenir aquatique	Devenir terrestre	

Tableau 4 – Caractéristiques des principaux acteurs sociaux

Dans la société karajá, la maîtrise des moyens mystiques de reproduction sociale et cosmique, qui permet d'accéder au pouvoir politique, ne dépend pas uniquement d'un savoir ou d'une technique spécifique liés à la fonction guerrière ou chamanique. Ces moyens mystiques doivent être légitimés par la transmission héréditaire et/ou confortés par des moyens matériels. On naît **iolò** et l'on n'assume pleinement la chefferie politique et cérémonielle que si l'on dispose de la capacité matérielle de transmettre son statut à son fils aîné, d'être à son tour père d'**iolò**.

TRAITEMENT DES RELATIONS SOCIÉTÉ-COSMOS VARIATIONS STRUCTURELLES ET INTÉGRATION SOCIO-CÉRÉMONIELLE

A la diversité statutaire des responsables sociaux mise en œuvre pour faciliter les relations de la société karajá avec son environnement, correspond une pluralité de rituels visant à traiter de façon séparée ces différents champs relationnels. Le rituel **ijasò**, complété par les deux rites agraires, assure le contact reproducteur des **Inã** terrestres avec leurs parents cosmiques, du ciel et du fond du fleuve. Le rite d'initiation masculine, complété par celui des esprits des ennemis tués à la guerre, permet de préserver la société karajá contre les atteintes délétères des différents habitants de la terre. Le complexe cérémoniel applique ainsi un traitement symbolique différencié aux relations opérant dans les deux dimensions verticale et horizontale de l'édifice cosmogonique.

On avait précédemment souligné l'originalité de cette double dimension structurelle régie par des principes différents. Alors que l'horizontalité du schéma conceptuel reste fidèle aux principes d'opposition identitaire et d'équipollence statutaire, la verticalité échappe au face à face spéculaire en adoptant les principes inverses de communion d'identité et d'asymétrie de statut. Nous avions pu constater que le champ de l'altérité est circonscrit dans le plan horizontal, laissant celui de l'identité se déployer dans la verticale.

Observons plus attentivement comment ces deux axes de relations cosmiques sont traités au niveau socio-cérémoniel. Les relations entre les trois niveaux cosmiques du ciel, de la terre et de l'eau sont gérées principalement à travers le rituel **ijasò**. Or, ce rituel se présente comme la mise en scène chorégraphique de la relation d'opposition et de complémentarité existant entre l'espace domestique (**ixã**) et l'espace rituel (**ijoi**), entre le monde féminin et le monde masculin. Le déplacement des participants au rituel s'effectue sous forme d'une double pulsation masculine et féminine entre la maison des hommes et la ligne des unités uxorilocales, suivant un axe est / ouest horizontal. La dimension verticale des relations cosmiques, concernant une communauté d'identiques placés dans un rapport de hiérarchie statutaire, est ainsi traitée au niveau social sur un plan structurel inversé, c'est-à-dire dans l'axe horizontal de l'antagonisme symétrique.

Dans cette logique d'intégration structurelle, il n'est pas étonnant de vérifier que le second grand rituel du complexe cérémoniel karajá, le rite d'initiation masculine, fait pendant au rituel **ijasò**. Ce rite a pour fonction principale le traitement de l'altérité sous ses différentes formes, du jeune initiant à intégrer dans le monde masculin au monstre cannibale à tenir à distance, en passant par les esprits des morts. La dimension cosmique concernée est cette fois-ci terrestre et horizontale. Nous observons alors que l'organisation socio-cérémonielle opère de la même façon un changement de direction et s'installe dans la verticalité du système, suivant l'axe sud / nord ou amont / aval. L'opposition horizontale ligne domestique / maison des hommes est remplacée par un alignement vertical hiérarchisé d'édifices rituels et de groupes cérémoniels. Les déplacements des participants au rituel s'effectuent essentiellement dans l'axe amont / aval de l'espace social, tant sur la place cérémonielle que dans la rangée des unités domestiques (*cf.* figure 13).

Il existe donc bien une harmonie structurelle entre les différents niveaux de représentation et d'organisation du monde karajá, complétée

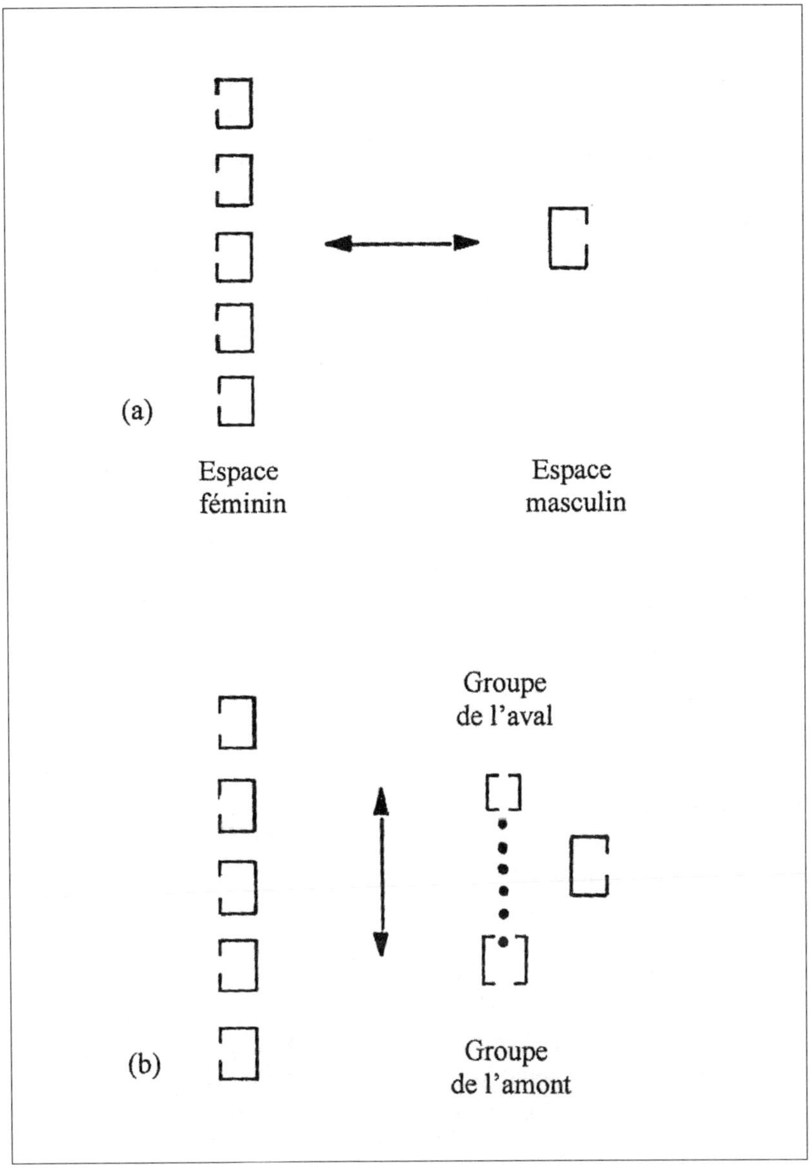

Figure 13 – Axes de traitement rituel des relations cosmiques
(a) ***Ijasò***
(b) Initiation masculine

par des modes d'intégration, d'imbrication, assurant le bon fonctionnement de l'ensemble du système.

Revenons sur la version sociologique du modèle structurel. La dualité homme / femme sert de base horizontale à l'édifice social. Cette dichotomie structurelle est fondamentale chez les Gê-Bororo, servant d'assise au système d'identification et d'organisation sociale. Elle s'exprime également chez les Karajá et peut-être de façon un peu plus radicale à travers cette même division spatiale entre un espace domestique conçu comme féminin par suite de la résidence uxorilocale et un espace politico-cérémoniel constitué d'une maison des hommes et d'une place rituelle, dont l'accès est formellement interdit aux femmes et où évoluent des groupes masculins à affiliation patrilinéaire.

Il est d'ailleurs impropre de parler de «place publique» chez les Karajá, contrairement aux vastes places centrales des villages gê, où tout peut être vu et où tout le monde peut circuler pour aller d'un point à l'autre de la périphérie domestique. Il est bon de rappeler que le caractère antagoniste du modèle spatial karajá est renforcé par la position dos à dos des maisons féminines (ne possédant qu'une ouverture aménagée vers le fleuve dans les villages traditionnels de terre ferme) et de la maison des hommes ouverte vers la forêt / savane.

A cette dichotomie sociale et sexuelle à laquelle les groupes gê-bororo affectent généralement les couples nature / culture, identité physique / identité sociale, les Karajá y assignent leur opposition fondamentale **bede** / **bero**, terre / eau, soit **ixã** / **inã**, identité terrestre / identité aquatique, qui divise également le cosmos et la nature même des Karajá de la terre. L'espace domestique féminin, ou **ixã**, en tant qu'unité territoriale, qu'affectation terrestre de l'humanité karajá, représente la part terrestre du corps social, tandis que l'espace public masculin, ou **ijoi**, en tant qu'unité culturelle, que lieu de regroupement des représentations des **Inã** cosmiques, représente sa part aquatique.

On peut alors présumer que l'affiliation des Karajá à ces deux espaces sociaux distincts s'effectue sur le mode bilatéral, voire sexuellement parallèle. Nous avons déjà pu constater que la transmission des charges et des possessions proprement karajá est principalement assurée par voie patrilinéaire, alors que l'acquisition des biens extérieurs au corps social, de nature terrestre, tels que les esprits des morts ennemis, est réalisée par voie matrilinéaire.

Mais la division horizontale n'est pas la seule à structurer le corps social et, considérant la prédominance de la dimension verticale dans le système cognitif déjà étudié, on peut supposer que le découpage asymétrique, sinon hiérarchisé, s'applique à l'ensemble de la société et non pas uniquement à la collectivité masculine, comme cela apparaît dans le rituel **heto hykã**. Il y aura lieu de vérifier dans le chapitre suivant comment l'intégration de ces deux dimensions structurelles, que l'on a vu s'effectuer sur un plan cérémoniel, est assurée sur un plan plus général dans l'organisation sociale de ce groupe indigène. Par ailleurs, confirmé dans sa version cérémonielle, le principe d'asymétrie, de décalage statutaire au sein d'une communion d'identiques, incite à supposer que la distinction aîné / cadet est un élément important de structuration de la société.

Photo 18: *Entités tutélaires masquées (**Ijasó**) venues danser avec les jeunes femmes pour les féconder*

Photos 19 et 20: *Différents types de masques:*
au visage large, à deux antennes

Photos 21 et 22*: Danse des entités tutélaires selon un rythme et un pas propres à chacune*

Photos 23 et 24: *Alimentation des entités tutélaires par les jeunes femmes à l'aide de petites calebasses*

***Photo 25**: Phase initiale de la danse des entités masquées près de la maison des hommes*

***Photo 26**: Deux séquences du rituel: une paire de masques débute la danse et se dirige vers le parterre de femmes; une autre paire termine la danse et retourne vers la maison des hommes*

Photos 27 et 28: *Danse des entités masquées avec des jeunes femmes mariées (à noter le mouvement des mains du ventre à la cuisse)*

Photo 29: *Jeune femme sortant de réclusion pubertaire dansant pour la première fois avec les entités masquées dont elle est le maître*

Photo 30: *Place rituelle lors du rite d'initiation masculine; y sont érigés la grande et la petite maison, la maison des hommes et le grand tronc*

Photo 31: *Grande et petite maison reliées par la galerie des petits arbres lors du rite d'initiation masculine*

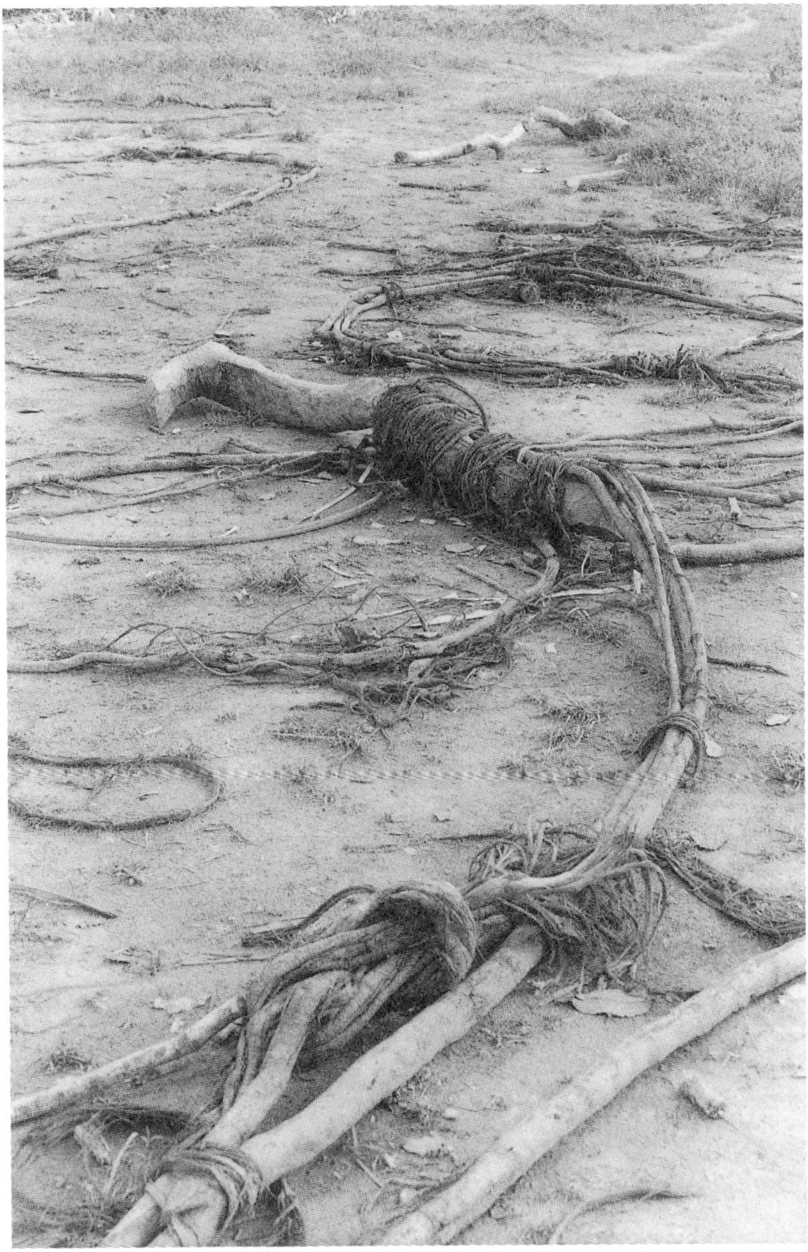

***Photo 32**: Crochet de bois et lianes servant à abattre le grand tronc*

***Photo 33**: Lutte rituelle des esprits des morts*

CHAPITRE IV

LA GRANDE FAMILLE KARAJÁ

Avec l'analyse du système de parenté et d'alliance, tentons à présent de préciser les contours de l'organisation sociale que nous avons vus se dessiner au fil des chapitres précédents.

SYSTÈME DE PARENTÉ

Terminologie de référence

Génération +2

Labie	FF, MF
Lahi	FM, MM

Génération +1

Tàby	F, MH
Së	M, FW
Tàby ura	FeB («père blanc»)
Së ura	MeZ («mère blanche»)
Labri	FyB, MZH, FZH
Ladire	MyZ, FBW, MBW
Lana	MB, FZH, MZH
Labetyry	FZ, MBW, FBW
Riore labie	WF, HF (père de père, ou de mère, d'enfant)
Riore lahi	WM, HM (mère de mère, ou de père, d'enfant)

Génération 0
Ego masculin

Nyrã	(e) B, FBS, MZS, MBS, FZS
Ixi	(y) B, FBS, MZS, MBS, FZS
Lerã	Z, FBD, MZD, MBD, FZD
Së riore	B, Z (enfant de mère)
Tàby ura riore	FeBS, FeBD (enfant de «père blanc»)

Së ura riore	MeZS, MeZD (enfant de «mère blanche»)
Labri riore	FyBS, FyBD
Ladire riore	MyZS, MyZD
Lana riore	MBS, MBD
Labetyrã riore	FZS, FZD

Riore lana	WB (frère de mère d'enfant)
Ra tàby	ZH (père d'enfant de sœur)
Riore së	W, BW (mère d'enfant)
Riore së ura	WeZ («mère blanche» d'enfant)
Riore ladire	WyZ (sœur cadette de mère d'enfant)

Ego féminin

Nymã	(e) Z, FBD, MZD, MBD, FZD
Isoru	(y) Z, FBD, MZD, MBD, FZD
Hi	(e) B, FBS, MZS, MBS, FZS
Ixi	(y) B, FBS, MZS, MBS, FZS
Së ritxore[1]	B, Z (enfant de mère)
Tàby ura ritxore	FeBS, FeBD (enfant de «père blanc»)
Së ura ritxore	MeZS, MeZD (enfant de «mère blanche»)
Labri ritxore	FyBS, FyBD
Ladire ritxore	MyZS, MyZD
Lana ritxore	MBS, MBD
Labetyrã ritxore	FZS, FZD

Ritxore labetyrã	HZ (sœur de père d'enfant)
Ritxore së	BW (mère d'enfant)
Ritxore tàby	H, yZH (père d'enfant)
Nabeso tàby	eZH (père d'enfant de sœur aînée)
Ritxore tàby ura	HeB («père blanc» d'enfant)
Ritxore labri	HyB (frère cadet de père d'enfant)

Génération -1

Ego masculin

Riore	S, D, BS, BD
Nyrã riore	(e) BS, BD
Ixi riore	(y) BS, BD
Ra, lerã riore	ZS, ZD («tête»)

[1] Ritxore, enfant, dans le parler féminin est l'équivalent de riore dans le parler masculin.

Ra làby	DH («tête noire»)
Riore riore së	SW (mère d'enfant d'enfant)

Ego féminin

Ritxore	S, D, BS, BD, yZS, yZD
Nabeso,	(e) ZS, ZD
Nymã ritxore	‘’
Isoru ritxore	(y) ZS, ZD
Hi ritxore	(e) BS, BD
Ixi ritxore	(y) BS, BD

Ra làby	DH («tête noire»)
Ritxore - ritxore së	SW (mère d'enfant d'enfant)

Génération -2
Ego masculin

Riore riore	SS, SD, DS, DD (enfant d'enfant)

Ego féminin

Ritxore ritxore	SS, SD, DS, DD (enfant d'enfant)

Terminologie d'adresse

Tous les termes référentiels peuvent être utilisés en adresse, précédés du possessif **wa** ou **wu**, par exemple: **wanyrã**, mon frère aîné (h.p.); **wulana**, mon frère de mère. Quelques termes vocatifs spécifiques sont toutefois préférés pour les catégories suivantes (ego masculin ou féminin):

Waha	F, MH
Waha ura	FeB (mon «père blanc»)
Nadi	M, FW
Nadi ura	MeZ (ma «mère blanche»)

Dàà	S, SS, DS
Dee	D, SD, DD

Terminologie de collatéralité aîné / cadet

(Wu) labie umydela FFeB, FFeZ, MFeB, MFeZ

(Wu) labie tuhana	FFyB, FFyZ, MFyB, MFyZ
(Wu) lahi umãdela	FMeB, FMeZ, MMeB, MMeZ
(Wu) lahi tyhana	FMyB, FMyZ, MMyB, MMyZ
Waha umãdela	
(Wa) taby umãdela	FeB, FeZ, FFeBC, FFeZC, FMeBC, FMeZC
Waha tuhana	
(Wa) taby tuhana	FyB, FyZ, FFyBC, FFyZC, FMyBC, FMyZC
Nadi umãdela	
(Wa) së umãdela	MeB, MeZ, MMeBC, MMeZC, MFeBC, MFeZC
Nadi tuhana	
(Wa) së tuhana	MyB, MyZ, MMyBC, MMyZC, MFyBC, MFyZC
(Wa) umãdela	eB, eZ, FeBC, FeZC, MeBC, MeZC, FFeBCC, etc., MMeBCC, etc.
(Wa) tuhana	yB, yZ, FyBC, FyZC, MyBC, MyZC, FFyBCC, etc., MMyBCC, etc.

La nomenclature de parenté karajá présente à première vue des caractéristiques quelque peu disparates; tantôt classificatoire sur le mode hawaïen, tantôt descriptive sur le mode soudanais, elle fait largement appel aux critères de collatéralité et d'âge relatif et use abondamment des appellations teknonymiques de types ascendant et descendant. Ces deux formes teknonymiques différencient respectivement la terminologie de consanguinité et la terminologie d'affinité. Commençons par l'analyse des termes de consanguinité.

Au niveau +2, la nomenclature n'opère qu'une distinction sexuelle parmi les ascendants en ligne directe et leurs conjoints respectifs. Pour les collatéraux, est appliqué le critère d'âge relatif, qui gomme la distinction sexuelle et opère un classement en deux catégories **umãdela**, aîné, et **tuhana**, cadet.

Au niveau +1, le critère d'âge relatif opère sous une double forme. La première, la plus singularisante, complète les critères de bifurcation et de collatéralité appliqués aux germains proches des parents d'Ego. La distinction d'âge ne porte que sur les germains parallèles et détermine l'association - différenciation suivante: les parallèles aînés **tàby ura**, «père blanc» et **së ura**, «mère blanche», rapprochés des géniteurs **tàby** et **së**, se distinguent des parallèles cadets et des croisés réunis autour de la racine **la** (**labri**, FyB, **lana**, MB, **labetyrã**, FZ, **ladire**, MyZ). Notons que la même racine se retrouve dans la terminologie appliquée aux grands-parents (**labie**, **lahi**). Ces équations partielles peuvent souligner des formes de transmission de l'identité sociale et/ou de mariage secondaire, qui seront abordées plus avant.

La seconde forme d'application du critère d'âge, contrairement à la première, gomme les distinctions linéaires du «*bifurcate collateral*» pour ne retenir que la double catégorie **umãdela** / **tuhana** (aîné / cadet), du côté du père et du côté de la mère. Comme au niveau +2, cette terminologie classificatoire basée sur le critère d'âge ignore la distinction sexuelle et est utilisée essentiellement pour les germains éloignés des parents.

Remarquons l'emploi du terme **ura**, blanc, dans la désignation des parallèles aînés, père et mère classificatoires, qui semble renforcer la proximité parentale, le fort degré de consanguinité. Cela s'accorde avec la symbolique chromatique qui fait de la couleur blanche la représentation de l'identité socio-culturelle, voire d'une certaine supériorité statutaire, par rapport au noir soulignant l'altérité.

Il n'a pas été noté l'usage des termes **tàby ura**, frère aîné du père, et **së ura**, sœur aînée de la mère, pour désigner les conjoints des germains parallèles et croisés des parents d'Ego. L'assimilation des aînés aux géniteurs ou à des époux secondaires de ces derniers, en est sans doute la cause, alors que certains germains cadets ou croisés de géniteurs peuvent se retrouver, par la pratique de mariages obliques, dans une affinité directe avec Ego. Par ailleurs, si l'on demande à l'informateur karajá de préciser comment on appelle par exemple l'épouse du frère de mère, il utilisera un terme descriptif de type teknonymique, en l'espèce: **lana riore së**, mère de l'enfant du frère de mère.

Le niveau 0 est de facture hawaïenne, principalement en adresse. Peu usité, le langage teknonymique de type ascendant confère toutefois, par sa référence au niveau +1, une coloration «*bifurcate collateral*» à ce niveau généalogique «hawaïennisé» et donc lui aussi structuré par le critère d'âge. La terminologie teknonymique reproduit ainsi la quadruple distinction entre consanguins réels, parallèles aînés, parallèles cadets et croisés. Il est à souligner que les germains réels sont distingués des germains classificatoires comme étant des «enfants de mère» (**së riore**). Ce terme traduit le caractère matrilocal du lieu de naissance, de l'unité domestique, qui circonscrit les consanguins les plus proches au sein d'une aire de cognation élargie où la filiation est plus nettement patrilinéaire.

Par rapport à une classification hawaïenne classique au niveau 0, le modèle karajá présente une variante. La distinction d'âge appliquée uniquement aux germains de même sexe n'est effectuée que par Ego masculin; Ego féminin la généralise aux deux sexes, utilisant pour désigner le frère cadet le terme employé par Ego masculin pour la même catégorie, soit **ixi**. Cette classification dichotomique plus vieux / plus jeune est confirmée par l'application des catégories **umãdela** et **tuhana**, comme aux générations supérieures. L'affiliation des germains classificatoires distants dans ces deux catégories s'effectue alors teknonymiquement par référence aux niveaux généalogiques supérieurs. Ainsi un germain distant sera appelé **wa umãdela**, mon aîné, ou **wanyrã**, mon frère aîné, par un Ego masculin, s'il est **tàby** (ou **së**) **umãdela riore**, enfant de germain aîné de père (ou de mère), ou **labie** (ou **lahi**) **umãdela riore riore**, enfant d'enfant de germain aîné de grand-père (ou de grand-mère).

Sur trois générations, le groupe de cognats, tant proches que lointains, est ainsi susceptible d'être découpé en lignes aînées et cadettes. Il conviendra de vérifier si ce découpage joue un rôle dans le système de transmission identitaire. De plus, un Ego masculin peut faire la distinction entre des sœurs classificatoires plus âgées ou plus jeunes, ce qui n'apparaissait pas dans la terminologie hawaïenne.

Le langage teknonymique fait ainsi ressortir deux aspects apparemment contradictoires du système de parenté karajá. Il met tout d'abord au jour la tripartition implicite propre à la classification hawaïenne, soit:

consanguins	
së riore	enfant de mère
germains proches	
tàby ura riore	enfant de frère aîné de père
ladire riore	enfant de sœur cadette de mère
lana riore	enfant de frère de mère
etc.	
germains éloignés	
lahi umãdela riore riore	enfant d'enfant de germain aîné de grand-mère
tàby tuhana riore	enfant de germain cadet de père
etc.	

La plus ou moins grande proximité de parenté par rapport à Ego peut également être indiquée par les termes de **tyhy** (vrai, proche) et de **teherarie** (lointain). Parmi ses sœurs classificatoires, l'homme karajá peut ainsi différencier la **lerã tyhy**, assimilée à une vraie sœur (**së riore**, enfant de mère), de la **lerã teherarie**, assimilée à une épouse (**riore së**, mère d'enfant). En outre, à partir du deuxième degré de parenté, la terminologie n'opère plus de distinction entre les matrilatéraux et les patrilatéraux, ni entre les parallèles et les croisés, ce qui s'accorde avec la liberté laissée par le système hawaïen d'un mariage avec toute parente bilatérale de la génération d'Ego, de préférence éloignée.

Toutefois, et c'est là la contradiction, le même langage teknonymique avec sa référence au niveau supérieur permet de maintenir le «*bifurcate collateral*», opérant une distinction, quoique estompée, entre parallèles et croisés, ce qui peut laisser supposer que les pratiques matrimoniales sont de nature plus restrictive que dans un schéma hawaïen classique.

On pouvait s'attendre à ce que le niveau -1 soit de type iroquois, affichant nettement l'opposition entre parallèles et croisés diversement atténuée aux niveaux supérieurs. Or, la nomenclature karajá présente là encore une variante par rapport au modèle référentiel. Comme au niveau 0, les terminologies des Ego masculin et féminin ne sont pas symétriques; la première est bifurquée, la seconde est en partie générationnelle. De fait, si du côté masculin, Ego oppose les enfants de sa sœur aux enfants de son frère, identifiant ces derniers à ses propres enfants, du côté féminin, les enfants de frère sont assimilés aux enfants d'Ego et les enfants de sœur sont différenciés en fonction de l'âge de leur mère par rapport à Ego; les enfants de la sœur cadette, égalés aux enfants d'Ego et aux enfants de frère, sont distingués des enfants de la sœur aînée. On obtient ainsi trois types d'équation, en fonction du sexe et de l'âge d'Ego:

Ego masculin	(BC = C) ≠ ZC
Ego féminin aîné	BC = C = yZC
Ego féminin cadet	(BC = C) ≠ eZC

Les deux cas de variantes terminologiques par rapport aux schémas classiques hawaïen et iroquois, aux niveaux 0 et -1, concernent uniquement Ego féminin. Dans un premier temps, la femme karajá fait la différence entre un frère aîné et un frère cadet; dans un second temps, elle renforce la distinction sœur aînée / sœur cadette par une différenciation de leur descendance. A la génération des enfants d'Ego, le critère d'âge semble se substituer partiellement au critère de bifurcation, qu'il complétait dans les générations supérieures. Ainsi pour une femme karajá, les enfants de sœur aînée équivalent à des enfants de sœur pour un homme karajá. Plusieurs interprétations peuvent être avancées pour expliquer ces variantes terminologiques; elles seront abordées une fois examinées les pratiques matrimoniales. Notons toutefois que l'on retrouve au niveau -1 ce balancement, cette indécision de la terminologie entre un schéma bifurqué et un schéma générationnel, observé dans les deux niveaux supérieurs, et qui est cette fois exprimé à travers la division sexuelle.

Enfin se maintient au niveau - 1 l'usage de la teknonymie ascendante dont la fonction descriptive assure, comme au niveau supérieur, la quadruple distinction entre la ligne directe et, séparément, les lignes collatérales croisée, parallèle aînée et parallèle cadette.

Tant pour Ego masculin que pour Ego féminin, le critère de bifurcation disparaît au niveau - 2, au sein d'une seule catégorie dénotée teknonymiquement «enfant d'enfant» et égalée, dans la terminologie plus usitée en adresse, à celle d'enfant, soit «fils» ou «fille».

La nomenclature karajá n'a pas recours à des termes spécifiques d'affinité, mais de façon relativement commune dans les systèmes amazoniens (tupi, piaroa) et de manière cohérente avec la terminologie de consanguinité, elle fait également usage du langage teknonymique, qui est cette fois de type descendant et centré en grande partie sur l'enfant d'Ego. Cette teknonymie descendante, qui prend usage dès la naissance du premier enfant, s'applique non seulement aux affins d'Ego, mais également à Ego lui-même.

Ego masculin est appellé «père de mon enfant» par son épouse et Ego féminin est appellée «mère de mon enfant» par son époux. Cette teknonymie d'affinité est doublée d'une teknonymie nominative de type également descendant. Ego masculin et féminin sont appelés par leurs cognats proches, respectivement «père + nom de l'enfant aîné» et «mère + nom de l'enfant aîné». De plus, Si Ego est l'aîné, le père et la mère d'Ego troquent leur appellation de «père/mère + nom d'Ego» pour celle de «grand-père/grand-mère + nom de l'aîné d'Ego» à la naissance de leur petit-enfant.

La terminologie d'affinité très descriptive reproduit la terminologie «*bifurcate collateral*» utilisée par Ego au niveau +1, en inversant le sens de la référence teknonymique. Des enfants de germains croisés ou parallèles (aînés ou cadets) de père ou de mère (d'Ego) dans la nomenclature de base deviennent, dans la terminologie d'affinité, des germains croisés ou parallèles (aînés ou cadets) de père ou de mère d'enfant (d'Ego). Par ailleurs, les niveaux +2 et -1 (partiellement) de la terminologie de base sont rapprochés dans l'affinisation en tant que grands-parents d'enfant d'Ego et mère de petit-enfant d'Ego.

Alors que dans la nomenclature piaroa, la teknonymie d'affinité à deux sections confirme le caractère dravidien du système de parenté et l'alliance symétrique correspondante (Overing Kaplan, 1972), la teknonymie descendante karajá semble corroborer sur le plan matrimonial la nature hawaïenne du système de parenté. La distinction entre plusieurs catégories d'alliés, tant pour Ego masculin (frère de l'épouse, mari de sœur, épouse de frère, sœur aînée / cadette d'épouse), que pour Ego féminin (sœur de mari, épouse de frère, mari de sœur aînée / cadette, frère aîné / cadet de mari), argumente en faveur d'une règle de mariage non prescriptive et d'options matrimoniales diverses à partir d'un certain degré de parenté.

Pour un Ego masculin, la distinction parmi les femmes épousables n'est pas réellement opérée entre épouse de frère et sœur d'épouse, puisque la première est intégrée dans la catégorie d'épouse ou «mère de mon enfant», mais entre sœur aînée et sœur cadette d'épouse, distinction d'âge qui encore une fois n'apparaît pas dans la terminologie la plus usitée en adresse (**lerã**, sœur classificatoire, épouse potentielle). La même constatation s'impose avec plus de netteté pour Ego féminin, dont la teknonymie d'affinité semble dissoudre la différenciation mari de sœur / frère de mari dans l'éclatement en quatre sous-catégories aîné / cadet.

Deux catégories d'affins se singularisent au niveau 0 par une référence teknonymique opérée, non pas à partir de l'enfant d'Ego, mais à partir de l'enfant de la sœur d'Ego; c'est le mari de sœur (**ra tàby**, père d'enfant de sœur) pour un Ego masculin et le mari de sœur aînée (**nabeso tàby**, père d'enfant de sœur aînée) pour un Ego féminin. Malgré son appellation de «père de», le mari de sœur (aînée) semble ainsi mis à distance au sein du groupe d'alliés, moins «consanguinisé» que les autres.

La référence à «l'enfant de sœur» se retrouve au niveau -1 dans le seul terme d'affinité non teknonymique qui désigne le mari de fille, ou «neveu noir» (**ra làby**). Pour différentes raisons, ce terme intrigue: sa nature non teknonymique et, conséquemment, sa relation non symétrique avec la catégorie d'épouse de fils, ou «mère de petit-enfant (**riore riore së**); l'utilisation du qualificatif «noir», que l'on ne peut s'empêcher de rapprocher de son antonyme «blanc» utilisé pour souligner le fort degré de consanguinité caractérisant le frère aîné de père et la sœur aînée de mère; enfin l'usage du terme neveu (enfant de sœur), qui laisserait supposer qu'il y a assimilation entre mari de fille et fils de sœur et tendance à une matrilatéralité matrimoniale. Mais l'on peut tout aussi bien appliquer une interprétation dissociative à cette symbolique chromatique; alors que la couleur blanche dans le cas des germains aînés du père et de la mère semble accentuer le degré de consanguinité par rapport aux géniteurs, la couleur noire antipodale peut, à l'inverse, servir à accentuer la différenciation par rapport à la catégorie concernée, soit donc ZS ≠ DH, et indiquer par conséquent un mariage préférentiel avec une cousine patrilatérale.

Cette nomenclature de parenté doit être rapprochée du système de relations sociales, en commençant par les pratiques matrimoniales.

PRATIQUES MATRIMONIALES

La nomenclature karajá de type hawaïen à la génération 0 doit logiquement exprimer un idéal d'éloignement matrimonial, l'alliance se faisant préférentiellement entre deux germains éloignés, cousins ou fils de cousins. La distinction parallèle / croisé ne semble pas être pertinente, étant gommée pour les collatéraux distants par la terminologie classificatoire aîné / cadet. On peut également supposer la pratique de mariages secondaires de type oblique, pour lesquels le critère d'âge relatif opérant sur quatre générations doit jouer un rôle important et qui pourraient justifier certaines fusions générationnelles et déviations terminologiques.

C'est ce que confirment apparemment les Karajá, interrogés sur le sujet:

— un homme se marie de préférence avec une **lerã** (Z), une femme avec un **hi** (eB), ou un **ixi** (yB), sans distinction de latéralité;
— un homme peut se marier avec une **nyrã riore** (eBD), une **lerã riore**, ou **ra** (ZD), et éventuellement avec une **ladire** (MyZ); réciproquement, une femme peut se marier avec un **labri** (FyB), un **lana** (MB) et un **nymã riore**, ou **nabeso** (eZS).

Ces conjoints préférentiels ou autorisés sont désignés comme étant **teherarie**, des parents éloignés.

Dans leurs pratiques matrimoniales les Karajá font toutefois preuve d'un resserrement de leur choix en ce qui concerne la **lerã teherarie**, sœur éloignée, conférant un profil inattendu à leur système d'alliance. Sur un recensement partiel (portant sur 78 mariages) effectué en 1990 dans le village de Sta Isabel do Morro comptant à cette époque environ 400 habitants, j'ai obtenu les pourcentages suivants en ayant interrogé les hommes et les femmes concernés (plus souvent les premiers que les secondes):

— 44 % des hommes sont mariés avec une **lerã** (Z), précisée comme étant une **labetyrã riore** (FZD);
— 29 % sont mariés avec une **lerã**, précisée comme étant une **lana riore** (MBD);
— 13 % sont mariés avec une **dee** (D), précisée comme étant une **nyrã riore** (eBD);
— 7 % sont mariés avec une **ra** (ZD);
— 3 % sont mariés avec une **lerã**, précisée comme étant à la fois **labetyrã riore** et **lana riore**;
— 2 % sont mariés avec une **lerã** parallèle du côté patrilatéral ou matrilatéral;
— 2 % sont mariés avec une **ladire** (MyZ).

La règle préférentielle de mariage avec une sœur classificatoire est respectée à 78 %, mais il reste quand même 22 % de mariages obliques. La bilatéralité et, plus précisément, le choix prépondérant de la cousine croisée sur la cousine parallèle ne se laissait pas deviner dans l'examen de la terminologie de parenté. Par ailleurs, s'affirme une tendance à la patrilatéralité matrimoniale, tant pour les mariages intra qu'intergénérationnels; 57 % des alliances se font avec une FZD ou une eBD, contre 38 % avec une MBD, une ZD, ou une MyZ. Toutefois, malgré un déséquilibre numérique, la bilatéralité matrimoniale est également appliquée aux mariages obliques; un homme se marie autant (voire deux fois plus) avec une fille de frère qu'avec une fille de sœur.

Enfin, d'une façon générale, dans ces alliances obliques, les hommes se marient avec des «cadettes» (filles de germains parallèles ou croisés) et les femmes se marient avec des «aînés» (germains parallèles ou croisés de géniteurs). Il semble que cette orientation matrimoniale basée sur le critère d'âge relatif soit également opérante dans le cadre des mariages entre membres d'une même génération; la plus grande partie des femmes mariées avec des germains classificatoires dans ce recensement ont désigné leur conjoint comme étant un **hi** (eB).

En 1955, soit 35 ans auparavant, Dietschy avait effectué le même recensement dans le village de Sta Isabel do Morro, envisageant, pour sa part, la totalité des alliances contractées dans ce village, qui comptait à l'époque environ 200 habitants (208 en 1957 selon Fenelon Costa, 1978:23). Les données de Dietschy étaient les suivantes (1977:299):

— 35 % avec la «fille de la sœur du père»
— 22 % avec la «fille du frère du père»
— 14 % avec la «fille du frère de la mère»
— 8 % avec la «fille de la sœur»
— 8 % avec une femme non apparentée
— 6 % avec une «fille de la sœur de la mère»
— 6 % avec une «fille du frère»
— 1 % avec une «fille de la sœur du père», en même temps «fille du frère de la mère».

Si le pourcentage des mariages avec une sœur classificatoire est le même (78 %) dans le recensement de Dietschy, celui des mariages obliques est inférieur de 8 points. En outre, si le choix de la cousine croisée bilatérale est moins affirmé par rapport à la cousine parallèle, l'inflexion patrilatérale est plus importante, concernant 63 % des alliances au lieu de 57 % dans mon recensement. A noter le glissement, d'un recensement à l'autre, d'une catégorie patrilatérale à une autre, notamment de la FBD (sans connotation aîné / cadet malheureusement) à la eBD. Ces deux recensements n'ont pas été confirmés par des données généalogiques et il faut certainement tenir compte d'une certaine marge d'erreur. On peut toutefois se permettre de rapprocher la nomenclature de parenté des pratiques matrimoniales et d'en tirer quelques constatations.

Le système d'alliance possède un caractère plus bilatéral que la nomenclature de parenté ou, plus exactement, fait ressortir la bilatéralité terminologique quelque peu occultée sous un langage tantôt trop générationnel, tantôt trop descriptif.

Il avait été noté qu'au niveau +1, la terminologie opérait une distinction entre, sinon deux catégories, du moins deux groupes d'affinité sémantique: d'une part, des parents proches (géniteurs et parallèles aînés de ces derniers), d'autre part, des parents plus éloignés (croisés et parallèles cadets des géniteurs). Nous avons pu vérifier que les pratiques matrimoniales désignent les membres du second groupe comme des affins préférentiels, en tant que parents de conjoints, voire même conjoints.

Au niveau 0, la distinction parallèles / croisés qui s'avère opérante sur le plan matrimonial n'est pas vraiment explicite terminologiquement, bien que les expressions descriptives, moins usitées que les générationnelles en adresse, permettent de maintenir cette dualité (enfant de frère de mère, de sœur de père, de «père blanc», etc. au lieu de sœur).

Au niveau -1, il y a dissociation entre le critère de bifurcation et celui de l'âge relatif, lesquels, dans les niveaux supérieurs, opèrent de concert. Le premier critère structure la terminologie masculine, le second la terminologie féminine. Compte tenu des pratiques matrimoniales, on pourrait considérer que la femme karajá choisit d'exprimer terminologiquement la mise à distance du eZS comme époux potentiel, plutôt que celle du BS comme mari de fille. Comparé aux autres mariages obliques (MB-ZD, FyB-eBD) qui ne laissent pas d'empreintes terminologiques, le mariage avec le eZS est trop peu pratiqué pour en justifier une. En outre, si l'on se base sur les témoignages des vieux Karajá et sur le recensement de Dietschy datant des années 50, le développement des mariages obliques serait un phénomène récent, ce type de mariage endogame étant jadis réservé à une minorité.

Si l'on essaye de rétablir la symétrie terminologique en appliquant conjointement les deux critères de différenciation, on obtient:

— pour Ego masculin (C = eBC) ≠ (ZC = yBC)
— pour Ego féminin (C = yZC) ≠ (BC = eZC)

ce qui mettrait les deux principaux critères de différenciation (sexe et âge relatif) du système de classification sociale karajá dans un rapport d'équivalence de type:

— croisé = cadet, pour un homme
— croisé = aîné, pour une femme.

Que l'alliance soit inter ou intra-générationnelle, la relation d'affinité BW-ZH lie nécessairement deux hommes placés dans un rapport d'asymétrie aîné / cadet. Cependant, rien dans nos données actuelles (si ce n'est la constatation que les femmes désignent plus fréquemment leur époux par le terme de frère aîné) ne nous permet de supposer que ces deux paires coïncident invariablement, que les donneurs de femmes sont des «aînés» et les preneurs des «cadets», ou inversement. Il faut d'ailleurs reconnaître qu'une orientation matrimoniale de type aîné / cadet s'accorderait certainement mieux avec une préférence plus marquée pour la cousine croisée matrilatérale, que celle qui caractérise le système d'alliance karajá. La distinction aîné / cadet joue (ou du moins jouait) certainement un rôle plus déterminant dans la variation du degré d'endogamie matrimoniale; à l'enfant aîné, statutairement plus chargé, était affecté un degré plus élevé.

Une autre interprétation pourrait considérer que le décalage entre les deux terminologies — celle d'Ego masculin plus ancienne et celle d'Ego féminin plus récente — serait l'expression d'une évolution structurelle subie par la société karajá, par laquelle des groupes de parenté patrilinéaires auraient progressivement laissé place à des unités résidentielles, domestiques et/ou communautaires, à affiliation bilatérale. Nous reviendrons plus loin sur ces interprétations dans l'analyse de l'organisation sociale.

Quoi qu'il en soit, il importe de souligner l'importance du critère d'âge relatif dans la classification sociale karajá. Si effectivement, malgré les apparences, il existe une bipartition consanguins / affins dans le système de parenté de ce groupe ethnique, force est de constater qu'elle n'est pas superposable à la simple dualité parallèles / croisés, mais à un composé analogico-antithétique de type parallèles / croisés: aînés / cadets.

Revenons à présent à la teknonymie d'affinité pour y découvrir un aspect singulier. Considérant que le mariage avec la cousine croisée éloignée est le plus pratiqué, on peut faire coïncider plus exactement certaines catégories terminologiques de la nomenclature de base et de celle de l'affinité. Dans le cas, plus courant, du mariage avec la FZD, les équations suivantes sont opérées,

— par Ego masculin: FZS - WB = (C)MB
FZD - BW, WZ = (C)M, (C)MZ
MBS - ZH = (ZC)F

— par Ego féminin: MBD - HZ = (C)FZ
MBS - HB, ZH = (C)FB, (C)F, (ZC)F

Ces chevauchements générationnels propres à la teknonymie d'affinité prennent, du fait de l'extension collatérale de la teknonymie karajá, des teintes à la fois crow et omaha. Cela avait déjà été signalé par Dietschy en ces termes, ce dernier se plaçant semble-t-il dans le cadre d'un mariage matrilatéral:

> «Or, les beaux-frères et les belles-sœurs (ainsi que les beaux-parents) sont classifiés par la teknonymie et puisque dans l'appellation, la référence '...de mon enfant' semble être habituellement omise, cela équivaut, pour les maris, à la manière dont dans le système Omaha les hommes nomment leurs cousins et cousines croisés matrilatéraux et, pour les épouses, au mode d'appellation utilisé par les femmes dans le système Crow lorsqu'il s'agit de leurs cousins et cousines patrilatéraux.» (1963:46)

Le profil terminologique karajá, cumulant pour Ego masculin FZC = MB/M et MBS = F, pourrait ainsi être rapproché de la variante apinayé (Gê septentrionaux), qui balance entre des traits crow et omaha en fonction du lien de parenté activé du côté maternel ou paternel, dans un contexte socio-cérémoniel. Ces inflexions du système teknonymique karajá, de nature plus contingente que structurelle, ne suffisent toutefois pas à qualifier de crow ou omaha la terminologie de ces Indiens du fleuve, comme peuvent l'être celles de leurs voisins gê et bororo.

Le rôle d'une teknonymie d'affinité dans un système de parenté dravidien a été clairement démontré chez les Piaroa par Kaplan. Transformant des affins en consanguins, elle rompt l'opposition et contribue à maintenir l'idéal d'une société basée sur des liens de consanguinité et où l'affinité n'est qu'éphémère.

Chez les Karajá, dont le système de classification identifie l'altérité moins sous forme d'opposition que d'éloignement, la teknonymie d'affinité traduit néanmoins le même idéal social, mais en termes de resserrement ou de réactivation des liens de parenté, par leur transformation de relations distantes par rapport à Ego en relations étroites par rapport à l'enfant d'Ego. Notons toutefois que, bien que «consanguinisante», la teknonymie d'affinité reproduisant la terminologie de parenté G+1 introduit la diamétralité consanguins / affins au sein de la génération d'Ego fortement «hawaïennisée». Le rôle de la teknonymie semble alors inversé par rapport à un système dravidien. Au lieu de transformer des affins en consanguins, comme chez les Piaroa par exemple, elle transforme des consanguins en affins.

Dans les systèmes à «hawaïennisation» matrimoniale, l'exogamie terminologique (mariage avec une sœur éloignée) correspond habituellement à une endogamie locale. Une forte tendance à l'endogamie locale chez les Karajá a pu être vérifiée en 1986 dans le village de Macauba, comptant à l'époque 220 habitants. Sur un total de 61 mariages, 14 avaient été contractés avec des membres d'autres villages, soit 10 hommes et 4 femmes venus s'installer à Macauba. Les hommes venaient de villages proches, les femmes de villages plus éloignés, voire appartenant pour 3 femmes sur 4 à deux sous-groupes ethniques différents (Javaé et Xambioa). A peu près le même nombre de personnes de Macauba — soit 11, 7 hommes et 4 femmes — était parti se marier dans d'autres villages.

Cette tendance à l'endogamie de village n'a pas été constatée par Dietschy dans les années 50. A cette époque, selon lui, «les villages ne sont ni endogames, ni exogames» (1977:299). Cette évolution des pratiques matrimoniales (plus fort pourcentage de mariages obliques, endogamie de village) qui s'opère sur une trentaine d'années, ainsi que ces balancements terminologiques entre des formes bifurquées et générationnelles, nous amèneront en fin de chapitre à nous interroger sur d'éventuelles modifications structurelles subies par la société karajá. Continuons pour l'heure à rapprocher la nomenclature de parenté du système de relations sociales.

CONSANGUINITÉ, GERMANITÉ, AFFINITÉ

Même s'il est possible d'affirmer les contours d'une opposition consanguins / affins au sein du système de parenté karajá, celle-ci est loin de contredire l'idéal de cognation régissant l'univers social de ce peuple. Le système classificatoire, tant dans sa version terminologique qu'onomastique, privilégie la consanguinité à travers des rapports de filiation et de germanité. On identifie et l'on positionne les membres de la parenté essentiellement en tant que «germain aîné ou cadet», «enfant ou petit-enfant de...», «père ou grand-père de...».

Cette terminologie de la consanguinité opère à différents niveaux, ou différentes sphères, de l'aire de la cognation sociologique.

Le premier, ou tout au moins le plus aisément identifiable de nos jours, est constitué par la famille étendue uxorilocale. Cette unité domestique, jadis constituée d'une seule grande habitation abritant des sœurs utérines ou classificatoires et leur descendance, regroupe difficilement aujourd'hui en plusieurs maisons deux ou trois familles nucléaires reliées par des liens matrilinéaires. Ce noyau de consanguinité pure est désigné par le terme assez générique de (**wa**) **sã**, (ma) famille. C'est le lieu de la communion physique, de la parenté utérine, de l'indifférenciation, exprimées à travers l'usage entre germains de même sexe et de sexe différent de la terminologie symétrique de (**wa**) **së riore**, (mon) enfant de mère. Cette unité uxorilocale, par définition exogame, ne circonscrit pas pour autant l'ensemble des consanguins proches avec lesquels le mariage est prohibé puisque la préférence se porte sur les cousins croisés éloignés.

Le second niveau d'opération de la consanguinité correspond à l'unité territoriale ou village. Le même terme de **sã**, famille, auquel est annexé le suffixe **renã** (ensemble, totalité), est utilisé pour désigner le village, lequel est conçu littéralement comme l'extension de l'unité uxorilocale, du groupe de parenté minimum, du noyau de consanguins. Ces unités territoriales sont distinguées par des appellations de type généralement toponymique constituées du terme **mahadu**, habitants, complété d'un substantif caractérisant le lieu occupé (**Hawalo mahadu**, habitants de la colline, **Kue bero mahadu**, habitants du fleuve du cabiai, **Eryri mahadu**, habitants de la palmeraie de *macauba*, etc.).

Ces villages délimitent le lieu de la cognation corésidente, où sont regroupés les parents dont les liens de consanguinité sont généalogiquement attestés et entre lesquels, de nos jours, les liens matrimoniaux doivent idéalement s'instaurer. Sur fond de descendance commune, en ligne directe ou collatérale, c'est le lieu de la germanité classificatoire, de la terminologie asymétrique aîné / cadet (**hi** / **ixi**, frère aîné / frère cadet; **nymã** / **isoru**, sœur aînée / sœur cadette), sur laquelle se superpose la teknonymie d'affinité (**ra tàby** / **riore lana**, mari de sœur / frère d'épouse; **riore së** / **riore labetyrã**, épouse de frère / sœur de mari). C'est le lieu de la relation d'affinité individuelle, égocentrique, et de nature non dichotomique.

C'est cette relation individuelle, asymétrique, de germanité classificatoire et d'affinité réelle qui me semble symboliquement représentée par le couple de masques **ijasò**. Rappelons que ce rituel concerne les membres d'une seule unité locale et endogame (aujourd'hui le village) et que la paire de masques **ijasò** est composée de deux éléments en apparence identiques, mais distingués par un décalage à la fois terminologique (appellations respectives renvoyant à deux catégories d'âge distinctes, mais immédiatement successives), ornemental et vocal et formant avec leurs deux partenaires féminines, selon la référence mythique, deux paires d'échange matrimonial. L'**ijasò**, nourri par un père et une mère, est traité à la fois comme un fils et comme un gendre et il danse avec des sœurs classificatoires. Cette relation sexuelle symbolique est fécondante, puisque consentie par les femmes qui se frottent le ventre.

Hors des limites du village et au sein d'un même sous-groupe ethnique, la terminologie de consanguinité prévaut dans les relations individuelles, même si ces liens de parenté sont plus difficilement attestables au niveau généalogique. Ces liens de consanguinité sont favorisés par la mobilité des familles nucléaires entre villages géographiquement proches. Par contre, sur un plan collectif et en particulier cérémoniel, les relations entre villages, ou groupements de villages, sont de nature nettement plus antagoniste et sont exprimées à travers un comportement et une terminologie qui relèvent plus nettement de l'affinité, voire d'un autre type d'affinité.

Ces relations inter-communautaires sont traitées dans le rituel d'initiation masculine **heto hykã**. Il ne s'agit plus alors de danses réunissant des germains classificatoires, mais de luttes opposant des parents distants, que les Karajá désignent comme des **ra làby** / **riore lana** (maris de sœur / frères d'épouse). Il ne s'agit plus également de sexualité consentie entre deux couples de partenaires, mais d'agressions sexuelles plus ou moins explicites que les hommes du ou des villages invités font subir collectivement aux femmes du village invitant.

Ces cognats non co-résidents semblent donc assimilés à des affins classificatoires et potentiels, catégorie collective socio-idéologique mise en évidence par Viveiros de Castro dans son étude sur le dravidianat amazonien (1993a) et qui se distingue de la catégorie terminologique et individuelle des affins réels opérant dans la sphère de la cognation co-résidente. Nous avons pu également noter que, contrairement au modèle dravidien des Piaroa, les affins réels ne se situaient pas dans un rapport égal et symétrique en regard des consanguins au sein de l'unité locale; quoique distingués par une teknonymie descendante, les affins n'en restent pas moins des parents «re-consanguinisés». En revanche, dans les relations entre villages, l'affinité potentielle semble l'emporter sur une consanguinité qui s'amenuise. C'est ce que Viveiros de Castro avait indiqué en parlant de relation d'englobement hiérarchisé entre la consanguinité et l'affinité dans les modèles amazoniens:

> «Si au niveau local la consanguinité englobe l'affinité, au niveau supra-local l'affinité englobe la consanguinité, et au niveau global c'est la même affinité qui se voit englobée (définie, déterminée) par l'inimitié et l'extériorité.» (1993a:173)

Si les liens de consanguinité ne sont plus affirmés, l'aire de la parenté cognatique, de la cognation socio-idéologique, poursuit son extension, non seulement à l'extérieur des frontières du sous-groupe ethnique, incluant les deux autres sous-groupes, mais également au delà des Karajá terrestres, englobant les habitants de la pluie et ceux du fond des eaux. Elle est finalement isomorphe à ce que l'on a appelé l'«inãcité», l'identité proprement karajá dans sa dimension à la fois sociale et cosmique. Pour preuve, la terminologie employée par les Karajá pour désigner cette aire de cognation extensive, ce nous collectif dans sa version maxima: **Inã sã renã**, l'ensemble de la famille karajá.

Comme il avait été suggéré en fin de chapitre II, cette extension cognatique dans la verticalité cosmique fait refluer les relations symboliques marquées au sceau de la prédation et du cannibalisme dans la dimension horizontale et terrestre de l'univers social et cosmique des Karajá, là où sévissent les groupes ennemis et les monstres anthropophages. Par la suite, au terme du chapitre III, il a été montré comment les rituels **ijasò** et **heto hykã** géraient de façon structurellement inversée ces deux champs relationnels de la société karajá à son environnement.

On peut à présent préciser que les Karajá traitent les relations entre les trois niveaux cosmiques du ciel, de l'eau et de la terre, intégrant l'aire de la cognation élargie, sur le mode symbolique de l'affinité réelle, exprimée à travers l'échange fondamental sexe / nourriture. Les relations terrestres, extérieures au champ de la cognation socio-idéologique, sont quant à elles traitées sur le mode de l'affinité potentielle, traduite par l'échange violent de femmes, d'enfants et d'esprits de morts.

Au sein de l'**Inã sã renã**, de ce vaste univers de la cognation, la graduation de la consanguinité est indiquée par les suffixes **tyhy** (proche, vrai) et **teherarie** (lointain) accrochés au terme de parenté. Il n'existe pas dans la nomenclature de parenté de terme pour désigner le non parent. A l'intérieur comme à l'extérieur du champ cognatique, la différence est exprimée sur un autre registre sémantique, faisant appel à l'appartenance du ou des individus à une unité territoriale (ou plus largement spatiale) distincte, sur un plan terrestre ou cosmique. Le cognat ou le non cognat est alors distingué comme étant un **mahadu**, un habitant d'un lieu spécifiquement désigné, qu'il soit situé au fond des eaux, à une demi-journée de distance en pirogue, ou dans les terres inhospitalières entourant le fleuve Araguaia. Quelques exemples: **hawalo mahadu**, habitant(s) de la colline (village de Sta Isabel do Morro), **bero hati mahadu**, habitant(s) du fond du fleuve (Karajá aquatiques), **bede rahy mahadu**, habitant(s) de la terre sauvage (êtres terrestres cannibales), etc.

Rappelons que sur un plan uniquement terrestre, ces unités territoriales ou résidentielles, ces groupes de **mahadu**, d'habitants, sont désignés sous le terme d'**Ixã**. Dans une perspective cosmologique, on a défini l'«ixãcité» comme étant le champ horizontal de l'identité terrestre, de l'altérité ou du moins de la différence, situé dans un rapport d'opposition et d'imbrication avec le champ vertical de l'«inãcité», de l'identité et de la relative indifférenciation karajá. Dans une optique sociologique, l'«inãcité» s'exprime en termes de descendance, l'«ixãcité», en termes de résidence. Tout Karajá terrestre est à la fois **Inã** et **Ixã**, car appartenant à un groupe de filiation socio-culturelle et à un groupe résidentiel.

Au niveau local, celui du village, de la cognation co-résidente, le groupe de descendance et le groupe de résidence sont placés alternativement dans un rapport de co-extension et d'opposition. De fait, dans une perception globale du village, il y a superposition entre **sã renã** (ensemble de la famille) et **ixã** ou **ixã hykã** (groupe ou grand groupe résidentiel), sous l'autorité de l'**ixã wedu** (maître du groupe ou chef traditionnel). Mais au niveau interne, le groupe résidentiel se polarise sur l'espace domestique occupé par les maisons féminines, appelées précisément **ixã**, face à l'espace rituel occupé par les formations masculines, **ijoi**, la maison des hommes et des **ijasò**, lieu de transmission et de manifestation de la parenté **inã**, de cette vaste cognation socio-idéologique.

La bilatéralité de l'affiliation à ces deux aspects de l'identité karajá est clairement exprimée à travers ce schéma spatial: matrilinéaire en ce qui concerne sa dimension terrestre (membre d'un groupe territorial) et patrilinéaire en ce qui concerne sa dimension cosmique (membre d'un groupe de descendance socio-culturelle).

La terminologie utilisée pour distinguer les principales formations masculines présente également un caractère toponymique. Deux des principaux **ijoi**, groupes d'hommes, sont désignés comme étant respectivement de l'amont et de l'aval et le groupe central est lui désigné par le seul terme de **mahadu**, habitants. Alors que le terme exclusif de **wa ijoi** permet à tout homme de désigner son propre groupe et chacun de ses membres et que le terme inclusif de **wa ijoi renã** semble pouvoir s'appliquer à l'ensemble des hommes constitutifs des différents groupes composant le village, il n'existe pas à ma connaissance (ou du moins n'est-il pas cité explicitement par les Karajá) de terme équivalent et inverse pour désigner sur un plan individuel ou collectif les membres d'une autre formation masculine.

C'est là où les termes de **wali**, **wa biowa**, mon ami, mon compagnon, peuvent intervenir. Comme indiqué dans l'examen du rituel **ijasò**, Dietschy confère à cette relation de compagnonnage, qui lie deux individus de même génération et de même sexe ou de sexe différent, un caractère à la fois cérémoniel et matrimonial, à l'instar de l'institution de l'amitié formelle chez les Gê-Bororo (1960). Aujourd'hui, cette relation d'amitié a perdu ce caractère institutionnel qui jadis caractérisait son application au sein du groupe de cognats co-résidents, et tend de ce fait à disparaître de ce niveau d'organisation.

Bien qu'intégrant l'aire de la cognation élargie, le **wali** n'est ni un consanguin, ni un affin, ou plutôt réunit des caractéristiques des deux catégories. Cognat co-résident ou non résident, parent plutôt éloigné, il est nié en tant qu'affin réel ou classificatoire, sans toutefois devenir un véritable consanguin, malgré le caractère réciproque de sa terminologie.

Dans les mythes, il est utilisé entre deux **mahadu**, habitants, membres de groupes territoriaux distincts et éloignés, ou entre deux **ijoi**, hommes, membres de deux groupes sociaux différents, en l'occurence **iboo** et **iraru**, de l'amont et de l'aval. Rappelons également que le terme de **biowa** est collectivement employé pour désigner les **Ixã** du nord, le sous-groupe ethnique de l'aval, parents éloignés, qui sont ainsi rapprochés, en opposition aux Javaé, dont l'appellation de «fils d'Indiens non Karajá» tend à les exclure de la cognation **inã**.

On peut donc avancer l'hypothèse, qui sera développée plus avant, que cette terminologie de compagnonnage, prohibant l'affinité, était jadis l'expression de la relation, sans doute plus individuelle que collective, liant les membres de groupes patrilinéaires distincts à tendance endogame, réduits aujourd'hui à des formations masculines de nature uniquement cérémonielle.

L'ENFANT ET LE SYSTÈME DE TRANSMISSION

Il a été souligné dans le chapitre précédent l'importance de l'enfant dans le système de possession des biens symboliques et statutaires: ornements corporels, entités spirituelles, rôles cérémoniels. Si ce sont les parents (père et mère) qui portent la responsabilité de ces possessions, ce sont les enfants qui en tirent le bénéfice et sont considérés comme les véritables possesseurs. Autour de ces enfants-maîtres doit ainsi se mobiliser la parenté bilatérale, afin de pouvoir remplir les obligations souvent lourdes de la possession. La teknonymie d'affinité centrée sur l'enfant d'Ego apparaît comme l'expression de cette mobilisation cognatique convergeant sur les membres des générations -1 et -2, plutôt que celle de relations dyadiques entre alliés de même génération ou de générations consécutives.

Cette solidarité cognatique autour de l'enfant prend toute sa dimension dans la vie cérémonielle, là où les possessions symboliques sont affichées et assumées, en particulier les entités spirituelles nécessaires à la bonne socialisation de l'enfant. Elle joue tout d'abord sur un plan économique; c'est grâce à l'apport continu de nourriture de la part de leurs germains respectifs et affins réciproques qu'un homme et une femme peuvent assumer sur plusieurs mois la lourde charge de réaliser un rituel **ijasò** et/ou un rituel **heto hykã** pour le compte de leur fils ou fille.

La participation physique de ces cognats proches liés terminologiquement à l'enfant est également requise, notamment dans le rituel d'initiation masculine, où ils se substituent aux parents. Frères et sœurs de père et de mère accompagnent le jeune initiant dans son passage de l'espace domestique à l'espace public, de la maison de sa mère à la «grande maison», substitut symbolique de la maison des hommes, allant jusqu'à s'identifier à lui par la coupe de cheveux et la teinture de génipa.

Le rôle du frère de mère dans cette médiation sociologique est particulièrement saillant. Dans le rituel **heto hykã**, c'est lui qui assure sur ses épaules le déplacement physique de son neveu utérin de l'espace féminin à l'espace masculin et qui le soutient en entourant son visage de ses mains lors du percement de la lèvre inférieure. Dans le rituel du miel (**bede uri**), c'est aussi lui qui amène les enfants de sa sœur sur la place rituelle pour leur faire goûter de l'**iweru** sucré.

N'oublions pas pour autant le rôle moteur des parents patrilatéraux (frères de père) dans le passage initiatique, forçant les matrilatéraux à abandonner le jeune garçon et dirigeant la transformation de celui-ci en **jure**.

Ce remplacement des parents par leurs germains parallèles et croisés auprès de l'enfant dans le domaine rituel s'inscrit dans la dualité spatiale, aire domestique (ligne des unités uxorilocales) / aire publique (place rituelle et maison des hommes), et renvoie aux modèles gê-bororo, en particulier timbira, où ces deux polarités domestique et rituelle correspondent à deux parentés distinctes; l'une dite «biologique», l'autre nominative et cérémonielle (*cf.* notamment da Matta, 1976, pour la version apinayé). Chez ces groupes du Brésil central, cette dissociation entre une filiation physique (chair, sang) et une filiation sociale (noms, rôles, statuts) prend alors appui sur la distinction ligne directe / ligne croisée.

Rappelons également l'importance du nom, ou plutôt de la série nominative, dans la plupart des sociétés gê-bororo, puisque transmise de frère de mère à fils de sœur et de sœur de père à fille de frère, elle est porteuse de la totalité de l'identité sociale, affectant chaque individu dans divers groupes sociaux de nature matrimoniale et/ou cérémonielle et lui attribuant ses droits, obligations et fonctions. Les relations dites nominatives peuvent alors avoir un impact structurel, conférant des traits crow-omaha à la terminologie de parenté et contribuant à circonscrire l'ensemble des parents avec lesquels le mariage est prohibé. Cette distinction de filiation est-elle aussi opérante chez les Karajá et, en d'autres termes, quelle est l'importance de la transmission nominative?

Tout individu est porteur d'une série nominative composée de six à dix noms qui lui sont donnés à sa naissance par un ou plusieurs membres de la catégorie **labie** / **lahi**, grands-parents réels ou classificatoires.

Ceux-ci peuvent conférer à l'enfant une partie de leur série nominative, mais transmettent généralement des noms de Karajá décédés, appartenant aux générations précédentes. Si l'enfant est de sexe masculin, les noms sont choisis du côté de l'ascendance paternelle, si l'enfant est de sexe féminin, ils sont choisis du côté de l'ascendance maternelle.

Les donneurs de noms sont appelés **Inã ni dàãdu**, «ceux qui ont la connaissance des noms karajá», et sont considérés comme des spécialistes, au même titre que ceux qui savent poser le labret, après avoir percé la lèvre inférieure, ou creuser la marque tribale dans la chair des pommettes. Ces donneurs de noms, censés connaître parfaitement les généalogies, sont désignés aujourd'hui comme étant peu nombreux et essentiellement constitués de femmes. En tant que spécialistes, ils sont rétribués sous forme de biens matériels de valeur (natte, pirogue, plumes, perles de verre, nacre).

Il semble que cette professionnalisation de la fonction de donneur de noms soit un phénomène récent d'acculturation. Dans ses carnets de terrain de 1938, Lipkind distingue implicitement deux catégories de donneurs de noms lorsqu'il dit: «Quand un homme transmet son nom, il est bien payé par le père. Seul le grand-père ne se fait pas payer» (box 1, vol. 2:8) et sans doute également deux catégories de noms propres, ceux d'ascendants directs ou, du moins proches, et ceux de parents éloignés.

Quoi qu'il en soit, la dation nominative karajá continue de présenter un double aspect de transmission héréditaire et de relation d'échange, même si le second terme l'emporte aujourd'hui sur le premier. Cette relation d'échange avait un caractère institutionnel, s'instaurant jadis avant la naissance de l'enfant, du moins de l'enfant aîné, lors du rituel du manioc roui (*cf.* chapitre III) avec une offre de nourriture faite par les futurs parents aux donneurs de noms potentiels de leur enfant. Il y a lieu de penser que, comme pour l'acquisition d'autres biens symboliques (rôles cérémoniels, entités spirituelles), les offres de services des donneurs de noms étaient d'autant plus nombreuses que la famille de l'enfant était jugée capable d'assurer la compensation matérielle.

Constatons par ailleurs qu'une distinction est opérée entre l'éponyme et le donneur de nom et que l'homonymie n'est pas recherchée chez les Karajá. Bien que peu usité, le «nom propre» conserve donc sa fonction individualisante.

Quoique transmis en ligne bilatérale et donc constitutifs de patrimoines héréditaires, les noms propres ne sont pas dans la pensée karajá, du moins contemporaine, associés à des groupes sociaux particuliers, que ce soient des moitiés matrimoniales ou cérémonielles comme chez les Bororo, les

Xerente ou les Timbira, ou des unités uxorilocales comme chez les Kayapó. Par ailleurs, hormis les deux appellations statutaires de **iolò** et **deridu** à caractère politique ou rituel, les entités nominatives karajá ne sont pas porteuses de droits, obligations, fonctions, ni tout autre élément statutaire. Selon mes informateurs, aucun nom ni série onomastique n'est ainsi affecté aux deux groupes de l'amont et de l'aval, ni aux six formations cérémonielles opérant lors du rituel d'initiation masculine.

Le nom propre karajá n'assigne donc pas à chaque individu une place au sein du groupe social, ni n'engendre de relations sociales particulières de type dyadique sous forme de paires échangistes (sœur / frère), ou de paires homonymiques ou hétéronymiques (donneur / receveur de nom, amis formels), comme dans la plupart des sociétés gê-bororo. Plus qu'un indicateur de position ou un opérateur de relations sociales, le nom propre chez les Karajá semble être assimilé à un bien symbolique, dont l'acquisition et l'accumulation sont fonction de la «richesse» matérielle du groupe de parenté cognatique centré sur l'unité uxorilocale.

Comme dans le système de parenté, c'est en fait la teknonymie qui assure en grande partie la fonction classificatoire dans le système nominatif. A partir de la naissance de leur premier enfant, c'est-à-dire une fois atteint leur plein statut social, l'homme et la femme karajá ne sont plus appellés par leur nom propre, mais par une appellation tekonymique de type descendant: «père (ou mère) de + nom de l'enfant aîné», qui sera substituée à la naissance de leur petit-enfant aîné par l'appellation de «grand-père (ou grand-mère) de + nom du petit-enfant aîné». Ces pratiques nominatives confirment la centralité de l'enfant, principalement aîné, dans le système de transmission et de classification sociale; c'est lui qui «nomme» en retour ses ascendants directs, leur conférant une nouvelle identité sociale en tant que parents et grands-parents.

Le critère d'âge était sans doute jadis également opérant dans la transmission des noms propres. Selon l'un de mes informateurs les plus âgés, il était en effet préférable qu'un enfant aîné reçoive le ou les noms d'un ascendant aîné du côté de son père, s'il s'agissait d'un garçon, et d'une ascendante aînée du côté de sa mère, s'il s'agissait d'une fille, et ainsi de suite. Cela s'accordait avec la transmission parallèle, cette fois entre générations successives, des appellations statutaires **iolò** et **deridu**, porteuses de charges politiques et cérémonielles. Ne concernant que des aînés, celles-ci se transmettaient, ou se transmettent encore, de père à fils pour la première et de père à fils ou de mère à fille pour la seconde.

La distinction précédemment observée entre des lignées aînées et cadettes dans l'analyse de la nomenclature de parenté a pu présenter jadis un caractère plus nettement classificatoire et même statutaire. Les lignes aînées étaient traditionnellement privilégiées dans la possession du patrimoine identitaire, voire des charges politiques et cérémonielles, privilèges sans doute préservés par des inter-mariages ou une endogamie plus prononcée.

Constatons enfin que la ligne directe, souvent sexuellement parallèle, entre générations successives ou générations alternées, est préférée à la ligne croisée. C'est par cette ligne de filiation que circule le patrimoine proprement karajá, essentiellement représenté par les noms propres et les entités spirituelles **ijasò**. A l'instar des **aroe**, entités tutélaires et nominatives bororo, le patrimoine nominatif et spirituel karajá inscrit chaque individu dans la continuité d'une descendance généalogique et mythique spécifiquement **inã**. Complémentaire, la ligne croisée est activée pour l'introduction et la transmission d'éléments extérieurs au corps social. Toute capture faite par l'homme karajá sur l'environnement terrestre, qu'elle soit de nature humaine, animale ou végétale, doit bénéficier en partie ou en totalité à l'enfant de sœur. Le frère de mère remet une part de ses prises de pêche et de chasse à son neveu utérin et lui fournit la plupart des matériaux rares nécessaires à la confection de ses ornements corporels. N'oublions pas la prise la plus prestigieuse faite sur l'extérieur, à savoir l'esprit du mort ennemi, qui était aussi introduite par le biais du neveu utérin (*cf.* figure 14).

Pour reprendre la comparaison avec les modèles gê, la ligne directe et la ligne croisée chez les Karajá sont également affectées à deux types de transmissions distinctes, qui ne s'expriment pas toutefois à travers l'opposition identité biologique / identité sociale, mais à travers la dualité tout aussi constitutive de l'être social karajá, identité cosmique **inã** / identité terrestre **ixã**, et superposable à la bipolarisation spatiale, espace public masculin / espace domestique féminin.

On peut dès lors appréhender l'importance et l'ampleur de la fonction médiatrice de l'oncle maternel qui opère à deux niveaux de jonction de ces deux pôles identitaires. Au niveau extra-local entre le groupe ethnique et les **ixãju**, Indiens non Karajá, et au niveau local entre les **ijoi** occupant l'espace public, et les **ixã** occupant l'espace domestique. En remettant l'esprit du mort ennemi entre les mains de son neveu utérin et en transportant celui-ci lors du rituel d'initiation de la maison de sa mère à la maison des hommes (deux espaces auxquels il est lui-même rattaché), il contribue à relier le jeune garçon à son identité terrestre, tout en lui permettant d'acquérir son identité **inã**, afin de ne pas basculer dans la sauvagerie (souvenons-nous que les jeunes garçons refusant l'initiation sont, selon le mythe, transformés en singes).

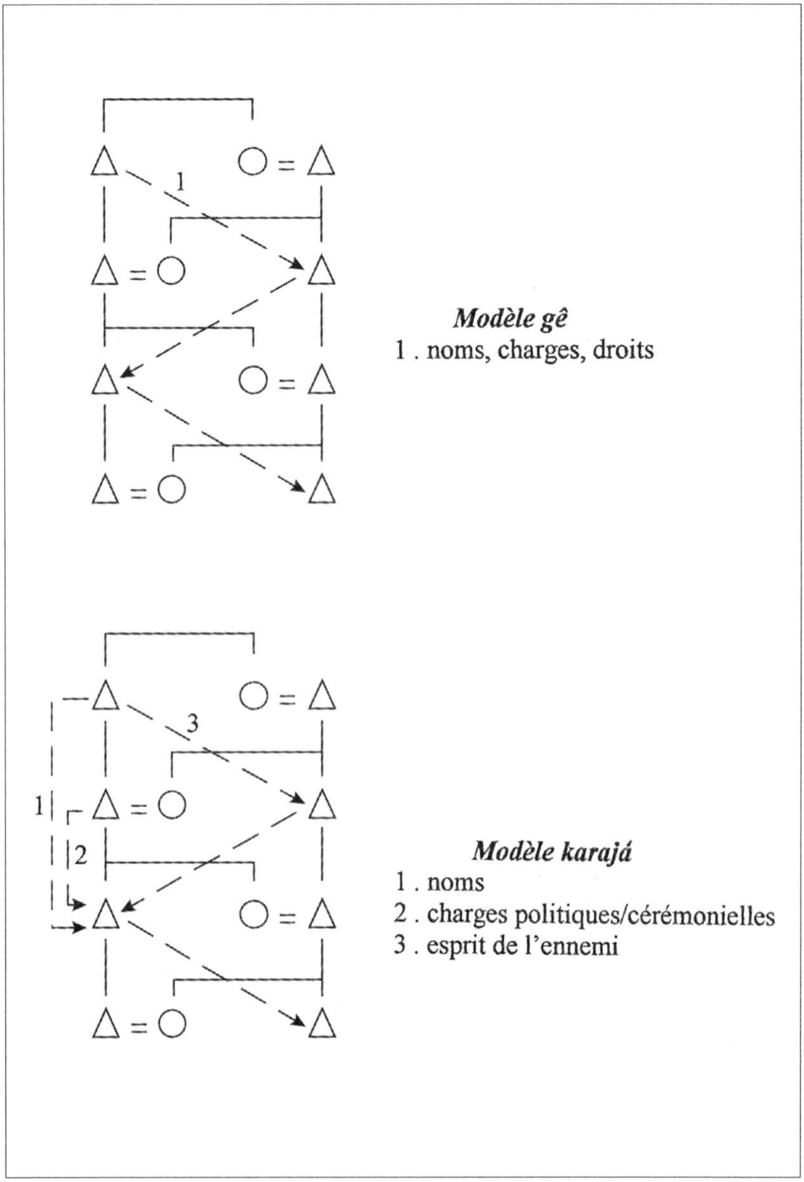

Figure 14 – Systèmes de transmission
(version masculine; mariage patrilatéral)

ORGANISATION SOCIALE: RÉALITÉ ACTUELLE ET HYPOTHÈSE

De l'examen du complexe cérémoniel, de la terminologie de parenté, des pratiques matrimoniales et du système de transmission karajá, que peut-on déduire concernant l'organisation sociale de ce groupe ethnique? Ce faisant et compte tenu des transformations subies par cette société indigène, peut-on réellement échapper à des interprétations de type historiciste pour expliquer notamment le caractère agame, sinon amorphe, de telle division en moitiés, l'importance du système teknonymique ou l'«hawaïennisation» matrimoniale? Des explications de ce type ont été fréquemment utilisées à propos justement des groupes du Brésil central et avoisinants.

Les chercheurs américains du Harvard-Central Brazil Project ont ainsi fait la constatation que le système nominatif est d'autant plus opérant en tant que schème d'organisation sociale chez les groupes gê-bororo ne possédant pas, ou plus, de système lignager ou de classes d'âge, soit, d'une façon générale, les Gê septentrionaux. Ces transformations structurelles sont notamment visibles chez les Krĩkati, selon J. Lave, qui écrit:

> «Il semble probable que l'extraordinaire importance de la nomination chez les Krĩkati soit le résultat du changement social qui s'est opéré sur les trente dernières années. La détérioration du traditionnel système des classes d'âge apparaît comme étant la clé du changement menant à l'utilisation croissante du système nominatif comme socle de l'organisation cérémonielle. La disparition du système des classes d'âge a dû également entraîner à partir des années 60 l'accroissement du rôle des groupes domestiques en tant que centre de l'activité à la fois domestique et politique.» (1979:17)

Pour des raisons identiques mais suivant des formes d'évolution distinctes, les groupes du haut Xingu auraient, selon leurs observateurs, subi des modifications de leurs systèmes terminologique et matrimonial, passant d'une nomenclature de type «*bifurcate merging*», «correspondant au système d'alliances intertribales et au mariage des cousins croisés», à une nomenclature de type «*bifurcate generation*», «correspondant à un système fondé sur l'endogamie locale et sur les prohibitions de mariage entre proches parents» (Dreyfus, 1970:260; *cf.* également Dole, 1984).

Plus proche des Karajá depuis la colonisation, ce fut également le cas du groupe tupi Tapirapé pour lequel Shapiro a montré comment la restructuration sociale découlant de la réduction de la population a abouti à la disparition des groupes de parenté unilatérale (familles étendues matrilocales), de la terminologie «*bifurcate merging*» et du mariage des cousins croisés (1968:16-17). Selon Wagley (1977b:99), ce système d'alliance entre cousins croisés devait s'effectuer entre les familles étendues matrilocales. Constatant l'implantation progressive chez les Tapirapé d'une terminologie mixte, soudanaise au niveau +1 et hawaïenne au niveau 0, Shapiro en fait la résultante de l'établissement d'une nouvelle organisation sociale caractérisée, d'une part, par la prédominance du sytème des classes d'âge sur celui des moitiés, d'autre part, par la substitution des familles étendues par les familles nucléaires et l'unité territoriale, ou village (1968).

Depuis ces premières analyses et en ce qui concerne particulièrement les systèmes terminologiques à tranche hawaïenne, des études comparatives et des travaux de synthèse sur les groupes amazoniens ont montré qu'ils pouvaient ne pas résulter de dérives historiques à partir d'un substrat bilatéral, mais constituer une variante parmi d'autres d'un modèle de «dravidianat» proprement amazonien (Taylor, 1983; Viveiros de Castro, 1993a).

Revenons à la société karajá et, pour la clarté de l'analyse, rappelons tout d'abord quelles sont ses principales institutions, telles qu'elles fonctionnent aujourd'hui. Il est difficile de caractériser les principales unités sociales en faisant abstraction de la dualité spatiale propre aux sociétés du Brésil central, qui semble établir que les deux espaces public et domestique, masculin et féminin, ne se définissent et ne se justifient qu'à travers leur relation réciproque d'opposition et de complémentarité. Si tous les spécialistes de ces sociétés en sont convaincus, l'unanimité ne s'est pas faite en ce qui concerne les rôles impartis aux deux pôles sociaux et les valorisations respectives.

Selon les chercheurs du Harvard-Central Brazil Project, la périphérie féminine associée au domaine «biologique», aux relations de substance, à la nature et au désordre, est considérée dans la pensée gê, principalement septentrionale, comme socialement inférieure au centre masculin politico-cérémoniel, siège de la culture et de l'ordre.

Dans sa thèse sur les Kayapó, groupe ethnique faisant partie des Gê septentrionaux, Lea rejette l'idée de la marginalité sociale de la périphérie féminine, en montrant de façon tout à fait convaincante que les unités résidentielles peuvent être considérées comme de véritables maisons, c'est-à-dire des personnes juridiques, sujets véritables de droits et de devoirs (1986:16). L'ensemble du patrimoine culturel — noms propres, droits cérémoniels, droits de fabrication et d'usage de certains ornements corporels, droits d'élevage de certains animaux ou d'obtention de certaines portions de viande (biens symboliques ou **nekret**, correspondant globalement à la catégorie karajá de **nohõ**) — est réparti entre les différentes maisons du village, suivant une affectation inscrite dans la mythologie et perpétuée à travers les générations par transmission matrilinéaire. Lea est ainsi amenée, pour la société kayapó, à rétablir l'équilibre entre les deux espaces féminin et masculin. Utilisant le schéma dumontien de la relation d'englobement, elle estime que l'on peut tout aussi bien considérer que le centre masculin est hiérarchiquement dépendant de la périphérie féminine. De fait, tous les rituels organisés sur la place centrale sont déterminés par les ornements et les charges possédés dans le cercle des maisons.

Cette dichotomie socio-idéologique entre un espace féminin et un espace masculin est beaucoup moins affirmée chez les Gê centraux (Xavante et Xerente) et les Bororo, qui possèdent un système lignager. Les différentes formations sociales que sont les unités résidentielles, les lignages, les clans et les moitiés disposent alors d'une réalité tant domestique que publique. Ainsi, chez les Bororo, les unités résidentielles constitutives des différents clans matrilinéaires sont détentrices d'un certain nombre de droits et d'obligations qui permettent à leurs membres, dans le cadre des moitiés cérémonielles évoluant sur la place publique, d'assurer la bonne représentation des entités totémiques de leurs unités claniques (Crocker, 1985:84).

Tels qu'ils apparaissent aujourd'hui, les deux pôles du corps social karajá, l'espace masculin **ijoi** et l'espace féminin **ixã**, ne semblent pas obéir à un même principe d'organisation. Du côté public, s'affirment une idéologie et une filiation résolument patrilinéaires, du côté domestique, l'uxorilocalité confère une teinte matrilinéaire à des unités résidentielles conçues comme des groupes de parenté cognatique. Par ailleurs, si l'on tente de déterminer, sur le modèle des sociétés gê-bororo, quelles sont les unités sociales détentrices du patrimoine culturel (moitiés cérémonielles et/ou unités résidentielles), on s'aperçoit que les biens dont la charge identitaire est la plus forte (entités nominatives et tutélaires) ne sont pas affectés de manière précise ou définitive à des groupes sociaux particuliers. Si ce sont les groupes masculins qui représentent les êtres spirituels **ijasò**, ce sont les groupes domestiques qui les possèdent (quoique de façon provisoire), à travers des enfants maîtres d'**ijasò** et des adultes pères et mères d'**ijasò**. Les noms propres, transmis entre générations alternées et en lignes sexuellement parallèles, devraient logiquement (bien que cela ne soit pas affirmé), par le biais du mariage patrilatéral, être répartis entre des lignes ou des groupes de filiation, patrilinéaires ou matrilinéaires.

Certains droits ou possessions sont plus nettement affectés à l'un ou l'autre espace social. Les esprits des morts ennemis, transmis par voie matrilinéaire, sont conservés au sein des unités domestiques, ou font l'objet d'échanges entre ces dernières. Dans un cadre rituel, principalement lors du rite d'initiation, les groupes masculins se singularisent par des affectations spatiales, des rôles et des privilèges différents transmis par voie patrilinéaire. Enfin et cela est plus troublant, des charges importantes de nature politique ou cérémonielle, principalement transmises par voie patrilinéaire, se réalisent (en partie) au sein des unités résidentielles; celles du **iolò** et du **deridu**, enfants cloîtrés dans leur maison maternelle.

Telles qu'elles apparaissent aujourd'hui, les unités domestiques karajá ne sont pas identifiables à leurs homologues bororo ou kayapó. Elles ne sont pas détentrices de possessions, d'obligations ou de droits spécifiques qui leur conféreraient une identité propre. Elles ont accès, souvent à tour de rôle, au patrimoine culturel, proprement **inã** ou originaire de l'extérieur, de nature nominative ou spirituelle, essentiellement en fonction de leurs capacités économiques et matérielles. Plus une unité résidentielle est importante, plus elle peut, pour le compte de ses enfants, acquérir des noms propres, organiser des rituels **ijasò**, voire prétendre à la lourde charge cérémonielle de **deridu**.

Par ailleurs et contrairement au modèle spatial gê, chaque unité uxorilocale n'est pas affectée à un espace déterminé dans l'alignement domestique (ce qui ne veut pas dire que l'espace domestique ne soit pas différencié, ainsi que nous le verrons plus avant) et n'est pas reliée à la place publique par un chemin qui lui est propre. De fait, chaque chemin d'**ijasò** débouche sur une portion de village et non sur une maison en particulier.

Si les unités résidentielles karajá ne semblent pas pouvoir accéder au statut de «maisons», selon l'acception juridique du terme (Lévi-Strauss, 1984:190), elles ne peuvent toutefois pas être réduites à de simples entités domestiques uniquement concernées par la procréation et la reproduction physique. Comme nous l'avons vu, elles assument la responsabilité de nombreuses possessions symboliques et l'on peut finalement dire qu'à l'instar des maisons kayapó, ce sont elles qui déterminent la tenue des principaux rituels. Leur participation cérémonielle est particulièrement manifeste dans le rituel **ijasò**, danse unissant dans un rapport d'échange (nourriture / sexe fécondant) les deux espaces sociaux **ixã** et **ijoi**.

Par contraste, les groupes masculins évoluant sur la place rituelle sont des entités plus discrètes, plus aisément différenciables les unes par rapport aux autres, sans pour autant atteindre le statut de «*corporate groups*» possédé par les formations cérémonielles des Gê septentrionaux. Les moitiés **iboo** et **iraru** ne sont pas des «*name-based moities*», pour reprendre l'expression de Maybury-Lewis (1989:101), ni ne s'affirment détentrices exclusives des entités spirituelles qu'elles représentent. De même, rien ne permet d'affirmer que ces deux formations de l'amont et de l'aval, éventuellement divisées en sous-groupes, aient pu constituer des moitiés de classes d'âge, sur le modèle des Timbira orientaux, des Xerente, ou du groupe tupi voisin, les Tapirapé. Enfin, comme pour mieux se distinguer de leurs homologues gê-bororo, les deux moitiés karajá semblent en partie se rejoindre, voire converger en une tierce formation, les **itya ijoi**, ou groupe du milieu.

Pour tenter de mieux saisir la nature de cette dyade socio-cérémonielle, il faut la replacer dans un contexte structurel plus large. On a souligné, dans la description des représentations cosmiques et des activités rituelles, l'importance de l'axe vertical et de l'opposition haut / bas, amont / aval, dans le schème d'organisation karajá. Cette bipartition ordonne le champ de l'«inãcité», de la vaste communauté karajá aux niveaux cosmique et social. Les deux formations masculines **iboo** et **iraru** constituent la version locale et cérémonielle de cette division fondamentale de l'univers karajá.

Nous avons constaté que lors du rituel d'initiation s'opère une superposition de deux niveaux sociologiques de cette bipartition verticale, avec glissement pour certains membres d'une moitié à l'autre. A l'arrivée des représentants du village de l'aval, les représentants du village de l'amont, précédemment divisés en hommes de l'amont et hommes de l'aval, s'unissent pour constituer la moitié de l'amont. Il fut alors précisé qu'au sein d'un même sous-groupe ethnique, la ligne de partage entre les villages de l'amont et ceux de l'aval n'était pas fixe mais coulissante le long de l'axe fluvial, du moins dans sa partie médiane. Dans un cadre cérémoniel, cette ligne de partage est fonction des positions respectives des villages participants. Il a été noté par ailleurs que les unités locales qui se font face sous forme de deux moitiés antagonistes dans la phase intercommunautaire du rituel d'initiation sont à tendance endogame et que les relations dyadiques relèvent d'une affinité plus classificatoire que réelle.

Or, divers éléments incitent à penser que l'unité endogame ne se réduisait pas jadis à un seul gros village, mais en regroupait plusieurs, installés sur une aire géographique déterminée (généralement la confluence de l'Araguaia et d'un de ses affluents), constituant ainsi une unité territoriale.

D'une part, les principaux observateurs des Karajá dans la première partie de ce siècle témoignent encore d'une grande mobilité des personnes et des familles entre villages proches et du caractère ni endogame, ni exogame de cette unité locale (Lipkind, 1938; Dietschy, 1977:299). D'autre part, le rituel d'initiation révèle à l'état vestigiel la réalité socio-cérémonielle de ces groupements de villages disparus, à travers la réunion de leurs cimetières respectifs délimitant les anciens territoires. Ce sont les membres du village restant qui doivent représenter les esprits des morts des villages disparus en «faisant semblant» d'arriver en pirogues de leurs communautés d'origine, afin de faire face à l'autre unité territoriale invitée à participer au rituel.

Au sein de cette unité endogame plus vaste, géographiquement et démographiquement parlant, la dyade cérémonielle **iboo** / **iraru** possédait une autre dimension. La bipartition amont / aval concernait la totalité du village, **ixã** et **ijoi**, sous la forme de deux moitiés à affiliation patrilinéaire et à tendance endogame. La dualité structurelle amont / aval, inscrite au cœur de chaque niveau d'organisation sociale (village, groupements de villages), assurait ainsi l'intégration de tous les membres d'un même sous-groupe ethnique au sein d'une seule communauté divisée en habitants de l'amont et habitants de l'aval.

Ces deux moitiés qui se partageaient l'espace social dans sa dimension verticale étaient certainement détentrices de droits et d'attributs spécifiques, dont il reste encore quelques traces aujourd'hui d'un village à l'autre, suffisamment explicites pour caractériser la relation asymétrique qui les liaient. D'une part, des droits sur certaines portions de nourriture animale, dans le cas de gibier et de poissons de grande taille: la partie avant pour ceux de l'amont, la partie arrière pour ceux de l'aval. D'autre part, des signes emblématiques apparaissant notamment sur les pieux funéraires, fichés aux deux extrémités de la tombe de tout adulte karajá dans la première phase de ses funérailles; deux formes de tête (de pieux funéraires) différentes, **ira hykã**, grande tête et **brore wa**, patte de cervidé, sont respectivement affectées aux habitants de l'amont et aux habitants de l'aval. Rappelons que ces formes de tête figurent également sur certains objets cérémoniels et attributs de la chefferie traditionnelle (banc, couteau).

Dans la partie domestique du village, les Karajá font encore la distinction entre habitants de l'amont et habitants de l'aval, même s'il n'existe plus d'adéquation entre l'affectation spatiale des habitants et leur affiliation, le plus souvent oubliée, au groupe de parenté.

L'endogamie de moitié, aujourd'hui jugée comme préférable, mais rarement appliquée, devait être plus strictement respectée, tout en étant fonction de la distance géographique. **Iboo mahadu** et **iraru mahadu** se mariaient dans leur groupe respectif, dont l'extension spatiale était circonscrite au sein d'une unité territoriale composée de plusieurs villages.

Cette division de la société karajá en groupes patrilinéaires à tendance endogame avait déjà été suggérée par Dietschy (1960, 1977), lequel cependant faisait référence à trois groupes au lieu de deux moitiés, soit **iboo ijoi**, **iraru ijoi**, et un troisième groupe désigné à la fois comme **saura ijoi** et **mahadu ijoi**, «compagnons des familles de prestige», qui n'existait déjà plus dans les années 50, selon les informateurs de cet ethnologue.

Il faut en fait distinguer deux niveaux d'organisation verticale: la dyade amont / aval qui intègre l'ensemble du corps social et la sous-division en six groupes qui semble concerner plus directement les membres masculins de la société. Il n'a pu être établi que ces formations aient pu traditionnellement fonctionner comme des classes d'âge sur le modèle tapirapé ou timbira. Il convient toutefois de ne pas écarter le critère d'âge ou, du moins, l'ordre de naissance, du mode d'affectation dans cette sous-division sociale. Il faut se rappeler que la distinction aîné / cadet joue un rôle important dans le système de transmission des biens symboliques (noms propres, charges), les statuts et les attributs les plus valorisants étant de préférence transmis entre aînés. Par ailleurs, la spécificité identitaire et statutaire encore affirmée (**mahadu ijoi**) ou déduite des caractères résiduels de chacun des six sous-groupes, ainsi que la relation hiérarchisée semblant ordonner ces derniers au sein des deux moitiés, les font ressembler à des classes de statut.

On peut alors raisonnablement supposer que ces formations masculines aient pu constituer la traduction sociale de ces lignes de transmission aînées et cadettes, sous forme de classes socio-cérémonielles dont le degré d'endogamie était proportionnel à l'importance des statuts et charges détenues.

Comme classes d'aînés, on peut évidemment suggérer celle des prêtres **mahadu ijoi** et celle des **rarahesa ijoi**, groupe du vautour-pape, dont la symbolique avifaunique les fait coïncider avec la chefferie traditionnelle. Les importantes responsabilités de ces leaders politiques et cérémoniels leur confèrent une position centrale dans l'organisation sociale et un rôle de médiateurs entre les deux groupes de l'amont et de l'aval, qui déterminent leur distinction sociale et leur identification à un groupe distinct, les **itya ijoi** (groupe du milieu).

On aura aisément évalué l'importance structurelle de cette formation du centre en tant que moteur d'intégration sociale. Elle constitue à la fois un espace d'union et de compétition. C'est d'une part le point de coalescence de la dyade amont / aval, de deux moitiés à tendance endogame et faible degré de réciprocité. C'est d'autre part un lieu d'enjeux sociopolitiques, où sont concentrés les statuts les plus éminents, les maîtrises les plus importantes, celles de la chefferie et de la prêtrise. Pour y accéder, la compétition joue non seulement entre les moitiés — entre les lignes aînées respectives —, mais également au sein des moitiés — entre les lignes aînées et les lignes cadettes —, ces dernières pouvant compenser le handicap héréditaire par l'accumulation progressive de biens matériels et symboliques.

Plutôt qu'une exogamie de moitiés combinée à une endogamie de classes, calquée sur le modèle bororo reconstitué par Lévi-Strauss (1974:175-176), on établit l'hypothèse que les Karajá pratiquaient une endogamie de groupes de parenté modulée, s'assouplissant graduellement d'une sous-division de classes de statut à une division en moitiés. Ces variations sur le mode endogame autorisaient des stratégies matrimoniales combinant des unions proches et des unions lointaines, susceptibles d'assurer à la fois la conservation de charges et d'attributs spécifiques entre quelques lignées et le resserrement de liens de parenté plus lâches entre villages au sein d'une même unité territoriale, voire éventuellement en dehors de ces frontières locales.

Loin de constituer la résultante d'une transformation structurelle subie par la société karajá, les traits générationnels du système terminologique s'accordent avec la pratique de l'endogamie de groupes de parenté. Au sein du groupe de parenté élargie que constitue la moitié, la terminologie hawaïenne autorise un grand choix matrimonial et des alliances plus ou moins endogames (cousins croisés proches, mariages obliques, cousine patrilatérale ou matrilatérale, cousins croisés éloignés), ainsi que l'indiquent encore les pratiques matrimoniales karajá. Selon Hornborg, la combinaison d'équations générationnelles avec une endogamie de groupe de parenté est observable chez plusieurs sociétés des basses terres d'Amérique du Sud, notamment au Brésil central, le plus souvent associée à certaines formes de hiérarchie sociale (1988:262-265).

C'est la restriction du choix matrimonial, aujourd'hui imposée, à la cousine croisée éloignée qui peut être considérée comme le produit d'une transformation structurelle, la résultante de l'évolution d'une endogamie de groupe de parenté (moitié, classe) à une endogamie locale (village), suite à la dénaturation progressive de l'organisation en moitiés et de la structure hiérarchisée. Le rétrécissement et l'uniformisation du champ de l'affinité ont été consécutifs au resserrement des frontières de l'exogamie locale et à l'«aplatissement» de la structure sociale. Dans les années 30, Lipkind parle encore de mariage avec la cousine croisée proche (1938, box 1, vol.2:35).

Par ailleurs, la règle d'uxorilocalité doublée d'une non-endogamie de village est sans doute à l'origine de la non-constitution au sein des moitiés patrilinéaires, du côté domestique, d'unités lignagères ou claniques, sur le modèle des Gê centraux (Xavante et Xerente). Cette dysharmonie accentuée du système, qui contrarie la représentation sociale de groupes agnatiques, n'aurait-elle pas contribué à l'établissement d'autres formations sociales à filiation patrilinéaire créées à partir d'un critère de différenciation sociale plus hiérarchisé, celui de l'âge relatif? Dans un régime plus harmonique et en version matrilinéaire, comme celui des Bororo, une hiérarchie sociale basée sur la distinction aîné / cadet est également opérante, mais reste assujettie à l'organisation clanique.

L'affiliation par voie patrilinéaire au sein de la dyade amont / aval n'est pas unanimement attestée, mais contestée au profit d'une affiliation sexuellement parallèle. Sans parler d'affiliation par sexe, Lipkind fut le premier à exprimer cette apparente contradiction en ces termes:

> «L'enfant appartient à la famille du père, bien qu'il vive avec celle de la mère.» (1938, box 1, vol.2:34)

> «La structure de parenté est caractérisée par une filiation bilatérale. Les deux lignes sont importantes et sont affectées à différentes fonctions. L'appartenance au village, l'adoption et les liens d'affection les plus étroits sont inscrits du côté de la mère. L'affiliation à la moitié, les charges de chef, de prêtre et de distributeur de nourriture sont transmises du côté du père.» (1948:186)

Ces propos ont été repris par Dietschy qui, lui, parla d'affiliation sexuellement parallèle, en soulignant son existence dans d'autres groupes des basses terres d'Amérique du Sud, tels que les Apinayé, les Tapirapé et les Mundurucu:

> «L'espace social est nettement marqué et il est lié, comme Lipkind l'a bien relevé, à l'affiliation par sexe: les hommes organisés en groupes nommés sur la place des hommes et recrutés de père en fils, les femmes réunies (avec leurs maris, il est vrai) dans les foyers du village et perpétuant des 'lignes' de mère en fille en vertu de la résidence matrilocale.» (1977:300)

Chez les Karajá, aujourd'hui, les avis sont partagés; certains affirment que les enfants sont du côté du père, d'autres que la fille est du côté de la mère, d'autres enfin déclarent que c'est une question de choix... Il faut tenir compte du fait que ces témoignages s'inscrivent dans un contexte structurel où la dyade amont / aval n'a plus qu'une réalité masculine et cérémonielle. Les contradictions se dissipent si, comme pour l'espace public, on rétablit les deux niveaux d'organisation sociale, celui des moitiés à tendance endogame et celui des unités domestiques, l'un et l'autre étant cette fois-ci gérés par des principes de filiation opposés. Si l'affiliation à la division **iboo / iraru** est patrilinéaire, l'affiliation à la sous-division en unités résidentielles est matrilinéaire. Au sein de la moitié endogame, qui constitue en fait un groupe de parenté cognatique, se transmettent de façon bilatérale (et sexuellement parallèle), ainsi qu'à deux niveaux d'organisation distincts, une appartenance à un groupe résidentiel et une appartenance à un groupe de filiation socio-culturelle. Nous retrouvons là la distinction **ixã / inã**.

C'est par un processus cumulatif que pouvait alors s'effectuer la possession de la plupart des biens symboliques, notamment spirituels. Les entités **ijasò**, très probablement affectées à chacune des deux moitiés, étaient successivement possédées par leurs unités résidentielles respectives, alors que les esprits des morts ennemis, transmis par voie matrilinéaire, pouvaient intégrer le patrimoine de la moitié patrilinéaire.

Si, selon les termes de Lévi-Strauss, «le phénomène de l'affiliation sexuelle» doit être une «propriété structurale de certaines formes de cognatisme» (1984:208), il aurait été étonnant de ne pas la trouver dans la société karajá, alors que les principaux traits structuraux qui lui sont généralement associés y sont représentés: la prédominance du mariage patrilatéral (Lévi-Strauss, 1974:136), la tendance à l'endogamie et la combinaison d'une résidence uxorilocale et d'un principe de filiation patrilinéaire (Hornborg, 1988:236-237). Ajoutons que chez les Karajá, comme sans doute chez d'autres groupes des basses terres, l'affiliation par sexe est en grande partie gérée par le critère d'âge relatif et que les lignes de transmission aînées / cadettes, principalement masculines, étaient à la base de la constitution de classes de statut endogames.

Dans le cas karajá, l'affiliation sexuellement parallèle et l'endogamie de classe apparaissent finalement comme les formes combinées d'une adaptation structurelle imposée à une société, qui, pour paraphraser Lévi-Strauss, est confrontée au problème de l'intégration d'un lignage agnatique (ou tout au moins d'un principe agnatique) et d'une parentèle cognatique. On peut dire, en d'autres termes, pour mieux «cibler» le problème karajá: comment préserver un idéal de cognation dans une société partagée entre deux principes antagonistes, la matrilocalité et la filiation patrilinéaire?

Ainsi que nous l'avons vérifié aux niveaux cosmologique et socio-cérémoniel, le traitement de l'opposition dans le modèle dualiste karajá s'effectue dans une double dimension, horizontale et verticale. La version sociologique de ce schéma binaire peut être présentée dans une perspective plus dumontienne. Dans l'horizontalité du système, la dualité s'exprime sous une forme spatiale de type diamétral avec l'opposition entre un espace féminin, ou groupe résidentiel, et un espace masculin, ou groupe de descendance socio-culturelle. Cette relation d'équilibre et de réciprocité est particulièrement manifeste dans le rituel **ijasò**. Toutefois, même si l'opposition est traitée sur un mode égalitaire, la primauté est donnée au principe de résidence sur le principe de filiation, les **ixã** (lignes domestiques et village) englobent les **ijoi** (formations masculines). Dans cette dimension horizontale, la cognation est co-résidente, restreinte à l'unité locale, et à dominance matrilinéaire.

Dans la verticalité du système, les positions sont inversées et l'opposition est traitée sur un mode plus asymétrique avec une relation d'englobement plus marquée; les unités matrilocales font partie intégrante des moitiés patrilinéaires amont / aval. Dans cette dimension verticale, le champ de la cognation n'est plus restreint à des limites territoriales, voire même terrestres, puisque son extension est cosmique. Il est en outre à dominance patrilinéaire. L'**Inã**, le groupe de parenté socio-culturelle, englobe l'**Ixã**, le groupe de parenté résidentielle.

L'idéal de cognation est ainsi préservé par une valorisation alternée des deux lignes de filiation — soit des deux principes d'organisation, résidence et filiation — dans les deux dimensions du système. La même relation hiérarchisée opère entre les deux moitiés de l'amont et de l'aval; dans les villages du haut du fleuve, la moitié amont est dominante et englobe la moitié aval; c'est l'inverse dans les villages du bas du fleuve (ces englobements sont particulièrement manifestes dans la phase inter-communautaire du rituel d'initiation).

On peut alors constater que le processus de transformation subi par la société karajá a plus touché la dimension verticale de l'organisation dualiste que sa dimension horizontale, plus dégradé l'édifice patrilinéaire (moitiés, classes endogames) que les unités matrilocales, plus affecté le groupe de parenté socio-culturelle que le groupe résidentiel. La déperdition progressive du patrimoine culturel, l'appauvrissement, voire la disparition de certaines charges, statuts et autres biens symboliques, qui se transmettaient par voie patrilinéaire, ont peu à peu dénaturé les groupes sociaux et entraîné leur uniformisation.

La réduction drastique de la population karajá a, par ailleurs, considérablement restreint le champ de la cognation sociologique à dominance patrilinéaire. Circonscrite dans les limites du village, la dualité amont / aval devenait structurellement inopérante et le déséquilibre s'est ainsi progressivement installé dans le système dualiste. L'unité résidentielle a pris définitivement le pas sur le groupe de parenté, l'«ixãcité» sur l'«inãcité».

Bien que physiquement éclatée en familles nucléaires, l'unité matrilocale s'est mieux conservée que le groupe patrilinéaire. La nécessité de sa mobilisation autour de l'enfant-maître, lors de la réalisation du rituel **ijasò** notamment, a sans doute contribué à son maintien. En outre, par sa souplesse structurelle et ses motivations d'ordre plus matériel et individuel, l'unité domestique était plus à même de s'adapter aux conditions de vie imposées par l'insertion de ce groupe indigène dans la société brésilienne environnante. Rappelons enfin le rôle conservateur joué par l'élément féminin dans cette société indigène.

On peut éventuellement mettre au compte de cette évolution structurelle l'atypisme de la terminologie féminine à la génération -1. Au sein de l'unité matrilocale, des «enfants de sœur» deviennent progressivement des «enfants» (d'Ego), libérés de la filiation patrilinéaire.

Enfin, la banalisation de la relation d'amitié formelle est également consécutive à la disparition de l'endogamie de groupe. Jadis le **wali**, assimilé à un germain réel avec lequel la relation d'affinité ne peut exister, appartenait à un groupe patrilinéaire distinct. Cette terminologie réciproque devait être principalement utilisée entre membres des deux moitiés opposées.

CONCLUSION

Gê ou tupi? Brésil central ou amazonien? Le modèle conceptuel et social karajá, que l'on a tenté de définir tout au long de cet ouvrage, permet-il de conforter l'argumentation linguistique plaidant en faveur de l'appartenance de ces Indiens du fleuve à la grande famille macro-gê? Les avis, il est vrai, restent partagés. Pour ma part, j'opte pour l'affirmative, tout en insistant sur les aspects atypiques de ce groupe ethnique qui lui confèrent tout son intérêt dans une perspective comparative plus globalement amazonienne.

Il me semble important de rappeler que la connaissance ethnologique sur le tronc macro-gê reste aujourd'hui très limitée, puisqu'un grand nombre de ses membres ont disparu ou ne sont plus susceptibles à l'heure actuelle de faire l'objet d'une étude sociologique. Le modèle gê est ainsi appréhendé et défini dans sa spécificité à travers un ensemble réduit de variations conceptuelles et sociales, au sein duquel on peut raisonnablement compter le groupe karajá.

Parallèlement à la différenciation linguistique à partir d'un tronc proto-gê originel, s'est opérée une distinction structurelle par rapport au modèle gê-bororo classique: l'ouverture du schéma circulaire, qui a déterminé chez les Indiens du fleuve un nouvel ordonnancement social et cosmique. Il reste encore à prouver par des données archéologiques que la version linéaire «fluviale» karajá est dérivée de la version circulaire «interfluviale» gê et non inversement.

Totalement ouverte sur l'axe fluvial, épousant la linéarité aquatique, la société karajá échappe à l'enfermement circulaire, au face à face permanent de la relation spéculaire, limitant de ce fait considérablement le champ d'expression de la bipolarisation, la pluralité des relations dyadiques entre des moitiés opposées et complémentaires qui s'entre-croisent et s'équilibrent. Il n'existe chez les Karajá qu'une seule paire de moitiés, laquelle est inscrite dans la verticalité du système, le long de l'axe fluvial hiérarchisé amont / aval. Les relations entre ces deux moitiés «supérieure» et «inférieure» ne sont pas marquées au sceau de l'opposition complémentarité et sont à faible degré de réciprocité (tendance endogame).

L'orthodoxie dualiste est incarnée dans le modèle karajá par l'opposition diamétrale entre l'espace féminin (unités domestiques) et l'espace masculin (maison des hommes et place rituelle). La relation de contrariété-complémentarité liant ces deux espaces est d'ailleurs plus affirmée que dans la version concentrique gê-bororo. Bien que placés dos à dos dans l'espace social, les **ixã** et les **ijoi** sont de véritables partenaires rituels (**ijasò**).

Mais le principe de la bipolarité, de l'équilibre des contraires, fortement compromis par l'ouverture du schéma circulaire, ne suffit plus pour assurer la bonne intégration du système. D'où l'existence ou, plus exactement, l'importance donnée à un élément médian, à la fois unificateur et centralisateur.

De fait, dans le modèle bororo par exemple, l'organisation interclanique révèle une structure hiérarchisée avec l'existence d'un sous-clan «du milieu» entre un supérieur et un inférieur, mais celui-ci est «désactivé» au profit des deux autres (*cf.* Crocker, 1976b:172). Dans le modèle karajá, aux niveaux cosmologique et sociologique, l'élément médian est à la fois le milieu et le centre du système. Se démarquant des deux autres éléments par une nature plus antagoniste, il rompt la continuité linéaire et garantit par sa force d'attraction une dynamique centripète suffisante pour contrebalancer la verticalité centrifuge du système. Cet élément central n'est pas le point d'équilibre d'une bipolarité protéiforme autosuffisante, mais un agent d'union et d'intégration sociale et cosmique. Notons que, sur le plan social, ce tiers élément est issu de la dyade et s'en alimente tout en s'en distinguant, ce qui lui confère un pouvoir structurant plus important que s'il en était totalement indépendant.

Je diverge en cela de l'interprétation de Dietschy différenciant trois unités endogames structurellement équivalentes. Cette hypothèse remet en effet en cause la réalité de la moitié amont / aval. Elle nécessiterait pas ailleurs, pour garantir la bonne intégration du système et freiner la dérive hiérarchisante, l'existence d'une autre paire de moitiés qui unifierait les trois groupes au sein d'une bipolarité imposant l'équipollence et la réciprocité, à l'instar du modèle bororo reconstitué par Lévi-Strauss (1974:142).

Je reconnais avoir aussi été séduite par cette hypothèse (Pétesch, 1987:85), jugée ensuite par trop calquée sur le schéma théorique bororo et ne rendant pas compte de la réalité structurelle karajá, telle qu'elle se manifeste de nos jours. Ce constat ne nie pas pour autant la validité de cette hypothèse, qui peut renvoyer à une phase d'évolution antérieure de la société karajá, voire même, selon l'intuition lévi-straussienne, à un «système primitif tripartite bouleversé par l'imposition d'un dualisme surajouté» (1974:143), concernant l'ensemble du complexe gê-bororo.

Nous retrouvons là la question de l'antériorité du modèle linéaire karajá par rapport au modèle gê classique.

Par ailleurs, ce tiers élément singularisé, échappant à la dualité tout en la confortant, médiateur et instaurateur de l'ordre cosmique et social, semble parfaitement incarné dans les figures uniques dominant la cosmogonie et la société karajá (**Kanaxiwe**, **Xibure**, **Txihereni**, chef politique et cérémoniel). Il contraste avec la bipolarité référentielle gê-bororo, figurée par des paires cosmiques et une chefferie fondamentalement bicéphale et alternativement activée.

La rupture de l'enfermement circulaire détermine en outre des modes de relation de la société karajá avec son extérieur plus nuancés, moins marqués au sceau de l'antagonisme. Le champ de la cognation est étendu à une grande partie du cosmos. Il est à noter que cette projection du «moi» karajá sur son extérieur ne passe pas nécessairement par l'ingestion de l'«autre», contrairement à la plupart des ontologies amazoniennes, en particulier tupi. Les relations avec les esprits des morts sont également amorties, sans qu'il soit besoin pour les morts ennemis de leur ôter toute altérité, de les incorporer totalement dans la société.

La prédation cannibale n'est pas le paradigme relationnel de la société karajá avec son environnement. Les relations d'affinité potentielle liant symboliquement les Karajá à leurs partenaires extérieurs relèvent autant, sinon plus, du contact fécondant que de l'agression ou de l'incorporation orale.

L'ouverture de la société karajá sur son extérieur se manifeste égale ment par une exogamie locale, quoique modulée, contrastant avec le repliement endogame des communautés gê-bororo.

Sans être à même de tirer des conclusions définitives des quelques rapprochements effectués entre la société karajá et les autres membres du complexe macro-gê, il paraît évident que c'est avec le groupe indigène le moins gê de cet ensemble linguistique et culturel, bien qu'incarnant la version dualiste la plus achevée du Brésil central, à savoir les Bororo, que les Indiens de l'Araguaia présentent le plus d'affinité.

Sur le plan cosmologique, tout d'abord, sans atteindre toutefois la rigueur et la richesse des représentations bororo (constat qui vise tout autant, sinon plus, la qualité de mon enquête ethnographique et des précédentes, que le degré de complexité de la pensée indigène étudiée) et tout en présentant des variations originales, le système karajá obéit à un principe binaire **inã** / **ixã**, eau / terre, permanence / changement, qui possède les mêmes accents platoniciens que le double principe **aroe** / **bope**, «être / devenir» bororo (Viveiros de Castro, 1988:241).

Dans les deux cas, les principes cosmologiques s'incarnent dans des êtres surnaturels présentant de fortes analogies (**ijasò** - **aroe**, **bede rahy mahadu** - **bope**), manipulés par des responsables aux profils comparables (**hyri** - **aroe etawa-are**, **mahadu** - **bari**). De nombreuses accointances ont pu également être notées entre les deux modèles sur les plan mythologique et eschatologique (retour des morts aux origines aquatiques; destin *post-mortem* distinct pour la fonction chamanique). Par ailleurs, les mêmes combinaisons de principes classificatoires (identité-asymétrie / opposition-équivalence), si importantes dans l'organisation de l'univers karajá, sont à l'œuvre dans le monde bororo, ainsi que le confirme Crocker en ce qui concerne l'organisation sociale:

> «Les relations entre clans se traduisent en termes d'égalité et de complémentarité de différents attributs, alors que celles entre lignages d'un même clan s'expriment sur les registres de l'inégalité et de l'identité.» (1976b: 173-174)

Rappelons également que c'est dans le modèle structurel bororo que Lévi-Strauss avait le mieux identifié le fondement endogame des systèmes dualistes du Brésil central.

Les connivences karajá-bororo se poursuivent jusque dans leurs divergences par rapport au modèle gê proprement dit. Des traits typiquement amazoniens et principalement tupi, détectés dans le corpus mythologique, eschatologique et chamanique bororo (Viveiros de Castro, 1988:237), sont également observables dans l'édifice conceptuel karajá (Pétesch, 1993).

Ce qui finalement différencie la société karajá du complexe macro-gê, incluant cette fois les Bororo, c'est son système de parenté. L'absence de traits crow-omaha dans la terminologie de base doit être mise en parallèle avec le peu d'importance du système nominatif et des relations de nomination, ce qui n'affaiblit en rien la dynamique du système de possession et de transmission des biens symboliques chez ces Indiens de l'Araguaia. Leur terminologie présente de ce fait une morphologie plus amazonienne (iroquois-hawaïen), dont les représentants les plus proches sont les groupes tupi Tapirapé et Tenetehara et les sociétés du haut Xingu.

Quant à la pluralité des choix matrimoniaux karajá, jouant sur le double registre de l'exogamie locale et de l'endogamie de groupe de parenté, le champ comparatif peut sans nul doute être élargi à des sociétés des basses terres d'Amérique du Sud géographiquement et culturellement plus éloignées.

Enfin, cette société du fleuve nous invite à explorer un autre champ d'investigation: inscrite dans un univers aquatique régi par un idéal de cognation priviligiant la consanguinité unificatrice aux dépens de l'affinité conflictuelle, la société Karajá ne serait-elle pas représentative d'un modèle conceptuel et relationnel de nature «halieutique», distinct du modèle amazonien dominant de type «cynégétique» favorisant à l'inverse la prédation généralisée sur le mode de l'affinité diversifiée?

L'acte de pêcher est certes techniquement différent de l'acte de chasser, mais semble également déterminer un système de représentation et de relation du «soi» à «l'autre» particulier, qu'il serait sans doute intéressant de vérifier chez d'autres groupes indigènes.

BIBLIOGRAPHIE

ALENCASTRE, J.M.P. de

1979 *Anais da Provincia de Goiás*, Brasilia, Ipiranga.

AMARAL de TORAL, A.

1978/79 Manuscrits divers: *A Morte na Vida Ritual dos Javaé; O Hari e o Idjassò uedu; O Ijassò, O Hari e os Mortos; Aspectos do Ciclo de Aruana; A Festa de Uorosan Rodudu; Mitos e Lendas dos Javaé*, Rio de Janeiro.

1992 *Cosmologia e sociedade karajá*, Dissertação de Mestrado, Rio de janeiro, Museu Nacional, UFRG.

AURELLI, W.

1948 *Bandeirantes d'Oeste*, São Paulo, Leia.

1963 *Biumarrandu*, São Paulo, Leia.

1966 *Sumauma*, São Paulo, Clube do Livro.

AYTAI, D.

1979/83 Contos Karajá, *Publicações do Museu Municipal de Paulinia*, n° 9, 16, 23, 24, Paulinia.

1980 O Mundo Cromático Karajá, *Revista de Antropologia*, Vol. 23, p. 1-18, São Paulo.

BALDI, M.

1950 *Uoni-uoni conta sua historia*, São Paulo, Melhoramentos.

1956 Dança dos Indios no Mato Grosso, *Habitat*, VI(33), p. 21-23. São Paulo

BALDUS, H.

1937 Mitologia Karajá e Terena, *Ensaios de Etnologia Brasileira*, Serie 5a Brasiliana, Vol. 101, São Paulo, Nacional, p. 181-271.

1938 Uma ponte etnográfica entre o Xingu e o Araguaia, *Revista do Arquivo Municipal*, XLIII, p.7-12, São Paulo.

1951 Kanaxivue, *Cultura*, II, n°4, p. 39-50, Rio de Janeiro.

1952/53 Karajá Mythen, *Tribus*, p. 210-218, Stuttgart.

1970 *Tapirapé, Tribo Tupi no Brasil central*, São Paulo, Nacional.

BAUER, M.

1971 *Geistervorstellungen der Karajá (Brasilien)*, München, Ludwig Maximilians Universität.

1984/85 Ritos de Mascaras dos Javaé em Transição, *Relatorios de Pesquisas na Aldeia Javaé Canõana, Ilha do Bananal, Goiás*, Brasilia, Manuscrits.

1985 *Das Heto hokã der Karajá in S. Isabel im Jahr 1984*, Brasilia, Manuscrit.

BLANC, A. et R.
1986 *Nouvelles Clefs pour l'Art Roman*, Paris, Dervy Livres.

BLIXEN, O.
1991 La Mujer Estrella: análisis de un mito sudamericano, *Moana*, Vol. IV, n°1.

BORGES, D.R.
1987 *Rio Araguaia Corpo e Alma*, São Paulo, Ibrasa/USP.

BRIL, J.
1983 *Le Masque ou le Père ambigu*, Paris, Payot.

CAIADO, L. di RAMOS
1974 *Dramas do Oeste - Historia de uma excursão nas regiões da Ilha do Bananal em 1950*, Goiania, Oriente.

CAILLOIS, R.
1975 *L'homme et le Sacré*, Paris, Gallimard.

CARNEIRO da CUNHA, M.
1977 Espace Funéraire, Eschatologie et Culte des Ancêtres: Encore le Problème des Paradigmes Africains, *Actes du XLIIe Congrès International des Américanistes*, Vol. II, p. 277-295, Paris, Société des Américanistes.
1978 *Os Mortos e os Outros; Uma análise do sistema funerario e da noção de pessoa entre os indios Krahó*, São Paulo, Hucitec.

CASTELNAU, F. de
1850 *Expédition dans les Parties Centrales de l'Amérique du Sud*, Paris, Bertrand.
1852 *Vues et Scènes recueillies pendant l'Expédition*, Paris, Bertrand.

CHAIM, M. MATOS
1974 *Os Aldeamentos Indígenas na Capitania de Goiás, Sua importância na politica de povoamento (1749-1811)*, Goiania, Oriente.

CHIARA, V.
1970 *Les Poupées des Indiens Karajá*, Thèse de Doctorat du 3e Cycle, Paris.

COMBÈS, I.
1992 *La tragédie cannibale chez les anciens Tupi-Guarani*, Paris, PUF.

COUDREAU, H.
1897 *Voyage au Tocantins-Araguaya*, Paris, Lahure.

CROCKER, J.C.

1976a *The Stench of Death: Structure and Process in Bororo Shamanism*, manuscrit.

1976b Reciprocidade e hierarquia entre os Bororo Orientais, *Leituras de Etnologia Brasileira*, p. 164-185, São Paulo, Nacional.

1977 Les Réflexions du Soi, *L'Identité*, Séminaire dirigé par Cl. Lévi-Strauss, p. 157-179, Paris, Grasset.

1985 *Vital Souls: Bororo Cosmology, Natural Symbolism and Shamanism*, Tucson, University of Arizona Press.

DA MATTA, R.

1976 *Um mundo dividido: A Estrutura Social dos Indios Apinayé*, Petrópolis, Vozes.

1979 The Apinayé Relationship System: Terminology and Ideology, *Dialectical Societies*, p. 81-127, Cambridge, Harvard University Press.

DAVIS, I.

1968 Some Macro-Jê Relationships, *International Journal of American Linguistics*, Vol. 34, n°1, p. 42-47.

DIETSCHY, H.

1956 Geburtshütte und «Männerkindbett» bei den Karajá, *Verhandlungen der Naturforschenden Gesellschaft Basel*, vol. 67, p. 114-131, Basel.

1957 Rähämena, Eine Indianische Olympiade im Herzen Brasiliens, *Blaukreuzkalender*, p. 1-7, Bern.

1958 Umwelt, Bevölkerungsdichte und Gesellschaftsform im Amazonasgebiet (Eine Notiz über die Karajá Indianer), *Korr. Blatt Geographie und Ethnologie Gesellschaft*, p. 6-16, Basel.

1959 Das Hauptlingswesen bei den Karajá, *Mitteilungen aus dem Museum für Völkerkunde in Hamburg*, Band 25, p. 168-176, Hamburg.

1960 Note à propos des Danses des Carajá; «Pas de Deux» Amitié Formelle et Prohibition de l'Inceste, *Bulletin de la Société Suisse des Américanistes*, n°19, p. 1-5.

1962 Männerhäuser, heiliger Pfahl und Männerplatz bei den Karajá-Indianern Zentralbrasiliens, *Anthropos*, Vol. 57, p. 454-464.

1963 Le Système de Parenté et la Structure Sociale des Indiens Carajá, *Actes du VIe Congrès International des Sciences Anthropologiques et Ethnologiques*, II(1), p. 43-47.

1964 Altersstufen bei den Karajá Indianern Zentral-brasiliens, *Völkerkundliche Abhandlungen*, Band I, Hannover, p. 37-51, Traduction de Thekla Hartmann.

1965 Der Bezaubernde Delphin, Von Mythos und Ritus bei den Karajá Indianern, *Basler Beiträge zur Geographie und Ethnologie, Ethnologische reihe*, II, p. 67-76, Basel, Traduction de Karin Baumeister.

1969 Die Kulturelle Konfiguration der Karajá, *Bulletin de la Société Suisse des Américanistes*, n°33, p. 11-12.

1970/71 Die Tanzmasken der Karajá Indianer Zentral-brasiliens und der Aruana Fisch, *Bulletin der Schweizerischen Gesellschaft für Anthropologie*

und Ethnologie, 47, p. 48-53, Jahrgang, Traduction de Theresia Frommer.
1974 L'Homme honteux et la Femme-crampon, En marge des «Mythologiques» de Cl. Lévi-Strauss, *Bulletin de la Société Suisse des Américanistes*, n°38, p. 35-40.
1977 Espace Social et «Affiliation par Sexe» au Brésil Central (Karajá, Tapirapé, Apinayé, Mundurucu), *Actes du LVIIe Congrès International des Américanistes*, Vol. II, p. 297-308, Paris, Société des Américanistes.

DOLE, G.
1984 The Structure of Kuikuru Marriage, *Marriage Practices in Lowland South America*, K. Kensinger (org.), p. 45-62, Urbana, University of Illinois Press.

DOLES, D.E. MARTINS
1972 *As comunicações fluviais pelo Tocantins e Araguaia no século XIX*, São Paulo, USP, Thèse de Doctorat.

DONAHUE, G.R.
1979/80 Os Karajá encontram os Tapirapé, *Arquivos de Anatomia e Antropologia*, Vol. 4 et 5, p. 219-221, Rio de Janeiro.
1982 *A Contribution to the Ethnography of the Karajá Indians of Central Brazil*, Thèse de Doctorat, University of Virginia.

DREYFUS, S.
1970 Alliances Inter-Tribales et Systèmes de Parenté du haut Xingu (Brésil Central), *Echanges et Communications*, Mélange offert à Cl. Lévi-Strauss à l'occasion de son 60e anniversaire, p. 259-271, Paris, Mouton.
1993 Systèmes dravidiens à filiation cognatique en Amazonie, *L'Homme* 126-128, XXXIII(2-4), p. 121-140.

DUMONT, L.
1966 *Homo Hierarchicus, le système des castes et ses implications*, Paris, Gallimard.

EHRENREICH, P.
1948 *Beiträge zur Völkerkunde Brasiliens*, Berlin, 1891, Traduction de Egon Shaden: Contribuições para a Etnologia do Brasil, As Tribos Karajá do Rio Araguaia (Goiáz), *Revista do Museu Paulista*, Vol. II, 16 planches, p. 7-135.

FARIA, L. de CASTRO
1955 Figurines en argile faites par les Indiens Karajá du Rio Araguaia, *Actes du IVe Congrès des Sciences Anthropologiques et Ethnologiques*, II, p. 370-375, Vienne.
1959 *A Figura Humana na Arte dos Indios Karajá*, Rio de Janeiro, Museu Nacional.

FENELON COSTA, M.H.
1978 *A Arte e o Artista na Sociedade Karajá*, Brasilia, Fundação Nacional do Indio.

FILHO, M.F.L.
1994 *Heto hokã, um rito karajá*, Goiania, Universidade Católica de Goiás.

FORTUNE, D.L.
1973 Gramatica Karajá: um Estudo Preliminar em Forma Transformacional, *Serie Lingüistica*, 1, p. 101-161, Brasilia, Summer Institute of Linguistics.
1988 The Category of Person and Associated Semantico-Grammar of the Karajá Pro-Nominal System, *Amerindia*, n°13, p. 75-85.

FORTUNE, D.L. and G.
1963 *The Phonemes of the Karajá Language*, Rio de Janeiro, Arquivo Linguístico do Museu Nacional.
1975 Karajá Men's - Women's Speech Differences with Social Correlates, *Arquivos de Anatomia e Antropologia*, Vol. I, p. 111-124, Rio de Janeiro.

FREIREYSS, G.W.
1982 *Viagem ao Interior do Brasil*, Coleção Reconquista do Brasil, Vol. 57, Belo Horizonte, Itatiaia.

GALLAIS, E.M.
1942 *O apóstolo do Araguaya, Frei Gil Vilanova*, São Paulo, Revista dos Tribunais.
1954 *Entre os Indios do Araguaia*, Salvador, Progresso.

GOMES, M.
1963 *Os Turbulentos Arraias Goianos*, Goiania, Cadernos de Estudos Brasileiros, Universidade Federal de Goiania.

GOW-SMITH, F.
1925 The Arawana or Fish Dance of the Carajá Indians of Mato Grosso, *Indian Notes*, Vol. II, n° 2, New York, Heye Foundation.

GREENBERG, J.
1960 The General Classification of Central and South American Indian Languages, *Man and Cultures*, Philadelphia A.F.C. Wallace, University of Pennsylvania.

HARNER, M.
1972 The Jivaro, People of the Sacred Waterfalls, Garden City, Doubleday/ Natural History Press.

HARTMANN, G.
1967 *Masken Südamerikanischer Naturvölker*, Berlin, Museum für Völkerkunde.

1973 *Litjoko, Puppen der Karajá, Brasilien*, Berlin, Museum für Völkerkunde.

HORNBORG, A.
1988 *Dualism and Hierarchy in Lowland South America: Trajectories of Indigenous Social Organization*, Uppsala Studies in Cultural Anthropology 9, Acta Universitatis Uppsaliensis, Uppsala.

HOUSEMAN, M.
1984 La relation hiérarchique: idéologie particulière ou modèle général?, *Différences, Valeurs, Hiérarchie*, Textes offerts à Louis Dumont et réunis par J.C. Galey, p. 299-318, Paris, Ecole des Hautes Etudes en Sciences Sociales.

IHERING, R. von
1968 *Dicionario dos Animais do Brasil*, Brasilia, UNB.

JARDIM, J.R. de M.
1879 *Relatorio de Viagem de Leopoldina a Santa Maria*, manuscrit + carte.

KISSENBERTH, W.
1912 Uber die Hauptsachlichsten Ergebnisse der Araguaya-reise, *Zeitschrift für Ethnologie*, XLIV, p. 36-59.

KOENIGSWALD, G. von
1908 Die Carajá Indianer, *Globus*, XCIV, Braunschweig.

KRAUSE, F.
1910a Minha Excursão Investigadora à Região Central do Araguaia, *Revista do Instituto Histórico e Geográfico Brasileiro*, LXXXIII, Rio de Janeiro.
1910b Tanzmaskennachbildungen vom Mittleren Araguaya (Zentralbrasilien), *Jahrbuch des Städtischen Museums für Völkerkunde zu Leipzig*, III, Leipzig, p. 97-122.
1911 Die Kunst der Karajá Indianer (Staat Goyaz, Brasilien), *Baessler Archiv*. II, Heft 1, Leipzig und Berlin, p. 1-31.
1924 Beiträge zu Ethnographie des Araguaya-Xingu-Gebietes, *XXI International Congress of Americanists*, Goteborg.
1940/43 *In den Wildnissen Brasiliens*, Bericht und Ergebnisse der Leipziger Araguaya Expedition 1908, Leipzig, 1911, Tradução de Egon Shaden: «Nos Sertões do Brasil», *Revista do Arquivo Municipal*, nº 66-75, São Paulo.

LADEIRA, M.E.
1982 *A troca de nomes e a troca de cônjuges: uma contribuição ao estudo do parentesco timbira*, Mémoire de Maîtrise, São Paulo, USP.

LAVE, J.
1979 Cycles and Trends in Krĩkati Naming Pratices, *Dialectical Societies*, Harvard University Press, Cambridge, p. 15-44.

LEA, V.
1986 *Nomes e Nekrets Kayapó: Uma Concepção de Riqueza*, Thèse de Doctorat, Rio de Janeiro, Museu Nacional.

LEAL, O.
1980 *Viagem as Terras Goyanas (Brazil Central)*, Goiania, Universidade Federal de Goiás.

LELONG, M.
1953 *Le Fleuve des Carajás*, Paris, Julliard.

LEVI-STRAUSS, Cl.
1964 *Mythologiques — Le Cru et le Cuit*, Paris, Plon.
1966 *Mythologiques — Du Miel aux Cendres*, Paris, Plon.
1967 *Les Structures Elémentaires de la Parenté*, Paris, Mouton.
1974 *Anthropologie Structurale*, Paris, Plon.
1979 *La Voix des Masques*, Paris, Plon.
1984 *Paroles Données*, Paris, Plon.

LIPKIND, W.
1938/39 *Carajá Material*, Notebooks, Box 1, Vol. 1-10, Washington, National Museum of Natural History, Smithsonian Institution.
1940 Carajá Cosmography, *The Journal of American Folklore*, LIII, New York, p. 248-251.
1948 The Carajá, *Handbook of South American Indians*, Vol. 3, Smithsonian Institution, Washington, p. 179-191.

MAC INTYRE, A.
1923 *Down the Araguaia*, London, Religious Tract Society.

MACHADO, O.X. de BRITO
1947 *Os Carajás (Inan Son Uera)*, Rio de Janeiro, Imprensa Nacional.

MAGALHAES, A. COUTO de
1940 *O Selvagem*, São Paulo, Brasiliana, Nacional.
1975 *Viagem ao Araguaia*, São Paulo, Brasiliana, Nacional, 7a edição.

MAIA, M.A.R.
1986 *Aspectos Tipológicos da Lingua Javaé*, Dissertação de Mestrado em Letras, Rio de Janeiro, UFRJ.

MATTOS, R.J. da CUNHA
1979 *Chorographia Histórica da Provincia de Goyáz*, Goiania, Lider.

MAYBURY-LEWIS, D.
1967 *Akwe-Shavante Society*, Oxford, Clarendon Press.
1979 (org.) *Dialectical Societies: the Gê and Bororo of Central Brazil*, Cambridge, Harvard University Press.

1987 Time and Social Theory: Reconsiderations from Central Brazil, *Natives and Neighbours in South America, Anthropological Essays*, H.O. Skar et F. Salomon (Ed.), Ethnologiska Studier, Göteborg, p. 443-469.

1988 Estruturas e Estratégias, *Anuario Antropológico*, 86, Brasilia, Universidade de Brasilia / Tempo Brasileiro.

1989 Social Theory and Social Practice: Binary Systems in Central Brazil, *The Attraction of Opposites - Thought and Society in the Dualistic Mode*, D. Maybury-Lewis and U. Almagor (Ed.), Ann Arbor, University of Michigan, p. 97-116.

MENGET, P.

1977 *Au Nom des Autres: classification des relations sociales chez les Txicão du haut Xingu*, Thèse de 3ème cycle, Université de Paris X-Nanterre.

NATAL E SILVA, C.

1979 *Historia de Goiás*, Vol. 1 et 2, Goiania, Lider.

NIMUENDAJU, C.

1942 *The Serente*, Los Angeles, Webb Hodge, Southest Museum.

1946 *The Eastern Timbira*, Berkeley and Los Angeles, University of California, Publications in American Archaeology and Ethnology, 41.

1967 *The Apinayé*, Oosterhout, Anthropological Publications.

1981 *Mapa Etno-Histórico do Brasil e Regiões Adjacentes*, 1948, São Paulo, Fundação Nacional Pro-Memoria, Instituto Brasileiro de Geografia e Estatística.

OVERING KAPLAN, J.

1972 Cognation, Endogamy and Teknonymy: The Piaroa Example, *Southwestern Journal of Anthropology*, 28, p. 282-297.

1973 Endogamy and the Marriage Alliance: A Note on Continuity in Kindred-based Groups, *Man*, Vol. 8, nº 4, p. 555-570.

1984 Dualism as an Expression of Difference and Danger: Marriage Exchange and Reciprocity among the Piaroa of Venezuela, *Marriage Practices in Lowland South American Societies*, K. Kensinger (org.), Urbana, University of Illinois Press, p. 127-155.

PALACIN, L.

1976 *Goiás 1722-1822; Estrutura e Conjuntura numa Capitania de Minas*, Goiania, Oriente.

PALACIN, L., MORAES, M.A. de SANT'ANNA

1986 *Historia de Goiás (1722-1972)*, Goiania, Universidade Católica de Goiás.

PALHA, L.

1942 *Indios curiosos*, Rio de Janeiro, Formação.

1948 *Quinze anos entre os Karajá*, Rio de Janeiro, Formação.

1968 *Ensaio de Gramática e Vocabulario da Lingua Karajá*, Rio de Janeiro, Olímpica, 2a edição.

PERET, J.A.
1979 *Mitos e Lendas Karajá, Inan Son Wera*, Rio de Janeiro, Portinho Calvacanti.
1979/80 As Filhas do Sol, *Arquivos de Anatomia e Antropologia*, Vol. 4 et 5, p. 457-459.

PERNET, H.
1988 *Mirages du Masque*, Genève, Labor et Fides.

PETESCH, N.
1983 *La Mort et l'Identité Sociale en Amazonie; les mécanismes de reproduction sociale des sociétés gê et bororo*, Mémoire de Maîtrise, Université Paris X - Nanterre.
1987 Divinités Statiques, Hommes en Mouvement; structure et dynamique cosmique et sociale chez les Indiens Karajá du Brésil central, *Journal de la Société des Américanistes*, Tome LXXIII, p. 75-92.
1992 *La Pirogue de Sable; modes de représentation et d'organisation d'une société du fleuve: les Karajá de l'Araguaia (Brésil central)*; Thèse de Doctorat, 2 tomes, Université Paris X - Nanterre.
1993a L'enfant-maître et le bien-enfant. A propos de la possession-filiation chez les Indiens Karajá de l'Amazonie brésilienne, *Annales de la Fondation Fyssen*, n° 8, p. 83-90.
1993b A Trilogia karajá: sua posição intermediaria no continuum jê-tupi, *Amazônia. Etnologia e historia indígena*, M. Carneiro da Cunha & E. Viveiros de Castro (Org.), São Paulo, USP/FAPESP, p. 365-382.

Plano de Manejo do Parque Nacional do Araguaia
1981 Instituto Brasileiro de Desenvolvimento Florestal (IBDF), Fundação Brasileira para a Conservação da Natureza, Brasilia.

Povos Indigenas no Brasil
1986 São Paulo, CEDI.

PRIMERIO, F. M. de
1937 *Capuchinos em Terra de Santa Cruz*, São Paulo, Livraria Martins.

RATTER, J.A.
1987 Notes on the Vegetation of the Parque Nacional do Araguaia (Brazil), *Notes from the Royal Botanic Garden Edinburgh*, Vol. 44, n° 2, p. 311-342.

RAVAGNANI, O.M.
1987 Os últimos aldeamentos indígenas da Provincia de Goiás, *Revista do Museu Paulista*, Nova Serie, Vol. XXXII, São Paulo.

RIBEIRO DA SILVA, H.
1935 *Nos Sertões do Araguaia*, São Paulo, Cultura Brasileira.

SAINT-HILAIRE, A. de
1975 *Viagem à Provincia de Goiás*, Coleção Reconquista do Brasil, Vol. 8, Belo Horizonte, Itatiaia.

SANTOS, E.
1981 *Peixes da Agua Doce*, Coleção Zoologia Brasílica, vol. 2, Belo Horizonte, Itatiaia.

SANTOS GRANERO, F.
1986 Power, Ideology and the Ritual of Production in Lowland South America, *Man*, 21, n° 4, p. 657-679.

SCHMITZ, P.I. et al.
1984 *Arte Rupestre no Centro do Brasil; Pinturas e Gravuras da Préhistoria de Goiás e Oeste da Bahia*, São Leopoldo, Instituto Anchietano de Pesquisas, UNISINOS.

SCHULTZ, H.
1953 A Pesca Tradicional do Pirarucu entre os Indios Karajá, *Revista do Museu Paulista*, Vol. VII, p. 249-255.

SEEGER, A.
1989 Dualism: Fuzzy Thinking or Fuzzy Sets?, *The Attraction of Opposites Thought and Society in the Dualistic Mode*, D. Maybury-Lewis and U. Almagor (Ed.), Ann Arbor, University of Michigan Press, p. 191-208.

SEGURADO, R.T.
1870 Viagem de Goyáz ao Pará em 1846/1847, *Revista do Instituto Histórico e Geográfico Brasileiro*, X, Rio de Janeiro, p. 178-212.

SHAPIRO, J.
1968 Tapirapé Kinship, *Boletim do Museu Paraense Emilio Goeldi*, Antropologia, 37, p. 1-32.

Situação fundiária das terras indígenas
1990 Brasilia, Funai.

SOUSA, L.A. da SILVA y
1874 Memoria sobre o Descobrimento, Governo, População e Cousas Mais Notáveis da Capitania de Goyáz, 2a edição, *Revista do Instituto Histórico e Geográfico Brasileiro*, Rio de Janeiro, p. 429-510.

SOUZA FILHO, J.O. de
1973 A Festa da Casa Grande dos Karajá, *Relatorio à Fundação de Amparo à Pesquisa do Estado de São Paulo*, Manuscrit.

STAHLE, V.D.

1972 Carreras ceremoniales con troncos entre Indios brasileiros, *Actas y Memorias del XXXIX° Congresso Internacional de Americanistas*, Vol. 6, Lima, Instituto de Estudios Peruanos, p. 117-124.

TAPIE, M.H.,

1926 *Chez les Peaux-Rouges, Feuilles de route d'un missionnaire dans le Brésil inconnu*, Paris, Plon.

1928 *Chevauchées à travers déserts et forêts vierges du Brésil inconnu*, Paris, Plon,

TAVEIRA de MELO, E.L.

1982 *Etnografia da Cesta Karajá*, Goiania, Universidade Federal de Goiás.

TAVENER, C.J.

1973 The Karajá and the Brazilian Frontier, *People and Cultures of Natives South America*, New York, D.R. Gross.

TAYLOR, A.C.

1983 The Marriage alliance and its structural variations in Jivaroan societies, *Social Science Information*, 22(3), p. 331-353.

TEIXEIRA, D.M.

1980 As Máscaras de Aruana, *Relatorio Sub-Projeto Etnologia e Etnografia dos Karajá*, Rio de Janeiro, Museu Nacional, Manuscrit.

1981 *O Ulabie Hekã dos Karajá de Santa Isabel do Morro*, Rio de Janeiro, Museu Nacional, Manuscrit.

TOURNIER, R.

1934 *Plages lointaines de l'Araguaya*, Paris, Ed. Missions Dominicaines.

1942 *Lá longe no Araguaia*, Conceição do Araguaia, Prelazia Dominicana.

TURNER, T.S.

1979 The Gê and Bororo Societies as Dialectical Systems: A General Model, *Dialectical Societies*, Cambridge, Harvard University Press, p. 147-177.

1984 Dual Opposition, Hierarchy and Value; Moiety Structure and Symbolic Polarity in Central Brazil and elsewhere, *Différences, Valeurs, Hiérarchie*, Textes offerts à Louis Dumont et réunis par J.C. Galey, Paris, Ecole des Hautes Etudes en Sciences Sociales, p. 335-370.

1991 Compte-rendu du livre: The Attraction of Opposites: Thought and Society in the Dualistic Mode, D. Maybury-Lewis and U. Almagor Eds., *American Anthropologist*, 93, p. 216-218.

VELLARD, J.A.

1935 Six mois au pays des Karajás et des Cayapós, *La Géographie*, LXIII, p. 34-59, 117-136, 299-306.

VERNANT, J.P.

1985 *La Mort dans les Yeux; Figures de l'Autre en Grèce Ancienne: Artémis, Gorgô*, Paris, Hachette.

1989 *L'Individu, la Mort, l'Amour; Soi-même et l'Autre en Grèce Ancienne*, Paris, Gallimard.

1990 *Figures, Idoles, Masques*, Paris, Julliard.

VIDAL, L.

1977 *Morte et Vida de uma Sociedade Indígena Brasileira, Os Kayapó-Xikrin do Rio Cateté*, São Paulo, Hucitec.

VIVEIROS DE CASTRO, E.

1986 *Arawete, os Deuses Canibais*, Rio de Janeiro, Jorge Zahar / ANPOCS.

1988 O Teatro Ontológico Bororo, *Anuario Antropológico 86*, Brasilia, Universidade de Brasilia / Tempo Brasileiro, p. 227-245.

1989 *Modelos Dravidianos na Amazônia: Um Programa de Investigação*, Rio de Janeiro, Museu Nacional / UFRJ, Manuscrit.

1993a Alguns Aspectos da Afinidade no Dravidianato Amazônico, *Amazônia. Etnologia e História Indígena*, E. Viveiros de Castro e M. Carneiro da Cunha (Org.), São Paulo: USP/FAPESP, p. 149-210.

1993b La Puissance et l'Acte. La parenté dans les basses terres d'Amérique du Sud, *L'Homme*, 126-128, avril-décembre, XXXIII(2-4), p. 141-171.

WAGLEY, Ch.

1977a Time and the Tapirapé, *Actes du XLIIe Congrès International des Américanistes*, Vol. II, Société des Américanistes, Paris, p. 369-377.

1977b *Welcome of Tears; The Tapirapé Indians of Central Brazil*, New York, Oxford University Press.

WÜST, I.

1975 A Cerâmica Karajá de Aruana, *Anuario de divulgação científica*, 2, Goiania, Universidade Católica de Goiás, p 91-165.

1989 The Eastern Bororo seen from an archaeological perspective, *Symposium Amazonian Synthesis: an Integration of Disciplines, Paradigms and Methodologies*, Nova Friburgo.

1996 *Vistoria de um sitio arqueológico em São Felix do Araguaia, Mato Grosso, relatorio à 14a CR do IPHAN*, Brasilia.

GLOSSAIRE DES TERMES INDIGÈNES

Ãnyra	Plage
Ãnyra oworu	Jardin de terre basse
Aõni	Etre terrestre cannibale
Asã	Singe hurleur (*Allouata sp.*)
Arahalu	Indiens Kayapó (Gê)
Bàdolee	Poisson *pirarucu* (*Arapaima gigas*)
Beà	Lieu d'accès au fleuve, point d'accostage
Bebo	Temps des hautes eaux, fin de la saison des pluies
Bede	Terre
Bede heto	Sépulture
Bede mahadu	Habitants de la terre
Bedero mahadu	Habitants de la savane, sous-groupe Javaé en particulier
Bede rahy mahadu	Habitants de la terre sauvage, généralement de nature cannibale
Bediu	Forêt
Bediu bute	Île de terre ferme
Beetxi	Temps de la décrue du fleuve, début de la saison sèche
Beora	Temps de la crue du fleuve, début de la saison des pluies
Bero	Fleuve
Bero hati mahadu	Habitants du fond du fleuve, «ancêtres» karajá
Bero hykã	Grand fleuve, Araguaia
Bero hykã mahadu	Habitants du grand fleuve, sous-groupes karajá vivant sur les rives de l'Araguaia
Biu mahadu	Habitants de la pluie, Karajá célestes
Brore	Cervidé de savane (*Dorcelaphus dichotomus*)
Buhã	Dauphin (*Inia geoffroyensis*)
Deridu	Enfant favori, charge cérémonielle affectée à un enfant
Hawa bediu oworu	Jardin de terre ferme
Hererawo	Galerie de petits arbres (rituel d'initiation)
Heto	Maison
Heto hykã	Grande Maison, rituel d'initiation masculine
Hire	Falconidé (*Polyborus Tharus*)
Horõ	Possession de nature matérielle (à distinguer de **nohõ**)
Hyri	Chamane
Iboo	Amont
Iboo ijoi	Groupe de l'amont

Ijasò	Catégorie d'êtres surnaturels masqués Rituel concernant ces esprits Poisson *aruaná* (*Osteoglossum bicirrhosum*)
Ijasò heto	Maison des masques
Ijebese	Indiens Ava-Canoeiro (Tupi)
Ijesu	Lutte rituelle
Ije rure dàãdu	Perceur de lèvre (pose du labret)
Ijoi	Formations socio-cérémonielles masculines
Ijoi heto	Maison des hommes
Inã	Ethnonyme, Karajá
Inã ni dàãdu	Donneur de nom
Inãtu	Pagne féminin
Inãròdu	Cannibale
Iolò	Charge politique et cérémonielle affectée à un enfant, fils de chef
Iraru	Aval
Iraru ijoi	Groupe de l'aval
Iròdu	Mammifère terrestre
Itya ijoi	Groupe du milieu
Itxeò	Pieu funéraire
Iweru	Boisson traditionnelle karajá à base de manioc, non fermentée
Ixã	Groupe humain attaché à un territoire Groupe de femmes, unités uxorilocales Bande de pécaris à lèvres blanches (*tayassu albirostris*)
Ixã hykã	Grand groupe, sous-groupe karajá de l'amont
Ixãju	Groupe denté, Indiens non Karajá, ennemis
Ixãju riore	Fils de groupe denté, Javaé, sous-groupe karajá
Ixãbiowa	Groupe ami, sous-groupe karajá de l'aval (pour le sous-groupe de l'amont)
Ixãdinodu, ixãwedu	Maître du village, chef politique
Ixe	Danse rituelle
Jure	Loutre (*pteronura brasiliensis*) Jeune garçon en cours d'initiation
Kanaxiwe	Etre surnaturel, ordonnateur du monde karajá
Late	Poisson *peixe cachorro* (*Raphiodon vulpinus*)
Lateni	Etre surnaturel masqué, figure punitive sanctionnant le non respect des règles de bon fonctionnement des relations société / cosmos
Lyrena	Jeu rituel
Mahadu	Habitant
Mahadu ijoi	Groupe cérémoniel affecté à la maîtrise des entités cannibales lors du rituel d'initiation masculine
Nawii	Oiseau
Ni	Nom
Nohõ	Possession de nature animale, humaine ou spirituelle (à distinguer de **horõ**)

Noo tehana	Cordon pénien
Omarure	Scarification tribale en forme de petit cercle réalisée sur les pommettes
Otira bediu oworu	Jardin de berge inondable
Otu	Tortue d'Amazonie (*Podocnemis expansa*)
Otuni	Tracajá (*Podocnemis unifilis*)
Raheto	Coiffe de plume
Rara	Vautour (*Catharista atratus brasiliensis*)
Raradie	Vautour à tête rouge (*Cathartes aura*)
Rarahesa	Vautour-pape (*Gypagus papa*)
Së	Mère
Tàby	Père
Toho hykã	Grand tronc (rituel d'initiation)
Tori	Blanc, Néo-Brésilien
Ture	Poisson *pirarara* (*Phratocephalus hemiliopterus*)
Tuxo	Coati (*Nasua nasua*)
Txihereni	Etre surnaturel, maître de la faune aquatique
Tyy lyby	Esprit, double, du vivant de l'individu
Ube	Chemin
Uni	Esprit de mort — karajá ou non —, de nature individuelle, non anonyme et généralement malfaisante
Ura ura	Aigrette blanche (*Casmerodius albus egretta*)
Utura	Poisson
Wabinole	Indiens Xerente (Gê)
Wedu	Maître, possesseur
Wiu	Chant rituel
Woka	Oiseau plongeur (*Phalacrocorax olivaceus*)
Woràsã	Esprits de morts karajá, de nature collective, anonyme et plutôt bienfaisante; maîtres de la faune terrestre
Wou	Indiens Tapirapé (Tupi)
Wyra	Temps des basses eaux, fin de la saison sèche
Xibure	Etre surnaturel, chamane céleste
Yrysa	Indiens Xavante (Gê)

INDEX GÉNÉRAL

TABLE DES CARTES ET DES TABLEAUX

TABLE DES FIGURES

Sauf indication contraire, les figures sont de la main de l'auteur

TABLE DES MATIÈRES

PRINTED ON PERMANENT PAPER • IMPRIME SUR PAPIER PERMANENT • GEDRUKT OP DUURZAAM PAPIER - ISO 9706

ORIENTALISTE, KLEIN DALENSTRAAT 42, B-3020 HERENT